物理理论的目的和结构

〔法〕皮埃尔·迪昂 著
孙小礼 李慎 等译
侯德彭 等校

商 务 印 书 馆
2005年·北京

Pierre Duhem

THE AIM AND STRUCTURE

OF PHYSICAL THEORY

Translated from the French
by Philip P. Wiener
Princeton University Press, New Jersey 1954

根据普林斯顿大学出版社1954年英文版译出

目 录

序言:皮埃尔·迪昂的生平及工作 ……………………（1）
英译者序 ……………………………………………（11）
作者第二版序 ………………………………………（14）
导言 …………………………………………………（15）

第一篇 物理理论的目的

第一章 物理理论和形而上学解释 …………………（19）
  一、当做解释看的物理理论 ……………………（19）
  二、按照上述意见,理论物理学从属于形而上学 ……（22）
  三、按照上述意见,物理理论的价值依赖于我们所采用的形而上学体系 ……………………………（23）
  四、关于超自然原因的争执 ……………………（28）
  五、任何形而上学体系都不足以建立一种物理理论 …（31）

第二章 物理理论和自然分类 ………………………（35）
  一、什么是物理理论及其建立工序的真正本质 ………（35）
  二、物理理论的效用是什么？理论可以看做一种思维经济 ……………………………………………（38）
  三、作为分类的理论 ……………………………（40）

四、理论趋向于转变为自然分类 …………………………（42）
　五、先于实验的理论 ……………………………………（46）

第三章　唯象理论与物理学史 …………………………………（50）
　一、自然分类和解释在物理理论演化中的作用 ………（50）
　二、物理学家对物理理论本性的看法 …………………（60）

第四章　抽象理论和机械模型 …………………………………（80）
　一、两种思维：宽阔的思维和深刻的思维 ……………（80）
　二、宽阔思维的实例：拿破仑的思维 …………………（83）
　三、宽阔的思维，灵活的思维和几何学思维 …………（87）
　四、宽阔的思维和英国人的思维 ………………………（91）
　五、英国的物理学和机械模型 …………………………（98）
　六、英国学派和数学物理 ………………………………（106）
　七、英国学派与理论的逻辑协调 ………………………（111）
　八、英国方法的传播 ……………………………………（119）
　九、利用机械模型有利于发现吗？ ……………………（128）
　十、机械模型的应用会妨碍我们对抽象和逻辑有序理论的探索吗？ ……………………………………………（135）

第二篇　物理理论的结构

第一章　量和质 …………………………………………………（145）
　一、理论物理学是数学物理学 …………………………（145）
　二、量和测量 ……………………………………………（146）

三、量和质 …………………………………………… (150)
四、纯定量的物理学 ………………………………… (152)
五、同种质的不同强度可以用数来表示 …………… (156)

第二章 基质 …………………………………………… (163)
一、关于基质的超量倍增 …………………………… (163)
二、基质事实上是一种只有通过定律才能分解的质 … (167)
三、基质从来都不是最初始的,它只是暂时是基本的 … (172)

第三章 数学演绎和物理理论 ………………………… (178)
一、物理近似和数学精确性 ………………………… (178)
二、物理上有用和无用的数学演绎 ………………… (181)
三、一个永不能有效用的数学演绎的例子 ………… (185)
四、近似的数学 ……………………………………… (189)

第四章 物理实验 ……………………………………… (193)
一、物理实验不只是对现象的观测,它还是对这种现象
    的理论解释 ……………………………………… (193)
二、物理实验的结果是抽象的和符号的判断 ……… (197)
三、只有对现象作理论解释才可能使仪器成为有用的 … (204)
四、论对物理实验的批评,它在哪些方面不同于对普通
    证明的考察 ……………………………………… (211)
五、物理实验要比非科学地确立的事实具有更小的确定
    性,但是更精确、更详细 ………………………… (217)

第五章 物理定律 (219)

一、物理定律是符号关系 (219)

二、恰当地说,物理定律既非真,也非假,而是近似的 (223)

三、因为每个物理定律都是近似的,所以它是暂时的和相对的 (228)

四、因为每个物理定律都是符号的,所以它是暂时的 (231)

五、物理定律比常识规律更详尽 (235)

第六章 物理理论和实验 (238)

一、理论的实验检验在物理学中并不像在生理学中那样具有相同的逻辑简单性 (238)

二、物理学实验决不能否定一个孤立的假说,而只能否定整个一系列理论 (242)

三、"判决性实验"在物理学中是不可能有的 (248)

四、对牛顿方法的批评。第一个例子:天体力学 (251)

五、对牛顿方法的批评(续)。第二个例子:电动力学 (257)

六、与物理教学有关的推论 (263)

七、与物理理论的数学发展有关的推论 (270)

八、物理理论的某些公设不能受实验反驳吗? (274)

九、关于其陈述没有实验意义的假说 (279)

十、良好的鉴别力是那些应被抛弃的假说的法官 (285)

第七章 假说的选择 (288)

一、逻辑对选择假说提出的条件是什么 (288)

二、假说不是突然创造的产物,而是逐步演化的结果。
   从万有引力引出的一个例子 …………………………（290）
三、物理学家并不选择他用来作为理论基础的假说；
   它们的萌芽在他头脑里是不知不觉产生的 ……………（331）
四、关于在物理学教学中假说的描述 ……………………（337）
五、假说是不能从那些由常识性知识所提供的公理推导
   出来的 ……………………………………………………（339）
六、历史方法在物理学中的重要性 ………………………（350）

附　录

信教者的物理学 ……………………………………………（357）
物理理论的价值——评最近的一本书 ……………………（405）
索引 …………………………………………………………（434）
译后记 ………………………………………………………（448）

序　言

皮埃尔·迪昂的生平及工作

皮埃尔·迪昂1861年6月10日出生于巴黎,1916年9月14日在奥德省凯伯热斯宾他的乡村住宅去世,终年55岁。他是半个世纪以前法国理论物理学最有创见的人物之一。除了他那的确十分卓越的严格科学工作(特别是在热力学领域中)之外,他通晓极其广博的物理学—数学方面的历史知识,同时,在对物理理论的意义和范围作了许多思考之后,他形成了一种与这些问题有关的非常吸引人的见解,并在大量的著作中用各种形式对此见解作了详细阐述。因而,这位具有渊博学识的优秀物理理论家和科学史家,也在科学哲学中享有巨大的声誉。

皮埃尔·迪昂在数学和物理学方面天赋甚高,他在20岁时进入巴黎高等师范学校学习。这所著名的高等教育学院曾为法国培养出人数众多的文学和科学方面的杰出教师。迪昂是该学院一名才华横溢的学生,在这所学校里,他的注意力很快转向了热力学及其应用的研究,而且这成了他以后一直没停止过耕耘的领域。

在对汤姆逊(开尔文勋爵)、克劳修斯、梅修、吉布斯和热力学概念的其他伟大创始者的工作的思索中,他特别被拉格朗日分析力学方法与热力学方法之间的类似所打动。这些思考导致他在23岁时以相当普遍的方式引进了热力学势的概念,并在此后不久就出版了《化学力学和电现象理论中热力学势及其应用》(1886)一书。

在1885年为争取讲授物理学的竞争考试中,迪昂获得了第一名,两年后,这位已经为科学界所知晓的迪昂成为里尔大学理学院的讲师。在那里,他用卓越的才华教过水力学、弹性理论及声学。他在里尔结婚,婚后不久妻子就去世了,留给他一个女儿,迪昂在独生女儿的陪伴下度过余生。32岁时,他成为波尔多大学理学院教授,逝世之前一直保持这一头衔。

在科学工作中,皮埃尔·迪昂整个一生都保持他最初的方向。他所专注的理论是构造一种广义的力能学(包括作为一种特殊情况的经典分析力学)和理论热力学。由于本质上他善于进行系统性的思维,他被公理化方法所吸引,为了凭借严格的推理来得到无懈可击的结论,他依靠公理化方法建立了一些精确假设;他赞赏这种方法的完整性和严格性,并远未因它的枯燥和抽象而退避三舍。可以说,他极端厌恶地拒斥用原子理论提供的不确定想象或模型来取代力能学的形式论证;在构造容许对热力学的抽象概念作具体说明的物质运动论方面,他不愿意追随麦克斯韦、克劳修斯和玻尔兹曼等人;如果说他钦佩威拉德·吉布斯的纯粹热力学论证的严格性和说明相律的代数方法的优美,那么当这个伟大的美国思想家试图把对热力学的原子说明建立在一般统计力学的基础上时,他肯定没有追随过他。从他年轻时的著作《论热力学》到壮年时完成了他关于物质研究的巨著《广义力能学》,迪昂都尽力追求公理化和严格的演绎方法。他精选出了热力学所承认的全部基本概念;例如,他给出了热量的纯数学定义,去掉了它的任何物理直观意义,以避免任何用未经证明的假定来进行思辨。这个在理论方面所作出的持之以恒的努力使迪昂的理论著作具有相当严谨的外观,尽管它已带来非常显著的结果,但是这种外观也许并不使所有的思想家都中意。

强调下一事实是公正的:迪昂虽然一贯专心于在他所发展的理论中建立无懈可击的公理系统,但决不是不重视应用问题。值得注意的是,在他从年轻时就熟悉的物理化学领域中,他通过详细考查威拉德·吉布斯的经常是艰涩的思想的所有结果,千方百计致力于理论对实验的应用,他知道如何把吉布斯的这些思想阐述清楚,他是在法国首先传播这些思想的人之一。

迪昂也大量从事流体力学和弹性理论的研究,他的观念导致他视这些科学分支为广义力能学的特殊章节。他论述流体中波的传播、特别是论述冲击波的著作,至今保持着它们的全部有效性。看来,他在电磁方面的研究不太幸运,因为他总是对麦克斯韦的理论抱着很大的敌意,他宁愿采纳赫姆霍茨的思想,而这些思想今天被人完全忘却了。此外,他深深憎恶所有形象化的模型,这种憎恶妨碍了他理解洛仑兹电子论的重要性,该理论此时正处于发展的时候。而且,这使他变得从一开始就对原子物理的兴起表现出目光短浅和不公正。

皮埃尔·迪昂对于他所熟悉的领域,如力学、天文学和物理学,也是一位大科学史家。他充分意识到科学发展中自身表现出来的继承性,恰当地说服人们相信所有伟大的创新者都有先驱,着重说明了力学、天文学和物理学的伟大复兴在文艺复兴时代和现代都有着深深扎根于中世纪的文化工作的根源。从科学的观点看来,中世纪文化成果的重要性在迪昂的研究之前几乎经常被人忽视。在他的一些著作中,特别是在重要的三卷集著作《列奥纳多·达芬奇,他所看到的及看到他的》中,他坚决认为:从13到16世纪,中世纪的大学、特别是巴黎的大学中的学者起了作用。他证明了:在托马斯·阿奎纳后出现了对亚里士多德和亚里士多德学派的思想的抨击,而这是否定希腊哲学中关于运动概念的思想运动的开端,并以惯性原理、伽利略的工作及现代哲学作为其终点。他确认了:巴黎大学神学院1327年左右的院长琼·布里丹具有惯性原理的最早思想,并在拉丁名称impetus下引入了一个量,这个量虽然没有很明确的定义,但却与我们今天称作动能和动量的东西有密切联系。迪昂分析了稍后由萨克森的阿尔伯特和尼古拉斯·奥雷斯姆的著作带来的重要进步。后者尤其完成了值得重视的工作,因为,从他关于太阳系的思想来看,他是哥白尼的先驱,而从他最早在分析几何上所作的努力来看,他是笛卡尔的先驱。他甚至得到了对重力的研究极为重要的匀加速运动定律的形式。接着,迪昂向我们证明:列奥纳多·达芬奇,这个值得钦佩的具有多方面天赋的人,吸收和继续了他的先驱们的工作,铺平了科学发展的道路,在这条道路上,继十六世纪的许多科学家之后,伽利略及其后继者们明确地开始了现代力学的历程。

由于这一类著作,特别是由于对力学史作了有价值的概略描述,同时也密切研究了17世纪的科学并揭示了默山尼主教和马勒伯朗士主教往往未被人认识的贡献,皮埃尔·迪昂被列为第一流的当代科学史家。他在壮年时期,据说曾和许多不知名的合作者一起承担了一项庞大的工作:从事宇宙学史的研究,也就是关于从古代一直到现代的世界体系的概念史。到他逝世的时候,关于这方面已写了八卷著作,但只出版了五卷,最后三卷的草稿已交给了法国科学院,因为出版方面财政困难而延误了。这是一部学识渊博的著作,是一个有关古代和中世纪思想史和哲学史(至少可以恰当地算作科学史)的珍贵文献的宝库。通过广泛的赞助来帮助完成这个(尽管作者过早地去世)已接近完成的巨大综合著作的出版,会是极为理想的。

作为一个具有无可争议价值的理论物理学家,并拥有科学史方面的渊博学识,而又习惯于通过这种双重智力结构来思索物理理论的成长、发展和范围,皮埃尔·迪昂很自然地转向了科学哲学。由于他本质上具有一个有系统性的头脑,他对物理理论的意义提出了一个非常精明的看法,并在大量的出版物中发展了这个看法。其中最重要的就是《物理理论的目的和结构》一书,这本书在法国获得了巨大的成功,目前这一本是用英译本提供给美国(或其他说英语的)读者。这是一部重要的著作,其明晰和常常充满激情的语气是创造它的大脑的精确反映。我们不想全面地分析内容如此丰富的著作,只想简短地强调几个要点。

皮埃尔·迪昂坚持将物理学与形而上学区分开:在物理理论的历史中,不管这些理论是建立在连续的或不连续的意象基础上,还是基于物理学的场或原子型式,他都看到了我们根本不能达到实在的深处的证明。并不信奉天主教的迪昂否认形而上学的价值;他希望完全把它与物理学分开,并且给它一个非常不同的基础,即启示的宗教基础。作为一个逻辑的但十分奇妙的结果,他这种专心于把物理学与形而上学完全区分开的见解,使得人们把他列入

（至少在物理理论的解释方面）带有唯能论或现象论倾向的实证主义者之中。事实上，他把涉及物理理论的看法总结为如下的结论："物理理论不是一种解释；它是一个数学命题系统，这个系统的目的是尽可能简单地、完全地和精确地描述整个一组实验规律"。

于是物理理论就仅仅是物理现象的一个分类方法，这方法阻碍我们描绘这些现象的极端复杂性。同时，迪昂达到与彭加勒的约定论密切相近的这一实证主义和实用主义的自然概念，在声称一切物理理论首先是一种"思维经济"方面与实证主义者马赫完全一致。对于他来说，建立在映象基础上的所有假说都是短暂的和不牢靠的；只有健全的理论在现象中建立的那些具有代数性质的关系才能稳固地站住脚。这样一种看法大体上就是迪昂关于物理理论所提出的基本思想。这种思想肯定使他同时代的唯能论学派的物理学家们感到满意；它肯定也得到大批现今的量子主义物理学家们的支持。而其他的人则已经发现或将会发现这种见解有点狭隘，并将因为它过多地贬低了关于实在深处的知识而责备它，而这种知识正是物理学的进步所能为我们提供的。

我们必须公正，必须强调这样一个事实：迪昂并没有陷入极端，而他的观点也许会导致他陷入极端。像所有物理学家一样，他本能地相信人之外实在的存在，并且不期望让自己陷入彻底的"唯心主义"所引起的困难。因此，为了在这方面采取一个完全个人的立场，并在这一点上将自己与纯现象论者相区别，他声称理论物理中的数学定律并没有告诉我们事物的深奥实在是什么，它们不过向我们展现了和谐的某些表现，这种和谐只能是本体论次序的和谐。在自我完善中，物理理论逐渐呈现出关于现象的"自然分类"

的特点。他说:"理论愈完善,我们愈领悟到它安排实验定律的逻辑次序是本体论次序的反映"。这种说法使形容词"自然的"意义更精确了。照这样看,他似乎已经缓和了他的严格科学实证主义,因为我们可以合理地认为,他已感到了如下这种反对意见的力量:"如果物理理论只是可观测现象的一个方便的和逻辑的分类方法,那么它们怎么能预期实验和预见还不知道的现象的存在?"为了回答这个反对意见,他真正感到我们必须赋予物理理论比对已知事实的仅仅有条理的分类更深刻的意义。特别是,他清楚地知道,并且在他的书中某些段落也证明是这样:涉及不同现象的物理理论所使用的一些公式的相似,大多都不是归结为单纯形式上的类似,而也许是对应于实在的种种现象之间的深刻联系。

这大体上就是迪昂提出的关于物理理论范围的概念——这种思想最终的细微差别比人们最初相信的更微妙些。然而,有可能认为,尽管由自然分类思想所产生的他的学说是精巧的。迪昂在他头脑中不妥协倾向的影响下,仍然经常坚持过于绝对的判断。因而,由于对所有的机械模型或唯象模型天生厌恶的激励,迪昂坚持反对原子论,而忠实于唯能论学派,对于统计力学在他有生之年所提出的关于经典热力学抽象概念的解释,他从来没有兴趣,虽然这种解释是非常有启发性和富有成效的。因而为使自己对也许太轻易的成功有防备,他攻击用小的、硬的、具有弹性的粒子来简单说明原子;他有时带点天真地攻击开尔文勋爵用齿轮或涡旋来说明自然现象的思想。他好像不曾知道现在形式的原子理论已带给了物理学巨大的复兴,也完全没有预感到它在半个世纪里会有惊人的发展。迪昂那些几乎是嘲弄电子概念以及把它引入科学的那些段落，以后受到了微观物理非同寻常的进步所给予的严厉驳斥。

他的书的其他部分带有其时代的一些标记。因而，当他运用卓越的心理洞察力将狭隘而深奥的思想家与开阔而无力的思想家相比较时，他把拿破仑看做后一种思想家的例子也许是对的，但是，他把英国学派的所有物理学家都列入同样的范畴也是对的吗？他的看法无疑要由他写书的时代来解释，当时还存在着威廉·汤姆逊的杰出著作的影响，而汤姆逊很强的个性好像是要把同时代的全部英国物理学都符号化了。但是我想，今天令人非常诧异的是，没有人会想说："狄拉克先生只专心于具体的描述！"况且，在我看来，通过对其深奥的思想和开阔的思想进行并行的对照，迪昂好像也是不公正地对待了第二类范畴的"唯象"理论家们，而这些人对物理学进步的贡献毕竟无可置疑地大于完全专心于公理化和完全严格逻辑演绎的理论家们。

尽管有这些保留看法，迪昂在物理理论方面的著作仍然值得大加赞誉，因为这部著作建立在作者优异的个人经验和非凡头脑的敏锐判断基础上，它包含着往往是非常正确和深奥的观点，甚至在我们不能毫无保留地采纳它们的情况下，这些观点也仍是有益的，并为思考提供了大量的材料。作为例子，我将举出迪昂所热衷的对所谓判决性实验（培根的判决性实验）的尖锐谴责。按照迪昂的观点，不存在什么真正的判决性实验，因为，必须与实验进行对照的整个理论，组成了一个不可分的整体。实验对理论的某个结果的证实，即使是从最有代表性的结果中挑选出来的，也不能给理论带来判决性的证明；因为的的确确没有什么东西允许我们断言：该理论的其他结果将不与实验抵触，或者尚未发现的另一理论不能像先前的理论一样说明所观察到的事实。同时,迪昂相当聪明地引用了傅科的著名实验作例子。在一个世纪以前,傅科借助于他的旋转镜方法表明,光在水中的传播速度小于在真空中的传播速度。在迪昂写书的时候,人们认为这个实验是给光的波动论提供了一个有利的判决性证明,并迫使我们否定关于这个物理实体的任何粒子概念。迪昂非常正确地声明傅科实验决不是判决性的,因为,如果实验的结果很容易地用菲涅尔理论来说明,并且它与牛顿的微粒说相抵触,那末这并不能使我们断言,建立在与这个学说的旧形式不同的假说基础上的另一种微粒理论不能使我们说明傅科的结果。而结果表明,迪昂在给出这个例子中所做的选择是特别幸运的,因为他当时确实没有预见到我们关于光的思想发展。事实上,我们知道,在迪昂写书的同一年(1905年),爱因斯坦把"光量子"即光子的观念引进了科学。而今天光子的存在是无可怀疑的。不管我们最终采取什么方式来说明光的二象性,即它的微粒子表现和波动表现(这些表现的实在性已不能再怀疑了),光子的存在当然必须与傅科实验相协调。这就向我们表明迪昂关于判决性实验评论的深刻性和他本能知道如何巧妙地选择他的例子。因而我们不能否认,迪昂的分析经常突出地表现出深刻的洞察力和开阔视野。

皮埃尔·迪昂虽然是一个亲切和蔼的人,但他具有不妥协的个性,而且也不总是宽容他的思想敌手。作为一个信奉天主教、政治上保守的人,他带着一种真挚地坚持己见,这种真挚有时不免是幸灾乐祸的。每一个人都称颂他正直的性格,但是也有些人不欣赏这种性格的锋芒毕露。他有仇敌,这无疑可以解释为什么这位著名的科学家和学者、哲学家和历史学家没有获得巴黎的高等教育大学和学院的教授职位,而这样一个职位在像法国这样的中央集权国家中是每一个美好科学生涯的自然荣誉。肯定地说,他没有为获取它而努力做过什么,在他接近于发现他可能会接受一项任命,在法国学院教授科学史的一天,他回答说,他是一个物理学家,不期望被划为一个史学家。在他逝世前三年,他得到了一点满足,使他在许多不公正待遇面前有了一点安慰:巴黎科学院招聘他为非常任院士。

皮埃尔·迪昂作为一个不知疲倦的研究者,在55岁就过早地去世了,他在理论物理学、在哲学和科学史中留下了大量的贡献。他的严密的科学研究的价值,他的思想的深刻,他的学识的惊人广博,使他成为19世纪末和20世纪初法国科学界最卓越的人物之一。

路易斯·德布罗意
1953 年于巴黎

英译者序

一位学识渊博的法国物理教师对这门最精确的实验科学的逻辑和历史面貌以及教育状况作了生动的描述。本书就是为了那些对此感兴趣的人而翻译的。而在此以前,他关于科学史和科学哲学方面的名著还没有过任何英文译本。

迪昂曾在法国教授过经典力学、电磁理论和热力学,并且在他的许多自成体系的著作中对它们作了详细阐述,此外还作了大量的历史研究。本书写于1905年,那正是这些学科刚刚受到爱因斯坦狭义相对论冲击的时候。今天,在本书发表的在迪昂、马赫、彭加勒、哈达马德和其他科学家之间进行的关于方法论的讨论中,留心的读者可能注意到,当时他们是用灵敏而宽大的哲学分析天平来权衡物理理论的整个目的和结构的。迪昂关于科学中深奥和基本问题的阐述是极其清楚的,对非物理学家来说,他所作的阐述要比他1916年逝世以后所出版的关于物理学理论的大多数专著更容易懂得多。

如果由于缺少关于一代代科学思想的基本连续性本身的历史知识(就像迪昂在书中大量告诉我们的那样),而认为所有的物理学原理都是短命的,就像关于"最终"粒子数的特定科学假说或最近关于宇宙论的假设那样,那就错了。

不可否认,在迪昂关于现代物理学中的革命性变化的哲学分析和历史考察中,留有充分的余地,但我们仍然可以从他关于精确物理科学的逻辑结构和进展的研究中有所得益。就像一门语言的语法不如它的通俗方言变化得那么快一样,物理学逻辑的变化也不像实验发现以及让许多人相信的新理论的飞快进步那样彻底。

今天的理论物理学家,当他们在专搞数学时如果没有离开他们对可观测物理世界的关心,他们就仍会发现有必要思考迪昂在本书所讨论和分析的许多问题。这些基本问题包括物理理论与形而上学解释的关系;假说、定律和理论在预言中的作用;模型和抽象假说的作用;可观测量与不可观测量的关系;数学演绎与实验验证的关系;测量的性质与理论的近似证实,假说的选择;以及"普通常识"与科学知识的关系等等。

迪昂对数学符号和数学演绎的作用以及实验在建立物理理论中的作用的分析,要比晚近的哲学分析家对逻辑句法和语义学问题的分析更为详细,因为不像迪昂的观点那样,认为逻辑句法和语义学与物理学的实验语言和实践活动有着密切关系。当然,对于他的观点将会有而且也应当有批评,但是,批评家必须使他自己的思想符合迪昂用来证实其解释的那些实验科学的具体现象以其历史发展相一致。这种对科学实践中的方法和假说的哲学思考,与历史考察相结合的做法,肯定能满足普通教育中哲学和科学教学研究的最高目的。

附录的内容是迪昂针对阿贝尔·雷伊的机械观而作的实用主义辩护,同时也说明了迪昂是如何把实证科学与形而上学和神学区分开来的。译者虽然不同意迪昂的天主教思想,但还是认为他为物理科学的内在逻辑和发展所表明的独立性,提供了非常有力的论据。

我非常感谢普林斯顿大学出版社的小约翰·欧文先生和其他成员非常有益的合作。我还要特别感谢法兰西科学院终身院士普林斯·路易斯·德布罗意先生的慷慨和及时的帮助,他为本书写了有趣的和非常有价值的前言。

菲利普·P. 维纳

1953 年于纽约

作者第二版序

本书第一版出版于1906年;它是把1904年和1905年陆续发表在《哲学杂志》上的文章汇集而成的。从那时起,一系列关于物理理论的争论又在哲学家中展开了,物理学家又提出了一些新理论。但这些讨论和这些新发现,都没有为我们显示任何理由要怀疑我们曾经阐述过的原则。相反,我们比以前更加坚信,这些原则应当坚持。的确,某些学派藐视这些原则,以为摆脱它们的限制就能够更容易和更快地从一个发现走向另一发现;但这股追逐新观念的狂热急流完全搅乱了整个物理理论领域,并导致一场真正的混乱:逻辑失去了它的地位,普通常识也被吓跑了。

因此,对我们来说,回顾一下逻辑的法则以及维护普通常识的权利似乎不无益处;重复一下大约十年前我们说过的话,对于我们也并非明显无用;所以,这第二版重版了第一版全书的内容。

如果说岁月的流逝没有提供任何理由使我们怀疑我们的原则,那么,时间又给了我们机会去发展这些原则并使它们精确化。这些机会导致我们写了两篇文章:一篇是"信教者的物理学",它发表在《基督教哲学年鉴》上;另一篇是"物理理论的价值",它刊登在《纯科学与应用科学评论》上。读者也许觉得,仔细阅读这两篇文章给本书所提供的澄清和补充多少是值得的,所以我们在这个新版末尾把这两篇文章转载在附录中。

导　言

我们在本书将对物理学藉以取得的进步的方法作一简单的逻辑分析。某些读者也许想把书中发表的意见推广到物理学范围以外的科学；此外，他们也许想要超越逻辑本身的目的作出结论；但是就我们来说，我们谨慎地避免了作出这两种推广。为了更彻底地探讨我们所确定的有限领域，我们只能把我们的研究局限在狭小的范围内。

在实验家利用仪器去研究一个现象之前，为了保险起见，他要拆卸仪器，仔细检查各部分，研究每一部分的功能和作用，对它做各种试验。然后，他才准确地知道仪器读数的可靠性多大，它们精确度的限度多大；从而他才会有信心地使用它。

这样，我们就可着手分析物理理论了。首先，我们要精确地定义它的对象或目的。然后，在知道它要达到的目的后，就考察它的结构。我们要按先后次序来研究一个物理理论在建立过程中每一步操作的机制，同时也注意到其中每一步操作对实现该理论的目的所作的贡献有多大。

我们作了审慎的努力通过举例来说明我们的每个论断，惟恐有什么措辞不当，妨碍我们与现实直接接触。

此外，书中所发表的原理并不是仅仅由一般观念的考虑而得出的逻辑体系；它也不是通过一种具体细节的玄想构造出来的。

它是在科学的日常实践中产生和成熟起来的。

没有哪一章物理理论我们没有在每个细节上教授过,我们也不止一次地试图对几乎所有这类课题的进步做出贡献。现在介绍给大家的关于物理理论的目的和结构的一般观念,就是这种努力的成果,这种努力持续了大约 20 多年。这样长时期的考验,使我们相信这些观念是正确的和有成效的。

第 一 篇

物理理论的目的

第一章 物理理论和形而上学解释

一、当做解释看的物理理论

我们要面临的第一个问题是：物理理论的目的是什么？对这个问题人们曾经作过种种不同的答案，而全部这些答案可以归结为两种主要的原则：

某些逻辑学家回答道："物理理论的目的，就是解释一组根据实验建立起来的定律"。

另一些思想家说："物理理论是一个抽象的系统，其目的是对一组实验定律进行逻辑上的概括和分类，而不要求解释这些定律"。

我们现在就来逐一考察这两种答案，并且比较一下接受或拒绝其中一种的理由。我们从第一种答案开始，即把物理理论当作一种解释来考虑。

但首先，什么是解释呢？

解释（explicare）①就是剥去那些像帷幕一样覆盖在实在上面

---

① 解释一词（法文 expliques）的拉丁文。——译者

的表象，以便看到赤裸裸的实在本身。

对物理现象的观测，并没有使我们与感性表象下面所隐藏的实在发生联系，但能使我们以特定和具体的形式把握感性表象本身。此外，实验规律也不是以物质性的实在为对象，而是与这些感性表象打交道，但确实是取抽象和一般的形式。理论则是把这些感性表象的帷幕拿掉或撕走，进入这些表象的里面，去寻找物体中真实的东西。

例如，弦乐器和管乐器发出声音，我们仔细地倾听这些声音，听到的声音或强或弱，或高或低，它们以无数微小的差别在我们身上产生了种种听觉和乐感；这都是声学的事实。

这些特定的和具体的感觉，通过我们的智力加以深思熟虑，按照它所起作用的规律，向我们提供一些一般和抽象的概念，诸如强度、定调、八音度、大小三和音、音质等等。声学实验规律的目的，就在于阐明这些概念与其他同样抽象和一般概念之间的确定关系。例如，有一条定律告诉我们，两根由同一种金属造成的弦，当它们发出两个同样音调或两个相隔八度的声音时，弦长之间存在着什么关系。

但这些抽象概念，如声音的强度、音调、音质等等，不过是向我们的理性描写了我们听觉的一般特征；这些概念让我们知道声音在同我们的关系中是什么样子，而不是声音本身在发声物体中是什么样子。在我们的感觉中出现的仅仅是实在的外部帷幕，这个实在要由声学理论告诉我们。声学理论告诉我们，在我们的知觉仅仅把握我们称之为声音的那种表象的地方，实际上有一种非常小和非常快的周期运动；强度和高度只是这种运动的振幅和频率的外观；音质则是这种运动实际结构的表现，各种不同的振动引起的复合感觉，我们可以把它分解为这些振动。因此声学理论是解释。

声学理论对声音所遵从的实验规律提供的解释，需要有确定性；在大多数情况下，它能使我们用自己的眼睛看到引起这些现象的运动，用我们的手指感觉到它们。

我们经常发现物理理论不能达到完善的程度；它不能成为感性表象的一种确定解释，因为它认为我们的感觉不能达到这些表象背后所存在的实在。因此它只满足于证明，我们所有知觉的产生，就好像实在乃是它所断言的那样；这样的理论是一种假说性解释。

让我们以视觉观测到的一系列现象为例。对这些现象的理性分析，引导我们想出某些抽象和一般的概念，像单色光或复色光、亮度等等，来表示我们关于光的每个知觉中所遇到的性质。光学的实验定律告诉我们这些抽象和一般的概念以及其他类似概念之间存在着固定关系。例如有一条定律把一块金属板所反射的黄光的强度，与板的厚度和照射在它上面的光线入射角联系了起来。

光的振动理论给这些实验定律提供了一种假说性解释。它假定我们所看到、感觉到或衡量到的一切东西，都是沉浸在一种没有重量的、观测不到的、称之为以太的介质中。这种以太具有某些机械性质；这个理论说，所有的单色光都是这种以太的很小和很快的横振动，并认为这一振动的频率和振幅便表征这光线颜色及其亮度；然而，这种理论不能使我们知觉到以太，也不能使我们直接观测到光振动的往复运动,它想证明的是,它的假设可以得出完全符合实验光学定律的结论。

二、按照上述意见,理论物理学从属于形而上学

如果物理理论被看成一种解释,那么,只有除掉了每个感性表象,把握到物理实在,物理理论的目的才能达到。例如,牛顿关于光的色散的研究,就告诉了我们怎样去分解我们所经验到的太阳光的感觉;他的实验表明,太阳发出的光是复合光,可以分解成一定数目的单色光现象,每一种单色光都与一种确定不变的颜色相联系。但这些简单的或单色的光记录,乃是某些感觉的抽象的和一般的表象;它们都是感性表象,我们只是把一个复杂的表象分解成另外一些较简单的表象。我们并没有达到实在的东西,并没有对颜色效应作出解释,没有建立起一种光学理论。

由此可见,为了判断一组命题是否构成一种物理理论,我们必须考察一下,把这些命题联系起来的概念是以抽象和一般的形式表示着那些真正组成物质东西的要素,抑或仅仅代表我们感觉的共同特性。

要使这样的考察有意义或者完全可能,首先必须承认下述论断:在我们感觉中呈现的那些感性表象背后,存在着不同于这些表象的实在。

承认这一点以后(如果没有这一点,探索物理解释就无法想象了),如果不回答"什么是组成物质实在的要素的本质?"这另一

个问题,要大家承认已经得到了这一解释,那也是不可能的。

因此,这里有两个问题:

1. 是否存在不同于感性表象的物质实在?
2. 这个实在的本质是什么?

这两个问题都不能用实验方法解决,实验方法只涉及感性表象,根本不能发现感性表象以外的东西。这两个问题的解决超出了物理学所用方法的范围;它是形而上学的对象。

因此,如果物理理论的目的是解释实验规律,理论物理学就不是一门独立自主的科学;它是从属于形而上学的。

三、按照上述意见,物理理论的价值依赖于我们所采用的形而上学体系

构成纯数学的那些命题,是人们普遍承认的最高层次上的真理。语言的精确性和证明方法的严密性,不可能留有什么余地使不同数学家的观点之间产生永久性的分歧;几个世纪以来,由于不断进步而提出了种种学说,而没有因为有了新的成就而使以前取得成就的领域蒙受什么损失。

没有一个思想家不希望他所耕耘的科学能像数学那样平稳而有规则地成长。但有一门科学,这种愿望似乎特别正当,那就是理论物理学,因为在所有已明确建立起来的知识部门中,理论物理学确实是一门最靠近代数和几何的学科。

然而,使物理理论依赖于形而上学,确实不是设法让物理理论享有普遍承认的特权。事实上,一个哲学家,不管他对他在处理形

而上学问题时所用方法的价值多么深信无疑,他都不能否认下面这个经验事实:试考察一下人类精神活动的全部领域;在不同时代出现的思想体系或同时代的不同学派产生的体系中,没有一个会像形而上学领域中的体系那样彼此表现出那样深刻的差别,那样尖锐的分歧和极端的对立。

如果理论物理学从属于形而上学,那么,不同形而上学体系之间的分歧一定要伸展到物理学领域。某一形而上学学派的信徒认为满意的物理理论,可能会遭到另一学派成员的拒绝。

例如,试考虑磁石对铁的作用力的理论,并暂且假定我们是亚里士多德派。

亚里士多德的形而上学关于物体真正本质是怎样讲的呢?每个实体——特别是每个物质实体——都是由两种要素联合而成:一种是永恒的(质料),一种是可变的(形式)。由于有永恒性,我面前的这块铁始终并且在所有情况下都保持为同一块铁。由于其形式经受变化,它经历变更,所以同一块铁的性质会依情况而改变;它可以是固体或液体,热的或冷的,也可以采取诸如此类的形式。

如果把这块铁放在一块磁石面前,它的形式便经受一种特殊的变更,愈靠近磁石,变化愈强烈。这种变更相当于两极的出现,并给这块铁一种运动源泉,使它的一个极要被拉近磁铁上与其相反的极,而另一极则受磁铁上名称相同一极的排斥。

在亚里士多德派哲学家看来,这就是隐藏在磁现象背后的实在;当我们分析了所有这些现象,并把它们归结为两极磁质的特性时,我们就可作出全面的解释,并形成一个完全令人满意的理论。

尼古拉斯·凯比乌斯1629年在其关于磁的哲学名著①中所建立的就是这样的理论。

如果一位亚里士多德派哲学家宣称他对凯比乌斯神父所设想的磁学理论表示满意,那么,对于一个忠于博斯科维奇神父的宇宙论的牛顿派哲学家,这件事就不是这样了。

按照博斯科维奇从牛顿及其弟子的原理中引伸出来的自然哲学,②要用铁的具体形式的磁变更来解释磁对铁的作用规律,那就是什么也没有解释;这其实是在响亮然而空洞的词藻之下掩饰我们关于实在的无知。

物质实体不是由质料和形式组成的;它可以分解成无数个质点,这些点没有范围和形状,但有质量;其中任意两个质点之间都有相互吸引或排斥的作用,这种作用与两者质量的乘积以及两者之间距离的某一函数成正比。在这些质点中间,有些质点构成物体本身。相互作用就在这些质点之间发生,而当它们之间的距离超过一定界限时,这种作用就变成了牛顿研究过的万有引力。另外的质点没有这种引力作用,它们组成一些像电流体和热流体那样的无重量的流体。关于所有这些质点的质量、它们的分布以及关于它们之间相互作用所依赖的距离函数的形式等适当的假定,都是为了说明全部物理现象而作的。

---

① 尼古拉斯·凯比乌斯:《磁的哲学,对磁的本性的明确解释以及所有的石头因此下落的固有原因的陈述以及许多关于电和其他的引力及其原因的说明》(科隆:约勒姆·开因喀姆,1629年)。

② 若格里奥·约瑟福·博斯科维奇神父(耶稣会士):《归结为在自然存在物中惟一挑选出来的同等部分的自然哲学》(维也纳,1758年)。

例如,为了解释磁效应,我们设想每个铁分子各带有同等质量的南极磁流体和北极磁流体;分子上的磁流分布遵从力学规律;设想两个磁质量彼此之间相互作用,此作用与两质量之乘积成正比,而与它们之间的距离平方成反比;最后,我们设想这种作用是排斥力或吸引力,要看两质量是同类的还是不同类的而定。由富兰克林、奥匹纽斯、托比亚斯·迈耶尔和库仑所开创的磁学理论就是这样发展起来的,它在泊松的经典性论文中达到了高峰。

这种理论对磁现象有没有作出能使原子论者满意的解释呢?其实没有。这种理论承认在彼此远离的磁流的某些部分之间存在着吸引或排斥作用;对于一个原子论者,这种超距作用就等于是一些不能认为是实在的现象。

按照原子论的学说,物质是由许多弥散在空虚中的形状各异的很小、很硬的刚体组成的。两个这样的微粒在彼此分离时是不能以任何方式彼此发生影响的;只有当它们互相接触的时候,它们的不可入性才会产生冲突,它们的运动才会按固定的定律而改变。原子的大小、形状和质量,以及原子碰撞所遵从的规则,仅仅提供物理定律所能容许的惟一令人满意的解释。

为了以一种令人可以理解的方式解释一块铁在磁石面前所经历的各种运动,我们必须设想有一些磁微粒流从磁石中溢出,它们是一些被压缩过的,然而又是看不见、摸不着的流注,要不然磁微粒就冲向磁石。在迅速的过程中,这些微粒以各种方式同铁分子碰撞,从这些碰撞中就产生出一种被肤浅的哲学归之为磁石的吸力和斥力。这就是在 17 世纪由卢克莱修概述过并由伽桑狄发展起来的关于磁石性质的理论原理,此后还一再被人们采用。

难道我们就找不到更多的难以满足的思想家,来谴责这种理论完全不能解释任何现象,而且把现象当成了实在吗?这就出现了笛卡尔学派。

按照笛卡尔,用几何学的语言来说,物质本质上等同于长度、宽度和深度的延伸;我们必须仅仅考虑它的各种形状和各种运动。对笛卡尔派来说,物质竟是一种不可压缩和绝对各向同性的巨大流体。坚硬的、不可分割的原子以及原子之间的真空,全都不过是现象,是幻觉。这无处不在的流体的某些部分,可以被继续不断地旋转或涡旋运动激活;在原子论者的粗俗眼光看来,这些旋转或涡旋看起来就像是一个个微粒。这作为媒介的流体把压力从一个涡旋传给另一涡旋,牛顿派通过不充分的分析看来就认为这些力是超距作用。这就是笛卡尔所首先描述的物理学原理的大概,马勒伯朗士对它们作了进一步的研究,在 W. 汤姆逊又在哥西和赫姆霍茨关于流体力学研究的支持下,使这些原理具有了现代数学学说所特有的严密结构和精确性。

这种笛卡尔物理学不能没有磁学理论;笛卡尔曾试图建立过这一理论。在笛卡尔的理论中,不无有些天真地用神秘物质的螺旋代替了伽桑狄的磁性微粒,这种螺旋在 19 世纪的笛卡尔派中,又继续发展为麦克斯韦比较科学地设想出来的涡旋。

由此可见,每个哲学派别都宣扬一种理论,把磁的现象归结为用来组成物质本质的要素,而别的学派又反对这一理论,因为他们的原则不容许他们承认它是关于磁的令人满意的解释。

四、关于超自然原因的争执

一个宇宙论学派攻击另一个宇宙论学派时,常常采取的一种批评方式,就是前者指责后者求助于超自然的原因。

我们可以把几个大的宇宙论学派排成这样一个顺序,使其中每个学派所承认的存在于物质中的基本属性的数目比它前面的学派所要承认的少些,这就是亚里士多德派、牛顿派、原子论派和笛卡尔派。

亚里士多德学派主张物体的本质仅由两种要素所组成,即物质和形式;但是这一形式可以受无限多个质的影响。因此每个物理性质都可以归之于一种特殊的质:像重量、固体性、流动性、热或亮度这些都是可以直接进入我们知觉的,都是可感觉的质;还有一种是超自然的质,其效应只以间接的方式表现出来,像磁性或带电。

牛顿学派反对这样无止境地增加质的数目,以便高度简化物质实体的概念:他们在物质要素中只留下质量、相互作用和形状,但他们并没有像博斯科维奇及其若干后继者们走得那样远,后者把要素归结为许多不延续的点。

原子论学派走得更远,认为物质要素只有质量、形状和硬度。但是牛顿学派认为要素之间存在的相互作用力,在他们的实在领域中却不见了;他们只把力看成是表象和虚构的。

最后,笛卡尔学派把这种剥脱掉具有种种特性的物质实体的倾向推向极端:他们不承认原子的坚硬性,甚至不承认充满实物的空间和虚空之间的区别,用莱布尼茨的话来说,这为的是把物质等同于"完全赤裸裸的广延性及其变化"。①

所以,每个宇宙论学派都在其解释中承认某些物质的特性,而另一个学派则拒绝认为这些特性是实在的,而把它们仅仅看成是一些名词,用来表示一些隐藏得更深而未揭示出来的实在;简言之,就是把它们归结为经院哲学所大量创造出来的超自然的质。

毋庸提醒,亚里士多德学派以外所有的宇宙论学派都一致抨击它,说它是一个质的仓库,这些质都以实体形式贮藏在其中,每当有必要解释一个新现象时,这个仓库里就增加一种新的质。但是,亚里士多德学派的物理学并不是惟一遭受这类批评的学派。

牛顿学派认为物质要素具有超距离作用的吸引力和排斥力,这在原子论和笛卡尔学派看来,似乎采取的是一种古老经院哲学所惯用的纯字面上的解释。牛顿的《原理》一书刚一出版,就激起了聚集在惠更斯周围的原子论集团的嘲讽。惠更斯给莱布尼茨写道:"至于说到牛顿先生所提出的潮汐原因,我是完全不满意的,对于他的建立在其引力原理上的任何一个其他的理论,我也不赞成,引力原理在我看来是荒谬的"。②

假如当时笛卡尔还活着的话,他也会说出类似于惠更斯的话。事实上,默山尼神父曾把罗伯瓦尔③的一部著作交给笛卡尔,在这

---

① G. W. 莱布尼茨:"著作集",格哈尔特编,第Ⅳ卷,第464页(英译文见莱布尼茨:"选集"(查理·斯克里卜勒氏出版社,1951年)第100页等)。

② 惠更斯致莱布尼茨的信,1690年11月18日,《惠更斯全集·书信(10卷本)》(海牙,1638—1695年),第Ⅸ卷,第52页(英译者注:惠更斯的全集的完全的版本是由荷兰科学学会出版的22卷本(哈尔伦,1950年))。

③ 萨莫斯人亚里士塔克的"论世界体系,及其部分和运动,单行本"(巴黎,1643年)。这个著作由马林·默山尼于1647年重印于《物理学—数学的观念》第Ⅲ卷(见以下第242—243页)。

部著作中,作者早在牛顿之前就采用了万有引力的形式。1646年4月20日,笛卡尔这样地表示了自己的意见:

"没有比上述所作的假设更荒谬的了;作者假设有某种特性是世界物质各个部分中所固有的,由于这种特性的力,各部分互相靠近并且相互吸引。他又假设有一种类似的特性是地球各部分所固有的,认为地球的每一部分都与其他部分有关联;并且假设这种特性不以任何方式干扰前一种特性。为了理解这一点,我们不仅需要假设每个物质质点都是有生命的,甚至是通过大量不同的、彼此互不干扰的灵魂而获得的生命,而且还要假设这些质点的灵魂都具有一种真正神性才有的知识,以致无须任何媒介,他们就可以知道很远地方的情况,并据此而行动。"①

因此,当原子论者谴责牛顿在其理论中所引用作为一种超自然的质的超距作用时,笛卡尔学派是赞同原子论的;但是接着就转而反对原子论者了,笛卡尔学派同样粗鲁地对待原子论者赋予微粒的坚硬性和不可分割性。笛卡尔学派的丹尼斯·帕潘写信给原子论者惠更斯说道:"另一件使我烦恼的事……就是你相信完全的坚硬性乃是物体的本质;在我看来,你这里是假设有一种固有的质,使我们超出了数学或力学原理的范围"。② 的确,原子论者惠更斯并没有些许粗鲁地对待笛卡尔学派的意见,他回答帕潘道:"你的另一个困难就在于我假设坚硬性是物体的本质,而你和笛

---

① 笛卡尔:《信集书》,P. 塔勒里和 D. 亚当编,第Ⅳ卷(巴黎,1893年),第 CLXXX 封信,第396页。
② 丹尼斯·帕潘致克里斯蒂安·惠更斯的信,1690年6月18日,《惠更斯全集》第Ⅸ卷,第429页。

卡尔只承认物体的广延性。我由此看到,你还没有摆脱我长期以来就断定为十分荒谬的那种意见"。①

五、任何形而上学体系都不足以建立一种物理理论

每个形而上学学派都谴责它的对手在自己的解释中求助于那些本身没有得到解释的观念,这些观念实际上是超自然的质。这种谴责难道不能总是适用于谴责自己吗?

对于某个学派的哲学家来说,要使他们宣称自己完全满意一个本学派的物理学家所建立的理论,这个理论中所用的全部原理就一定得从这个学派所承认的形而上学中推导出来。如果在解释物理现象的过程中,对该形而上学所无力证实的某个规律提出这个要求,那么,我们就会得不到任何解释,物理理论就会失去自己的目的。

因此,任何一种形而上学都不能提供足够准确或足够详尽的说明,使我们有可能从中推导出一个物理理论的全部要素。

事实上,一种形而上学学说关于物体的真实本性所提供的说明,常常由否定所组成。亚里士多德学派和笛卡尔学派一样,否认虚空的可能性;牛顿学派否认任何不能归结为质点之间作用力的质;原子论学派和笛卡尔学派否认任何超距作用;除了形状和运动以外,笛卡尔学派不承认物质的各部分之间有任何其他差别。

---

① 克里斯蒂安·惠更斯致帕潘的信,1690年9月2日,同上,第Ⅸ卷,第484页。

当人们谴责一个对立学派所提出的理论时,所有这些否定完全都可以用来作为适当的论据;但是当我们希望推导一个物理理论的原理时,它们就显得异常地贫乏了。

例如,笛卡尔否认物质除了具有长度、宽度、深度上的延长及其各种样式(亦即形状和运动)以外,还有任何别的东西;但是单靠这些数据,他甚至无法着手大致描述一下一个物理定律的解释。

至少,在试图建立任何一个理论之前,他首先得要知道支配各种运动的普遍规律。因此,他从他的形而上学原理出发,首先试图导出一种动力学。

上帝的尽善尽美要求他在他的计划中永远是不变的;从这种不变性可以作出以下结论:上帝把他一开始给予世界的运动量保持为恒量。

但是世界上运动量的这种恒定性还不是一个足够精确或足够确定的原则,它还不足以使我们有可能写出任何一个动力学方程。我们必须以为量的形式陈述它,这就意味着要把迄今为止还是十分含糊的"运动量"这个观念,转换为一个完全确定的代数表达式。

那么,物理学家赋予"运动量"这个名词的数学意义是什么呢?

按照笛卡尔,每个质点的运动量就是它的质量(或其体积,在笛卡尔的物理学中,体积与质量是等同的)与它的运动速度的乘积;全部物质的运动量,则是它的不同部分的运动量之总和。这个总和在任何物理变化中应当保持为一个恒定数值。

毫无疑问,笛卡尔建议的用来转换运动量这个观念的代数量组合,是满足前面我们关于这一转换的直觉知识所提出的种种要求的。完全静止的物体,运动量为零,由一定运动激活起来的一组物体的运动量总是正的;当质量确定而其运动速度增加时,运动量的数值就增加;当给定的速度作用于较大的质量时,运动量也增加。但是,有无数其他的表达式也同样可以满足这些要求:我们可以特别地用速度的平方来代替速度。这样得出的代数表达式就会符合莱布尼茨所说的"活力";这样从神圣的不变性所引出的,就不是笛卡尔的世界运动量的恒定不变,而应当导出莱布尼茨的"活力"恒定不变。

这样,笛卡尔建议的作为动力学基础的这个定律,无疑是符合笛卡尔学派的形而上学的;但是这种符合并不是必要的。当笛卡尔把某些物理效应归结为仅仅是这一定律的结果时,他的确证明了这些效应与他的哲学原理并不矛盾,但是他没有用这些原理对这个定律作出解释。

我们刚才关于笛卡尔学派所说的话,也可以适用于任何一种宣称一个物理理论已完全建成的形而上学学说;在这种理论中常常作了某些假说,而这些假说并没有以这形而上学学说的原理作为它们的基础。那些追随博斯科维奇思想的人承认,在可感觉到的距离上观测到的所有吸引力和排斥力,都是随距离的平方成反比而变化。正是这个假说使他们建立起了三个力学体系,即天体力学、电学和磁学;但是这种定律的确立,靠的是他们想要使自己的解释与事实符合的意愿,而不是他们哲学的需要。原子论者承认有某一定律支配着微粒的碰撞;但是这个定律只是另一定律在原子世界中的异常大胆推广,后者只有当质量大到足以被观测到的时候才能成立;它并不是从伊壁鸠鲁哲学中推导出来的。

因此我们不能从一个形而上学体系中推导出建立一个物理理

论所必需的全部要素。物理理论常常要求助于一些形而上学体系所没有提供的命题,所以这些命题在这个体系的信徒看来就仍然是神秘的。在理论要求作出解释的深处,总是有着未经解释的东西。

第二章 物理理论和自然分类

一、什么是物理理论及其
建立工序的真正本质

当我们把物理理论当作对物质实在的一种假说性解释时,我们就使它依赖于形而上学了。这样,我们远没有给予它一种绝大多数思想家都能表示赞同的形式,而是把对它的接受仅限于那些承认它所坚持的哲学的人们。但是甚至这些人对这种理论也不完全满意,因为它并没有如它所说的从形而上学的学说中引出它的全部原理。

上一章中所讨论的这些思想,十分自然地使我们要问起下列两个问题:

我们难道不能给物理理论指定一个会使其独立的目的吗?物理理论所赖以建立的原理,并非由任何形而上学学说所产生,它可以用自己的概念来判断,而不必考虑那些依赖于可能从属的哲学学派的物理学家的观点。

我们难道不能设想一种足以建立一个物理理论的方法吗?和自身定义相容的理论不需要借助于任何原理,也不需要依赖于任何不能合理运用的过程。

我们想集中讨论这一目的和这一方法,并对两者加以研究。

让我们现在立刻就假定物理理论的一个定义(本书后面部分将说明它,并阐述它的全部内容):一个物理理论不是一种解释。它是一个从少数原理推演出来的数学命题体系,目的在于尽可能简单、完善和准确地表示一系列实验规律。

为了使这个定义更精确些,让我们描述一下形成一个物理理论所要经过的接连四道工序的特征:

1. 从我们所要描述的物理性质中,选出那些我们认为简单的性质,而假定其他性质乃是它们的组合或结合。通过适当的测量方法,我们将它们对应于某一组数学符号、数字和量值。这些数学符号和它们所代表的性质没有什么内在的联系;它们与后者只是符号与符号所代表的事物的关系。通过测量的方法,我们能使物理性质的每一状态对应于其表示符号的一个数值,反之亦然。

2. 有少数命题在我们的推演中起着原理的作用,我们就用这些命题把上述引进的各种量值联系起来。这些原理从字源学的意义上说可以称之为"假说",因为它们真正是理论所赖以建立的基础;但是它们并未以任何方式声称,它们所陈述的是物体真实性质之间的真实关系。因此这些假说可以随意用公式表述出来。限制这种随意性的惟一绝对不可逾越的障碍,就是同一假说的用语之间有逻辑矛盾;或者同一理论的不同假说之间有逻辑矛盾。

3. 一个理论的各个原理或假说,是数学分析的规则结合在一起的。代数逻辑的要求是理论家在这一发展过程中必须满足的惟一要求。他加以计算的量值,并没有被说成是物质实在,他在其推演中所运用的原理,也不是给定为陈述这些实在之间的真实关系的。因此他所完成的工序是否对应于真实的或可想象的物理变化,那都问题不大。人们有权要求他的只是,他的推理必须有效,他的计算必须准确。

4. 这样从假说推出的各种结论,可以转换成许多与物体的物理性质有关的判断。适合用来定义和测量这些物理性质的方法,就像允许人们作出这一转换的词汇和声调。这些判断要和理论想要描述的实验规律相比较。如果这些判断在与所用测量手段相当的近似程度上符合这些规律,理论就算达到了目的,就可以称之为好理论;如果不符合,那就是坏理论,必须加以修改或否定。

因此,真正的理论并不是一个能对物理现象作出与实在相符的解释的理论;它是一个能以令人满意的方式描述一组实验规律[21]的理论。错误的理论并不是试图根据和实在相矛盾的假设而作出解释;它是一组与实验规律不相符的命题。对物理理论来说,与实验相符是真理的惟一标准。

我们刚刚概述的这个定义,把建立一个物理理论分为四道基本工序:(1)定义和测量物理量;(2)选择假说;(3)用数学阐述理论;(4)理论与实验相比较。

随着本书的展开,我们将详尽地讨论其中的每一道工序,因为其中的每一道工序都呈现有困难,需要详细分析。但是,目前我们已能回答几个问题,驳斥当前关于物理理论的定义所提出的几个反对意见。

二、物理理论的效用是什么?
理论可以看做一种思维经济

首先谈谈这样的理论有什么用处?

关于事物的本性,或者关于隐藏在我们所研究现象背后的实在的本性,根据我们刚刚制定的方案构想出来的理论,是绝对告诉不了我们什么东西的,它也不宣称能告诉我们什么东西。那么,这理论有什么用呢?由实验方法直接提供的规律,用描述这些规律的一组数学命题来代替,物理学家这样做有什么好处呢?

首先,物理理论是用很少数的命题即基本假说,来代替大量的彼此显得互不相干的定律,其中每个定律都有其自身的理由得加以学习和记忆。一旦知道了这些假说,我们就可以用数学演绎的方法完全可靠地推导出所有这些物理定律而无遗漏和重复。这样把许多定律浓缩为少数的原理,便大大减轻了人类思想家的负担,如果没有这种技巧,他们也许就不能积累起日益增加的新财富了。

把物理定律这样简化为理论,有助于所谓"智力经济",恩斯特·马赫从这种"智力经济"看到了科学的目的和指导原则。[①]

实验规律本身已经代表了首要的智力经济。人类思维面临着大量的具体事实,每个事实都纵横交错着大量的、各种各样的细节;谁也不能领悟和记住关于所有这些事实的知识;没有人能和他

[①] E.马赫:《物理研究的经济本质》,《通俗科学讲演录》(1903年,莱比锡,第3版),第8章,第215页。

的同事交流这些知识。因此抽象应运而生。它的作用是排除这些事实中所有与个人有关的或个别的东西,从其总体中仅仅抽出对它们来说是普遍的或共有的东西,并且用单独一个命题来代替这一堆累赘的事实,这个命题只需要一个人的小小的记忆力,并且容易通过教育来传授:这就形成了一条物理定律。

"于是,如果我们知道入射线、折射线和一条垂直线[①]处于同一平面内,并且知道 $\sin i/\sin r = n$,我们就不需要注意光折射的个别情况,而可以在心里设想它现在和将来的所有情况。也就是说,对于不同媒质组合和所有不同入射角的无数折射情况,我们就只要注意上述规则和 n 值就可以了——这就容易得多了。经济的目的在此明确无误。"[②]

用定律代替具体的事实所达到的经济,由于思维而获得了加倍的效果,思维把实验定律浓缩为理论。折射定律就比无数的折射事实经济,而光学理论又比许许多多变化无穷的光学现象的定律经济。

在光的效应中,只有很少数的几个被古人归纳为定律;他们所知道的光学定律就是光的直线传播定律和反射定律。这个思想贫乏的学科在笛卡尔时代由于折射定律得到了加强。如此不充实的

---

① 即法线。——中译者
② 英译者注:见 T.J. 麦科马克英译"物理研究的经济本质",马赫的《通俗科学讲演录》,第 8 章(伊利诺斯州拉萨尔:奥彭考特 1907 年第 3 版)。
又见马赫的《力学科学:对其发展的批判的历史的说明》(巴黎 1904 年版),第 4 章第 4 篇"作为思维经济的科学",第 449 页(英译者注:英译文见 T.J. 麦科马克自德文第 2 版《力学科学:对其发展的批判的历史的说明》(奥彭考特 1902 年版),第 4 章第 4 篇:"科学的经济",第 481—494 页)。
E. 马赫:《力学》第 453 页(英译者注:见英译本《力学科学》第 485 页)。

光学不要理论也行；由它自身来研究和传授每个定律是容易的。

今天，与此相反，就我们所知，如果没有理论的帮助，一个想研究光学的物理学家怎么能从这个庞大领域中获得哪怕是肤浅一点的知识呢？试想一下简单折射效应、在单轴或双轴晶体上产生的双折射效应、多向正性媒质或结晶体上的反射效应、干涉效应、衍射效应、由反射以及单折射或双折射引起的偏振效应、色偏振效应、旋转偏振效应等等。这一大类现象中的每一个，都可以产生出大量实验定律的陈述，其数量之多，程度之复杂，会使最有能力和最有记忆力的人吓一跳。

光学理论伴随而生，收集了这些定律，并把它们浓缩成少数原理。通过有规则和可靠的计算，我们总能从这些原理中抽取出我们想要用的定律。因此，我们不再需要密切注意所有这些定律的知识；知道作为这些定律基础的原理的知识就够了。

这个例子使我们能够紧紧把握住物理科学进步的方法。实验家不断发现迄今尚未被想到的事实，提出新定律，而理论家则持续不断地设想出更为简洁的表述、更经济的体系，使得贮藏这些收获成为可能。物理学的发展在"永不厌倦供给的自然界"和不愿意"厌倦设想"的理性之间，激起了持续不断的斗争。

三、作为分类的理论

理论不仅是实验定律的经济的表述；它也是这些定律的分类。

实验物理学为我们提供的定律，可以说是全都堆积在同一层面上，而没有把它们分成一组组由一种"家族"关系结合起来的定律。常常由于非常偶然的原因或表面上比较相似,使观察者在研究中把不同的定律凑在一起。牛顿把光通过棱镜产生色散的定律和肥皂泡出现色彩的定律放在同一工作中,只是因为在这两种现象中都有颜色进入眼睛。

另一方面,演绎推理把原理与实验定律联系了起来,由于发展出了演绎推理的大量分枝,理论就在这些定律之间建立起了一种秩序和分类。它把某些定律组合在一起,紧密地安排在同一类中;它又把另外一些定律分开,把它们放在相距甚远的两类里。可以说,理论所提供的是内容的目录和章节的标题。在这些目录或标题之下,我们所要研究的科学有次序地被分开,它指出了那些定律要安排在各个章节之中。

例如,理论把支配彩虹色彩的定律与支配棱镜所生光谱的定律安排在一起;而支配牛顿环色彩的那些定律,则被安排到了别处,与杨和菲涅尔发现的条纹定律结合在一起;而且,在另一类中,格里马蒂所分析的优美色彩,仍被认为是与夫琅和费发现的衍射光谱有关的。在所有这些现象中,其鲜明的色彩在普通观察者眼中都可以引起混乱,可是关于它们的定律,感谢理论家的努力,都得到了分类和整理。

这些分类使得知识应用起来既方便又可靠。试想有这样一些工具箱,其中并排摆着用于同一目的的工具,有些隔板把那些不是用于同一目的的工具逻辑地分开:工人的手不用摸索,就能很快抓到所需的工具。因为有了理论,物理学家就能确定地找到哪些定律可以帮助他解决给定的问题,而不致遗漏掉任何有用的东西或用了任何多余的东西。

秩序在哪里支配着,哪里就会有美。理论不仅使它所表述的一群定律掌握起来更容易,更方便,更有用,而且也使它们更美。

当我们回溯一个伟大物理理论的发展进程,看到它如何气势磅礴地从最初的假说开始,逐步展开它有规则的推演,看到它的推论代表着许多实验定律直到最小的细节时,如果不被这样构造的美所迷住,如果不强烈地感到这种人类理性思维的创造确确实实是一种艺术作品,那是不可能的。

四、理论倾向于转变为自然分类[①]

这种美的感受不是理论在达到高度完善时所产生的惟一反应,它也引导我们看到理论中的自然分类。

首先,什么是自然分类?例如,博物学家在提出脊椎动物的自然分类时是什么意思?

博物学家所设想的分类是一组和具体的个体无关,而和抽象、和种有关的智力运作;这些种被分成族,较特殊的被置于较一般的之下。为了形成这些族,博物学家考虑的是各种不同的器官,如脊柱、头盖骨、心脏、消化器官、肺、鳔,但不是研究它们在多个个体中所采取的特定形式和具体形式,而是研究适合同一族中所有的种的抽象的、一般的、基本的形式。博物学家在这些经过这样抽象而改变了的器官之间建立起比较,指出其相似性和差异性;例如,他

[①] 在《英国学派和物理学理论》(《科学问题评论》,第6篇,1893年10月)中,我们已经说明自然分类作为物理理论倾向的理想形式。

们宣称鱼鳔类似于脊椎动物的肺。这种同源性纯粹是观念上的联系,而和真实器官无关,只和博物学家思想中形成的一般化和简化的概念有关;这一分类只不过是概括所有这些比较的概览表。

当动物学家断言这种分类是自然的时候,他的意思是说,由他的理性在抽象概念之间建立起来的那些观念上的联系,是和结合在一起并体现在他的抽象中的有关生物之间的真实关系相对应的。例如,他的意思是说,他在不同种类中看到的多少有点明显的相似,是多少有点血缘关系相近的标志,恰当地说,是组成这些种类的个体之间的血缘相近的标志;也就是说,他用来解释子纲、子类、子族和子属的一个个分支,又派生出系谱树,其中,从同一个躯干和根部又分叉出各种不同的脊椎动物。这些具有真正家族渊源的关系,只能靠比较解剖学来建立;要掌握这些关系本身,使之明显易见,这是生理学和古生物学的事。然而,当解剖学家思考着用他的比较法在众多杂乱的动物中引入秩序时,他却不能断定这些关系的存在,对这些关系的证明并非他的方法所能胜任。假如有一天,生理学和古生物学向他证明他所设想的关系并不存在,进化论者的假说被否定的话,那么,他还能继续相信由他的分类描绘的方案,乃是动物之间真实关系的描写;他会承认他是在这些关系的本质上而不是在这些关系的存在上受骗了。

每个实验定律都可以在物理学家所创造的分类中找到自己的位置,其方式之简洁,以及这组定律具有如此完善的秩序,而且极其明晰,这就绝对使我们相信这样的分类不是纯粹人为的,这样的秩序也不是由于某个天才组织家强加给定律的纯粹随意的分类。我们不能够解释我们的信念,但是也不能摆脱它,我们在这个体系的严格秩序中,看到了可以识别自然分类的标志。我们无需声称可以解释隐藏在现象(其定律是我们加以分类的)背后的实在,就能感到由我们的理论建立起来的分类是与事物本身之间真实的亲缘关系相对应的。

在每个理论中逐一搜寻解释的物理学家都确信:他已从光的振动中掌握了我们的感官以光和颜色的形式揭示出来的基本的内在本质;他相信以太,这种物体的一部分被这个振动激发起来,形成一种快速的往返运动。

当然,我们并不赞同这些想象。在光学理论课程中,当我们谈到光的振动时,已不再认为它是真实物体的真实的往返运动;我们仅设想一个抽象的量,它是一个纯粹的几何学表达式。正是一个周期性变化的长度,帮助我们说明了光学中的假说,并通过有规则的运算,重新得到了光所遵循实验定律。这种振动是我们思维中的一种表述,而不是解释。

但是,当我们经过许多探索之后,并借助这一振动成功地表述了一套基本假说时,当我们从这些假说描绘的图像中看到光学的广大领域(此前它受到如此之多的混乱的细节所阻碍)变得既有秩序又有组织时,我们就不可能不相信这个秩序和这有组织乃是真实秩序和有组织的反映,就不可能不相信由理论结合在一起的现象,例如干涉带和薄膜上产生的彩色条纹,实在乃是光的同一性质的略微不同的表现;不可能不相信被理论所分开来的现象,如衍射光谱和色散光谱,有充分的理由说明它们事实上乃是本质不同的现象。

因此,物理理论绝没有给我们提供关于实验定律的解释;它也从没有揭露出隐藏在我们感觉表象背后的实在;但是,物理理论越变得完善,就越使我们领悟到它对实验定理所建立逻辑秩序乃是本体秩序的反映,就越使我们感觉到它在观察资料之间建立起来的关系乃是对应于事物之间的真实关系,①就越使我们觉得理论倾向于是一种自然分类。

物理学家不能考虑这种信念。他的方法能够随意处理的仅限于观测数据。所以,它不能证明实验定律之间建立起来的秩序乃是经验之外秩序的反映;这就是更加有力的理由,表明他的方法为什么不能使我们推测理论所建立的关系是对应于真实关系的本质的。

但是,如果说物理学家无力证明这个信念,那他也无力从他的理性中摆脱它。他脑子里徒劳无助地塞满这样的念头,他的理论无力把握实在,理论的作用只是对实验规律以总结和分类表述。他不能迫使自己相信,一个能够把大量乍一看来完全不同的定律如此简易地整理得有条不紊的体系,竟会是纯粹人为的体系。帕斯卡有一种直觉,认为那是"理性并不知道"的心灵的一种理性,他相信在他的理论中所反映的乃是真实的秩序,并断言他的这个信仰随着时间的推移将会越来越清楚,越来越坚定。

这样,我们对建立物理理论的方法所作的分析,以充分的证据向我们证明了:这些理论不能用来作为对实验定律的解释;而另一方面,有一种信仰活动——我们的这一分析既不能证明其为合理

---

① 参见 H.彭加勒:《科学与假说》(1903 年巴黎版)第 190 页(英译者注:由布鲁斯·霍尔斯特德译成英文,"科学与假说"载《科学基础》(宾夕法尼亚州兰卡斯特:科学出版社 1905 年版))。

也不能证明其不合理的,却使我们确信这些理论不是纯粹的人为的体系,而是自然的分类。所以,在此我们可以运用帕斯卡的一个深刻思想:"我们无力证明,这是不能被任何教条主义征服的;我们有一个真理的观念,这是不能被任何极端怀疑主义所征服的。"

五、先于实验的理论

有一种情况特别清晰地说明我们相信理论是自然的分类这一特征;当我们要求理论在实验进行之前先告诉我们结果的时候,当我们大胆地命令理论"为我们做先知"的时候,就出现这种情况。

研究人员建立起了相当大的一类实验定律;理论家建议把这些定律浓缩为少数几个假说,并成功地这样做了;每个实验定律都被正确地表示为这些假说的一个推论。

但是从这些假设可以作出的推论有无限多个;因此,我们能够作出某些不对应于任何已知实验定律的推论,这些推论只代表可能有的实验定律。

在这些推论中,有些涉及到实践中可能实现的情况,这些推论特别重要,因为它们能受事实的检验。如果它们能准确地代表这些事实所遵从的实验定律,理论的价值就增大了,由理论支配的领域就要增加新的定律。反之,如果在这些推论中有一个与事实明显不符,则用来代表这些事实所遵从的定律的理论,就必须或多或少地加以修正,或许要完全放弃。

现在,当我们将理论的预言与现实相比较的时候,假定我们必须为赞成或反对理论而打赌;我们将把赌注下在哪一边呢?

如果理论是纯粹人为的体系,如果我们在作为理论基础的假说中看到有些非常成熟的陈述能代表已知的实验定律,但是,如果理论不能暗示它乃是看不见的实在之间真实关系的什么反映的话,我们就会认为这样的理论难以证实新的定律。如果在为其他定律腾空出来的抽屉空间中,迄今未知的定律能找到一个现成的抽屉完全适合放进去的话,那就会是机遇的奇迹了。假如我们冒险把赌注下在这类可能性上,那是愚蠢的。

相反,如果我们认识了理论中的自然分类,并觉得理论的原理乃是表示事物之间深刻的真实关系,那我们看到它的那些先于经验并能激发我们发现新定律的推论,就不会感到惊讶了;我们就会毫不畏惧地下赌注赞成它。

所以,我们认为一个分类是不是自然的分类,其最高的检验就是要问它能不能预先指出只有未来才会显示的事情。当实验完成并证实了我们的理论所作出的预言时,我们就觉得我们的信念加强了,相信我们的理性在抽象概念之间建立起来的关系乃是真正对应于事物之间的关系的。

例如,现代化学符号体系利用发展起来的方程式,建立了一种分类,使各种不同化合物井然有序。这种分类在巨大的化学宝库中带来的奇妙秩序,已经使我们确信这分类不是纯粹的人为体系。它在各种不同化合物之间建立起来的类似关系以及替代后的衍生关系,只在我们心中有意义;可是,我们深信它们是对应于实体本身之间的亲缘关系的,它们的本性虽然还深深隐藏着,但其存在似乎是无可怀疑的。不过,为了把这个信念转化为不容置疑的确定性,我们必须看到理论预先写出了许多物体的方程式,依照这些方程式的指示,用化学合成的方法一定可以产生出大量的物质,其组成和某些特性甚至在其存在之前我们就应当知道了。

正如化学合成预先宣告了化学符号体系可认为是自然的分类一样,物理理论也将这样先于观测地证明,它乃是真实秩序的反映。

现在,物理学史向我们提供了许多这种具有洞察力的推测的例子;许多时候理论预测到一些尚未观测到的定律,甚至是一些似乎不大可能有的定律,激励着实验家去发现它们,并引导他走向那个发现。

作为要在1819年3月的全国会议上颁发物理学奖的题目,法国科学院曾决定对光的衍射现象作了全面考查。有两篇研究报告提交给了会议,其中菲涅尔的一篇获奖,评审委员会由毕奥、阿拉果、拉普拉斯、盖-吕萨克和泊松组成。

从菲涅尔提出的原理出发,泊松通过巧妙的分析,推导出下面一个奇怪的结论:如果用一个微小的不透明圆屏遮挡住一个点光源发出的光线,则在屏后沿此屏正轴上会有一些亮点,它们不仅发亮,而且它们发亮的情况恰好就像圆屏没有放在它们和光源之间的时候一样发亮。

这一推论看起来与明显的实验事实是如此的矛盾,以致它似乎是否定菲涅尔所提衍射理论的一个很好的根据。阿拉果则确信这个理论的洞察力所产生的自然特性。他检验了它,观测给出的结果与计算所得出的似乎不太可能的预言完全符合。[1]

---

[1] 《奥古斯汀·菲涅尔全集》,第3卷(1866—1870年,巴黎版)第236、365、368页。

所以,正如我们所定义的那样,物理理论是给大量的实验定律 30
一个浓缩的表示,以有利于思维经济。

它对这些定理加以分类,通过分类使它们利用起来变得更加容易和可靠。同时,它把秩序带进全部定律之中,并增加了它们的美。

当理论完成时,它呈现出自然分类的特征。它所建立的分类可以暗示事物真实的内在联系。

自然分类这个特征的标志,首先是理论的丰硕成果,它可以预言尚未观测到的实验定律,并促进人们去发现它们。

这充分证明我们对物理理论的探索,即使它并不追求对现象的解释,也不能说这是一件徒劳无益的工作。

第三章 唯象理论与物理学史

一、自然分类和解释在物理理论演化中的作用

我们曾经提出,物理理论的目的是要成为一种自然的分类,是要在各种实验定律之间建立起逻辑上的协调,这种逻辑协调是作为真实秩序的一种影像和反映,我们之外的实在就是依据这种秩序组织起来的。我们还说过,在这个条件下,理论将是有成果的,并将启发更多的发现。

然而,对我们上面所阐述的学说,有人立即提出了反对意见。

如果理论乃是自然的分类,如果分类现象的方式是与实在中分类的方式相同的,那么,首先问问这些实在是什么,岂不是达到这一目的的最可靠途径吗?假如人们不是以尽可能简洁而准确的形式去建立一个代表实验定律的逻辑体系,并希望这一体系最终能成为关于事物本体秩序的映象,那么,我们试着去解释这些定律,并揭开隐藏事物的面纱,这岂不是更有意义吗?而且,这难道不是科学大师们不断在采用的方法吗?在力图解释物理现象时,他们不是创立过许多富有成果的理论,而且其预言已被确认而且引起人们的惊叹吗?除了仿效他们的榜样,重新

回到本书第一章已批判过的方法之外,我们还能有什么更好的做法呢?

我们将现代物理学归功于几位天才人物。毋庸置疑,他们建立他们的理论,是希望对自然现象作出解释,而且,有些人甚至相信他们已经获得了这种解释。但是,对我们已阐述过的关于物理理论的意见来说,这还不是反对意见的结论性的论据。幻想的希望也许激发过美妙的发现,但这些发现却并不体现产生它们的幻想。大胆的探险对地理学的发展有过极大的贡献,探险活动应归功于寻找黄金宝地的探险家们,但这还不是要把"黄金国"标记在我们的世界地图上的充分理由。

因此,即使我们想要证明对解释的探索乃是物理学中真正富有成果的方法,那也不足以说明那些致力于这些解释的思想家已经创立了大量的理论。我们必须证明,人们追求解释确实是在追求"阿里亚德勒"的线团①,它已经引导他们通过实验定律的混乱,让他们画出这一迷宫的图样。

但我们不仅不能给出这种证明,而且我们即将看到,即使肤浅地研究一下物理学史,也会给我们提供大量相反的论据。

当我们分析一位物理学家为了对感性现象提出解释而创立的理论时,我们往往很快就可以看到,这个理论实际上是由两个不同部分构成的。一部分是唯象的,它对规律加以分类;另一部分是解释性的,其目的是要把握现象背后的实在。

---

① 阿里亚德勒是古希腊神话中克里特岛上米诺斯国王的女儿,她以一个线团帮助希腊雅典王子柏修斯识别了迷宫的暗道,最终杀死了怪兽米诺牛。——译者

然而,如果把解释部分作为唯象部分存在的理由,作为它得以成长的种子,或者作为促进其发展的根基,那就大谬不然了。实际上,这两部分之间的联系几乎总是非常脆弱的,非常人为的。唯象部分是靠理论物理学所特有的和自发的方法独自发展起来的;解释部分的情况则是来到这个充分成熟的机体面前,像寄生虫一样依附于它上面。

理论的威力和丰盛并不是靠这个解释部分才有的;远远不是理论中每个有价值的东西(正是因为有了它理论才显得是自然的分类,并赋予理论以预见经验的威力)都可以在唯象部分中找到;所有这些东西都是物理学家在忘记了追求解释的时候发现的。另一方面,理论中的任何谬误以及与事实相矛盾的东西都首先是在解释部分中发现的;物理学家在试图把握实在的愿望驱使下,将谬误引入到了解释部分中。

由此可以得出如下结论:当实验物理学的进展与理论背道而驰,并迫使理论作出修改或变更时,纯唯象部分便几乎全部进入新理论中,并将旧理论中全部有价值的东西作为遗产带给新理论,而解释部分则予以放弃,让路给另一新的解释。

因此,由于一种连续性传统,每个理论都把它能够建立起来的那一部分自然分类传递给后继理论,正如在某些古老的运动中,每个赛跑者将火炬交给他前面的传递人一样,这种连续性传统确保了科学生命和科学进步的永恒性。

对于一知半解的观察者来说,这种传统的连续性是觉察不到的,因为新的解释不断涌现,又不断被抛弃。

不妨用一些例子来证实我们刚才所说的一切。这些例子来自有关光的折射理论。我们从这些理论借用这些例子,其实不是因为它们特别有利于我们的论点,而正相反,是因为那些浅薄地研究物理学史的人也许会认为,这些理论的主要进展应归功于对解释的追求。

笛卡尔曾提出过一个理论,用以描述单折射现象;它是《屈光学》(Dioptrique)和《论流星》(Meteores)这两篇极好论文的主要研究对象,《方法论》(Discours de la méthode)是作为绪言篇入其中的。根据入射角的正弦和折射角正弦之间不变的关系,笛卡尔理论以非常清晰的秩序,对各种形状的透镜和由这些透镜组成的光学仪器的特性进行了分类;它考察了伴随视觉而发生的现象,并分析了虹的规律。

笛卡尔对光的效应也提出过解释。光仅仅是一种现象,其实质是由一种"神秘物质"之内的发光物体的快速运动而产生的压力。这种"神秘物质"贯穿着一切物体。它不能压缩,因而构成光的那种压力在其中可以即时传播到任何距离:不管一点离光源多么遥远,后者只要一亮,该点立即就亮。这种光的瞬时传播性乃是笛卡尔所创立的物理解释体系的绝对必然的结论。贝克曼对此结论很不以为然,他仿效伽利略,比较天真地想用实验找出它的矛盾。笛卡尔在给他的信中写道:"对我来说,它(光的瞬时速度)是确定无疑的。一旦它被发现有误,尽管这极不可能,我会马上向你承认,我对哲学一窍不通。你对你的实验如此充满信心,竟然宣称只要一个人分辨不出看到镜中一盏灯的运动瞬间与观看他手中灯的运动瞬间之间的时间间隔的话,你就准备承认你的哲学全都是谬误。但是,我要向你宣告,只要这一时间间隔能被观测到,那么,我的整个哲学就会彻底被推翻"。①

究竟笛卡尔是本人创立了关于折射的基本定律,抑或如惠更斯所暗示的,他是从斯涅尔那里借用来的,这一直是一个颇有争议的问题;答案是可疑的,但这对我们来说无关宏旨。可以肯定的是,这一定律和根据它建立起来的唯象理论并不是笛卡尔所提出的光现象解释的产物;笛卡尔的宇宙论对于它们的提出毫无关系;唯有实验、归纳和概括才产生了它们。

况且,笛卡尔从来也没有试图要把折射定律与他关于光的解释性理论联系起来。

诚然,在《屈光学》一书的开头,他发展了关于这一定律的机械类比法。他把通过空气进入水中的光线方向的变化,比作是我们用力投掷一个小球,使之从某一媒质进入另一阻力更大的媒质而引起的路径变化。然而,尽管这种机械类比的逻辑有效性会受到许多抨击,它倒反而把折射理论与光的发射说联系了起来。按照发射说,一束光线可以比作一簇由光源发出的剧烈运动的微粒。这个解释为笛卡尔时代的伽桑狄所坚持,并为后来的牛顿所采纳,但与笛卡尔关于光的理论毫无类似之处;它与后一理论是不相容的。

可见,笛卡尔关于光现象的解释与他对各种折射定律的描述只是简单地并列着,它们既无联系,也未彼此渗透。所以,当丹麦天文学家雷默提出光是以有限和可测的速度在空间传播时,笛卡

---

① R. 笛卡尔:《通信集》,P. 坦勒利、C. 亚当编,第 1 卷,第 57 封信(1634 年 8 月 22 日),第 307 页。

尔关于光现象的解释便彻底破产了;但是,用来描述和分类折射定律的学说,即便是最脆弱的部分,也未随之倒坍。甚至今日,它仍然是我们初等光学的主要组成部分。

当一束光线从空气传入冰洲石之类的晶体媒质之内时,便分为两束不同的折射光:一束为平常光,它遵循笛卡尔定律,而另一束则为非常光,它不受该定律的限制。1657 年,丹麦人伊拉斯谟·巴塞尔森或者巴塞林诺就已发现并研究过这种"可劈开的冰岛晶体的奇特而不寻常的折射现象"。① 惠更斯曾提出要建立一种理论,用来同时描述单折射定律(笛卡尔工作的对象)和双折射定律。结果他以极巧妙的方式成功地做到了这一点。惠更斯的几何作图法在非晶体或立方晶体中产生遵循笛卡尔定律的单光束后,不仅能在非立方晶体中产生两束折射光,而且还能完全决定这两束光所遵循的定律。这些定律如此之复杂,以致单靠它们自己来做实验几乎无法阐明它们;但在理论给出了它们的公式以后,实验便详尽地证实了它们。

试问,惠更斯这一美妙而卓越的理论是从原子宇宙论的原理中推演出来的吗?是从那些"机械论的原因"——按照他的观点,由于这些原因,"真正的哲学可以想到所有自然结果的原因"——中推演出来的吗?决非如此。对虚实、原子及其不可入性和运动的考虑,在建立这一表象理论的过程中是完全不起作用的。将声音的传播与光的传播进行相比较,两束折射光中有一束遵循笛卡

---

① 伊拉斯谟·巴塞林诺:《可劈开的冰岛水晶石的实验,它发出奇特的和不同寻常的折射现象》(海牙,1657 年)。

尔定律而另一束不遵从它这个实验事实,以及关于晶体中光波表面形状的奇妙而大胆的假说——这些就是这位伟大的荷兰物理学家得以建立起他的分类原理的阶梯。

惠更斯的双折射理论非但不是出自原子论物理学原理,而且在发现这一理论后,他也并未打算将它与这些原理联系起来。事实上,为了说明晶体的形成,他设想晶石、岩石或水晶体都是由球状分子有规则地堆积而成的,从而也就为豪伊和布拉维斯开辟了道路;但在将这一假设推广之后,他满意地写道:"我只需补充一点,这些小球体也许足以形成以上所假设的球状光波,有些还以相同方式处于与其轴线平行的位置"。[①] 从这个短短的语句中,我们完全可以看出,惠更斯为了解释光波表面的形状,试图赋予晶体一种特定的结构。

这样,他的理论将完整地保留下来,而其他各种有关光现象的解释都一个接一个地陆续被淘汰了,尽管其作者们还在不断证明它们如何具有永恒的价值,但他们毕竟很快就漏洞百出、陈旧过时了。

在牛顿这位发射论者的影响下,微粒说的解释是与惠更斯的解释绝对对立的,后者是对光现象提出波动论的创始人;根据惠更斯的解释,并结合这位伟大的荷兰物理学家曾认为荒诞不经的博斯科维奇原理的路线指引之下的引力宇宙论,拉普拉斯得出了对惠更斯解释的证明。

[①] 克里斯蒂安·惠更斯:《光学论文,其中解释了在反射和折射中发生的现象的原因,特别是奇怪的折射现象的原因》(莱顿,1690 年),W. 布克哈特编的版本(巴黎,1920 年),p.71(英译本见 S. P. 汤普森译本,芝加哥大学出版社,1945 年)。

第三章 唯象理论与物理学史

借助引力物理学,拉普拉斯不但解释了一位持截然相反观点的物理学家所发现的单折射或双折射理论,不但能"从我们得益匪浅的牛顿原理"推导出它,"根据这些原理,一切关于光运动的现象都服从严格的计算,而不管它穿过多少个透明介质还是大气",[①]而且,他还认为,这一推导增加了解释的必然性与严密性。不用说,惠更斯解释对双折射问题所提出的解答,"可看做一个实验结果,可以是那位罕见天才列为高水准的最美妙的发现。……我们应毫不犹豫地把它们放在物理学中最可靠最美妙的结果之列"。然而,"到目前为止,这一定律还只是观测的结果,只是在最精密的实验也仍然会有的误差范围之内接近真理。但它赖以活动的定律的简单性,应当使它可被看成是精确的定律"。在笃信他所提出的解释的价值方面,拉普拉斯甚至走得如此之远,乃至宣称仅仅这一解释就足以消除惠更斯理论中的不确定性,并使它可以为有才智的人所接受;因为"这个定律经受过与刻卜勒的美妙定律同样的命运,后者长期不受重视是因为人们总是把它们与那种偏巧渗透在开普勒全部工作中的体系观念联在一起"。

当时,拉普拉斯对于杨和菲涅尔所提倡并已取代了微粒发射说的波动光学是相当蔑视的;但是,多亏菲涅尔,波动光学经历了一场深刻的变化:光源的振动不再是在光线的方向上进行,而是在与之垂直的方向上进行。这样一来,曾引导过惠更斯在声光之间的类比消失了;但新的解释仍然引导物理学家们采纳惠更斯所设

[①] P. S. 拉普拉斯:《世界体系的阐明》(巴黎,1796),Ⅳ,第 18 章:"论分子引力"(英译本见 J. Pond 译本(都柏林,1809),以及 H. H. 哈特译本(都柏林及伦敦,1830年))。拉普拉斯的星云假说发表在他著作的一个注释中(vii)。

想的关于晶体折射光线的理论。

然而,在改变惠更斯学说解释部分时,它也丰富了其唯象部分;它所表达的不再仅仅是有关光线路径所遵从的规律,而且也表达了有关其偏振状态的规律。

这一理论的支持者们现在会处在有利的地位,转过来去反击拉普拉斯当初对待他们所表示的轻蔑态度了。就在菲涅尔的光学取得胜利时,这位大数学家写了如下几句话,读来令人忍俊不禁:"依我之见,双折射现象和恒星光行差现象都可以归结为光的微粒发射体系,这纵使不是完全肯定的,至少也是非常可能的。根据以太流体的波动假说,这些现象是令人费解的。一束被晶体引起偏振的光,在通过第一块平行放置的晶体时,不再一分为二,这一奇特性质足以说明,在光粒子的不同面上,同一晶体具有完全不同的作用"。[①]

惠更斯的折射理论并未涉及所有可能的情况;有一大类结晶体,例如双轴晶体,所发生的现象就无法纳入该理论框架。菲涅尔曾提出推广这一框架,以便使其不仅能对单轴双折射定律,而且也能对双轴双折射定律加以分类。他是怎样成功地做到这一点的呢?是靠寻找光在晶体中传播模式的解释吗?根本不是;他靠的是几何直觉,而这种直觉关于光的本性或关于透明体的结构并没有提示任何假说的余地。他注意到,所有惠更斯必须考虑的波面都可以用简单的几何作图方法从次级的某一波面推导出来。这一波面对单折射介质来说是球面,对单轴双折射介质来说则是旋转

---

① P. S. 拉普拉斯:《世界体系的阐明》(第18章)。

椭圆面；他还设想如果把同样的作图法应用于三个不等轴系统，我们就能得到适合双轴晶体的波阵面。

这一大胆的直觉获得了辉煌的成功；菲涅尔提出的理论不但完全符合所有的实验事实，而且使得推测和发现那些意外的和反常的、连实验者本人也未想到要去寻找的结果成为可能。这就是两类圆锥形折射的发现。大数学家哈密尔顿正是从双轴晶体波阵面的形成推演出了那些后来由物理学家劳埃德寻找到和发现了的奇怪现象的规律。

因此，双轴双折射理论的果实累累和预见力，使我们看到了自然分类的影响，但它们并不是靠什么试图追求解释而产生的。

当然，这并不是说，菲涅尔没有试图去解释他所得到的波面的形状；这一尝试曾使他情绪高昂，以致他没有发表使他做出这一发现的方法；直到他死后，当他关于双折射的第一篇论文终于问世时，他的方法才为人所知。① 在他生前出版的关于双折射现象的著作里，菲涅尔根据关于以太性质的假说，曾一再尝试重建他所发现的定律；"但是，他据以提出他的原理的这些假说，经不起彻底的考验"。② 当菲涅尔的理论仅限于起着自然分类的作用时，它是令人赞叹的，但是一旦作为一种解释提出时，它就站不住脚了。

绝大多数物理学说的情况都是如此；其中只有逻辑的工作才能持久并卓有成效，物理学说正是通过这种工作由少数原理推演出大量的定律，并对这些定律顺利地进行自然分类；如果力图解释

---

① 参见 E. 弗德：《奥古斯丁·菲涅尔著作入门》，技艺第 11—12 篇，载《奥古斯丁·菲涅尔全集》，第 1 卷第 lxx、lxxvi 页。

② 同前，第 55 页。

这些原理,要把它们联系到关于隐藏在感觉现象背后的实在的假设,这样的工作则是短命的和无效的。

科学的进步往往可以比作不断上涨的海潮。在我们看来,把这一比喻运用于物理理论的进化是非常贴切的。对此我们可以继续作进一步的详细说明。

39　不管是谁,若仅仅瞥一眼波浪对沙滩的冲击,是不会看到海潮正在上涨的;这时候他只是看到波浪涌起、前推、自身展开并覆盖一片狭长的沙地,接着便从这里撤退,让这块它似乎已经征服的地盘重新干涸;新的波浪接踵而来,与前面的波浪相比,它有时走得远一些,但有时也走得近一些,甚至还达不到已为前行波浪所打湿的海岸。但就在这种表面的往返运动之下,产生了另一种更深层、更缓慢、且为一般观测者所难以觉察到的运动;这是一种平稳地在同一方向上继续前进的运动,由于它的缘故,海面才不断上升。波浪的来来去去是那些追求解释尝试的忠实映象,这些尝试刚一提出又被淘汰,刚一前进复又退却;但在它们的背后,则继续着一种缓慢而持续的前进运动,它平稳地征服新的地域,并保证了物理学说传统的连续性。

二、物理学家对物理理论本性的看法

有一些思想家最积极地坚持一个观点,即物理理论应被看做是浓缩的唯象描述,而不是解释,其中一位叫做恩斯特·马赫,他写道:

"我的思维经济观念是从我作为教授的经验发展而来的,是从我的教学实践中生长出来的。早在1861年,当我作为一名私人讲师开始我的教学生涯时,就有了这个观念,那时我相信,我是独一无二掌握这个原理的人——后来发现这个信念是可以谅解的。然而,到了今天却正好相反,我确信,至少对那些思考过科学研究本性的所有研究人员来说,必定都共同具有关于这个观念的某种预感。"①

其实,自古以来,就有一些哲学家认识到,物理理论决不是解释,其中的假说也不是关于事物本性的判断。它们只是一些前提,想用来提供与实验定律相符的结论而已。②

确切地说,古希腊人只熟悉一种物理理论,即天体运动理论;这就是他们在处理宇宙结构系统时,也表达并发展了他们关于物理理论概念的原因。再有,他们当时已达到一定完善程度的以及今天在物理学中仍然采用的其他理论——即杠杆平衡理论和流体静力学——所依据的原理,其本性是无可置疑的。阿基米德的公理或要求只是一些来源于实验的命题,但得到了概括的改造;其结论与事实相符,乃是总结和整理了事实,而没有解释它们。

古希腊人在讨论星体运动的理论时,曾明确地区分开什么是属于物理学家的——也就是我们今天所说的形而上学家的,什么

---

① E. 马赫:《力学;它的发展的批判和历史的考察》(巴黎,1904年)第360页。英译本由T. J. 麦克马克根据德文第2版译出,第579页。
② 自从这部著作第1版出版以来,我们已在两个场合发展了文中所述的思想。首先是题为《拯救现象。关于从柏拉图到伽利略物理理论概念的论文》的一系列文章中(《基督教哲学年鉴》,1908年),其次是我们的题为《世界的体系:从柏拉图到哥白尼宇宙论学说史》的著作。5卷本(巴黎:1913—1917年),第2卷,第1篇,第10、11章,第50—179页(英译者注:迪昂为这部著作留下的其余手稿笔记,已由赫尔曼出版,巴黎)。

是属于天文学家的。根据宇宙论讨论星体的真实运动如何,这是物理学家的事。另一方面,天文学家并不在乎他所描述的运动是真实的还是假的;他们惟一的目的就是要准确地描述天体之间的相对位移。①

夏帕雷里在他对希腊人宇宙结构系统的杰出研究中,曾发表了一段关于天文学与物理学之间这一区分的著名的话。这段话出自波西东尼斯,盖米鲁斯曾加以概括或引用过,并由辛普里丘为我们保存了下来。他是这样说的:"天文学家当然不必知道什么是大自然所固定的,什么是处于运动中的;但是在关于什么是静止的、什么是运动的假设之中,他就得研究哪些是对应于天体现象的。至于他必须涉及的原理,则是属于物理学家的事"。

这些表达了纯粹亚里士多德学说的观念,激励了古代天文学家进行了许多探索;经院哲学已正式采纳了它们。物理学(也就是宇宙论)的责任,就是要通过追溯原因本身来为天文现象提供原因;天文学处理的只是对现象的观测,以及几何学能够从它们推演出来的结论。圣·托马斯在注释亚里士多德的《物理学》时,说道:"天文学的某些结论与物理学是共有的。但它毕竟不是纯物理学,它是用其他手段来证明它们的。例如,物理学家在证明地球是球形时,用的是物理学家的做法,比如说它的各部分在各个方向上都同样朝向中心;天文学家则相反,他们在得出这一结论时,依靠的是月食时月亮的形状,或是依靠从世界上不同地方看到的星

---

① 我们在本书中借用了一些重要资料,它们出自 P. 曼雄的一篇非常重要的文章:《对于古代天文学的几何特点的说明》,见《数学史论文集》Ⅸ(莱比锡)。又见 P. 曼雄:《关于几何学、力学和天文学的基本原理》(巴黎,1903 年)等。

第三章 唯象理论与物理学史

球是不同的这一事实"。

圣·托马斯在注释亚里士多德的《论天》时,在关于天文学的作用这一概念的推动下,以如下方式表达了他本人对行星运动问题的看法:"天文学家想方设法试图解释这一运动。但是,他们所设想的假说却不一定是真实的,因为情况也可能是,星球所表现的现象也许是起因于某种尚未为人所知的其他运动模式。然而,亚里斯多德却应用了这些关于运动本性的假说,仿佛它们是真实的"。

圣·托马斯从《神学大全》中引用了一段话(I,32)更清楚地说明了,要掌握一种确定的解释,物理学方法是无济于事的:"我们可以用两种方式给出一件事的理由。第一种是以充分的方式证明某一原理;例如在宇宙论(scientia naturalis)中,我们就给出充分的理由证明天体的运动是均匀的。按照第二种方式,我们没有引入能充分证明原理的理由,而是预先假定一个原理,再说明它的结论与事实相符。例如在天文学中,我们提出了本轮和偏心圆的假说,作出这一假说后,天体运动的感觉现象就得以保持下来;但这不是一个充分证明的理由,因为它们也许可以用别的假说来保持"。

这种关于天文学假说的作用与性质的看法,与哥白尼及其注释者莱蒂克斯的许多论述非常吻合。哥白尼,特别是在他的《天体运行及其构成假说的注释》一书中,只是把太阳的固定不动和地球的运动当作公设来发表,要求大家承认:Si nobis aliquae petitiones……concedentur。附带要说一句,在他《天体运行论六卷》的一些段落中,他承认他相信关于其假说具有真实性的那种意见,因为他的假说比经院哲学流传下来的并在注释中详加阐述的学说更少有保留。

在奥辛安德为哥白尼的《天体运行论六卷》一书所写的著名序言中,后一学说得到了正式说明。奥辛安德是这样表白自己的:"可以肯定,这些假说不一定是真的,甚至不一定是可能的;但是这一件事情就足够了,即计算是否表明与观测相符"。他在序言的末尾写道:"任何人都不应当由于他坚决主张这些假说而期望从天文学得到确实性,因为它不能对任何这类事情负责"。①

关于天文学假说的这一学说引起了开普勒的愤慨。② 在他最早的著作中,他写道:

"我从不赞成那些人的看法,他们引用某一偶然的例证,从虚假的前提出发,经过严格的三段论法,推演出某一真实的结论,并且他们还试图证明哥白尼所采用的假说也可能是虚假的,尽管真实的现象可以从它们推论出来,正如从它们适当的原理推论出来一样。……我毫不犹豫地声明,哥白尼后验地推断的并为观测证明了的每一件事,都可以毫无困难地通过几何公理先验地加以证明,倘若亚里士多德健在,这幅景象准会使他感到愉快。"③

在那些开创了17世纪的伟大发现者中间,这一对物理学方法

---

① 英译者注:关于《注释》的英译文以及关于迪昂对天文假说的哥白尼观点的态度的简要讨论,参见 E. 罗森(Rosen)的《三篇哥白尼论文》(纽约,1939),第57—90页,以及第33页。

② 1597年,N. R. 乌苏斯在布拉格出版了一本题为《论天文学的假说》的书。其中夸大其词地支持了奥辛安德的意见。三年后,也就是1600年或1601年,开普勒作了如下答复:约翰·开普勒"第谷反对 N. R. 乌苏的申辩"。该书一直是残缺的手抄本,1858年才由弗里希出版。这本书生动有趣地写出了对奥辛安德观念的反驳。

③ 《讨论宇宙构造论的先驱,紧接着宇宙构造论的神话……》(1591年),见约翰·开普勒天文学"全集",Ⅰ,第112—153页。

第三章 唯象理论与物理学史

具有无限威力的热情的、甚至相当天真的信念,是十分突出的。的确,伽利略就对天文学的观点和自然哲学的观点作过区分,天文学的假说惟一的保证是与经验一致,而自然哲学则是把握实在。当他在捍卫地动说时,曾宣称他仅仅是作为一位天文学家在谈论,而不是提出作为真理的假说,但在这种情况下,这些区分不过是用来逃避教会非难的幌子;他的检查官也没有把它们当真,否则,他们就显得太缺乏眼光了。要是他们认为伽利略真的是作为一位天文学家在说话,而不是作为自然哲学家或者用他们的术语来说"作为物理学家"在说话;要是他们把他的理论看做是适合描述天体运动,而不是看做一种关于天文现象真实本性的肯定性学说,他们也就不会责怪他的观念了。只要读读伽利略的主要对手、红衣主教贝拉米诺在1615年4月12日写给福斯卡内尼的一封信,我们就可以确信这一点。信中写道:"我认为,你那父辈的可敬的伽利略将谨慎行事,利用一些假设使你们心满意足,而不是像哥白尼那样总是作得很绝对。实际上,以为假定地动日静,我们就能比用偏心圆和本轮更好地说明天文现象,那是说得很好的;对数学家来说,这样说是没有风险的,而且也足够了"。① 在这段文字中,贝拉米诺也是坚持物理学方法与形而上学方法之间有区别,这种区别是经院哲学家所熟悉的,但对伽利略来说却不过是一种托词。

最积极地打破物理学方法与形而上学方法之间的壁垒,并且把它们在亚里士多德哲学中如此明显地区分开来的两个领域加以

---

① H. 格里萨:《伽利略研究:对伽利略案件中的罗马红衣主教会议判决的历史的、理论的研究》(勒根斯伯格,1882)附录Ⅸ。

混淆的人,正是笛卡尔。

笛卡尔的方法就是对我们一切知识的原理都加以怀疑,并且对它们保持着这种方法论上的怀疑,直到我们能证明这些原理的合法性为止,这要从著名的"我思故我在"开始,经过一系列的演绎推理来做到这一点。这一方法是与亚里士多德的概念完全对立的,按照亚里士多德的概念,像物理学这样一门科学,依靠的是不证自明的原理,它们的性质由形而上学来研究,但形而上学不能增加它们的确定性。

在笛卡尔运用他的方法所建立的物理学中,第一个命题就抓住并表述了物质的本质:物体的本性仅仅在于这个事实:"它是一个在长度、宽度和深度方面具有广延性的实体"。① 既然我们已经知道物质的本质是这样,那便能通过几何学步骤从它演绎出关于所有自然现象的解释。笛卡尔在概括他宣称他用以处理物理科学的方法时,曾说道:"我所承认的物理学原理,没有一个不是在数学中也得到承认的,因为我能通过论证来证明我将从这些原理推演出来的每件事,这些原理已足够了,乃至可以借助它们解释所有的自然现象"。

这就是笛卡尔宇宙论的大胆公式:人知道物质的真正本质,那就是广延性;然后他就可以通过逻辑从中推演出物质的所有性质。这样,物理学(它研究现象及其规律)与形而上学(它企图知道物质的本质,因为这是形成现象的原因和规律的基础)之间的区别就完全失去了依据。心灵不是从现象的知识出发,进而上升到关

---

① 笛卡尔:《哲学原理》,(阿姆斯特丹,1644年),第3篇,4。

于物质的知识的;而是一开始我们就能知道物质的真正本质,并由此而有了对现象的解释。

笛卡尔甚至将这一引以自豪的原则推向极端。他还不满足于断言所有自然现象的解释都可以从"物质的本质就是广延性"这一个命题完全推演出来;他试图对此作出详尽的解释。他从这一定义出发,研究了用形状和运动构造世界的问题。并且他在这一工作结束时,停止了对它的沉思,宣称其中已包罗万象:"在这篇论著中,没有什么自然现象不是包括在已被解释之列的"——在他的《哲学原理》的最后一节中,标题就是这样写的。[1]

有时,笛卡尔对他的宇宙论学说的狂妄也显得有点诚惶诚恐,甚至希望它与亚里士多德的学说相似。《原理》中有一节的情形就是这样;由于它与我们的研究课题密切相关,我们不妨全文引述如下:

"对于这一点,仍然可以受到反驳的是,尽管我可以设想能产生类似于我们所看到的结果的原因,但不应由此得出结论说,我们所看到的结果都是由这些原因产生的;因为,正如一位勤勉的钟表匠,可以用同样的方法制作两个指示时间的钟表一样,它们之间在外观上可以没有任何差别,但在齿轮的组合上却无任何相同之处,因而,上帝也一定是以各种不同方式工作的,其中每种方式都能使他得以造成现今这个世界的万物,而不能让人类有可能知道他到底愿意采用其中哪种方式。对此我并无异议。而且我相信,只要我已作出解释的原因都是如此,即它们所能产生的全部结果都类

---

[1] 笛卡尔:《哲学原理》,第 4 篇,199。

似于我们在这个世界中所看到的结果,而不让我们知道是否还有其他方式产生它们,那我已做得足够了。我甚至相信,在生活中知道这样设想出来的原因就如同我们知道真实的原因一样有用,因为医学、力学以及一般来说运用物理知识的所有技术,其目的只是让一些可观测的物体相互运用,使得我们靠一系列自然原因可以产生某些可观测的结果。考虑一系列这样设想出来的少数原因也正好可以做到这一点,尽管这少数原因可以是虚假的,也如同是真的一般,因为就产生可观测的结果而言,这一系列原因被假定是一样的。为了可以不去设想,亚里士多德曾宣称过的比这走得更远,他本人在《气象学》第七卷一开始就写道:关于这些对感官来说并非一目了然的东西,只要能够表明它们可以是像被解释的那样,那就可以合理地认为它们已得到了充分的证明。"①

然而,笛卡尔对经院哲学家的这种让步,是与他本人的方法明显不一致的。如我们所知,由于伽利略的定罪曾使这位大哲学家深受困扰,这不过是抵御宗教法庭责难的一种预防措施而已。况且,笛卡尔本人似乎也很担心他的谨小慎微是否过分,因为在我们刚刚引用过的那段文字之后,接着就有两句说,"我们仍然具有一种道德确定性,这个世界上的万物就如同它们在这里可被证明的一样","关于它们,我们甚至具有比精神确定性更多的东西"。

诚然,"精神确定性"这几个字不足以表达笛卡尔对他的方法的无限信任。他不但坚信自己对所有的自然现象都给出了令人满意的解释,而且他认为他为它们提供的是惟一可能的解释,而且能

---

① 笛卡尔:《哲学原理》,第4篇,204。

从数学上证明这一点。他在1640年3月16日写信给默山尼说:"至于物理学,假如我只能说出事物可能是怎样的,而不能证明它们为什么不能是别样子的,那我就应认为我对物理学是一无所知的了;对于将物理学归结为数学定律,我知道这是可能的,而且我相信凭借我相信我具有的全部点滴的知识就能做到这一点;尽管在我的论文中,我并没有那样做,因为我不想在那里提出我的原理,而且我现在仍然没有看到任何促使我在将来提出它们的东西"。①

对形而上学方法具有无限力量的这种自信,恰恰是引起帕斯卡尔轻蔑嘲笑的东西。当你只承认物质无非是三维空间中的广延性时,那么,想要作出关于世界的详尽解释就是愚不可及的了:"我们必须粗鲁地说,那是由形状和运动构成的,因为那是真的。但要知道得更多,要构造出这架机器——那就荒唐可笑了,因为那是无用的,不确定的,并且是令人苦恼的"。②

帕斯卡尔的有名对手惠更斯,对于用什么方法推演出关于自然现象的方法解释,要求并不那么苛刻。当然,笛卡尔的解释不只在一处站不住脚,但那是因为他把物质归结为广延性的宇宙论并不是正确的自然哲学,即不是原子论者的物理学。从后者出发,尽管困难重重,我们还是可望推演出关于自然现象的解释:

"笛卡尔比他的前人更清楚地认识到,在物理学中,除了可能有关那些没有超出我们心灵所及的原理(例如依赖于被认为缺少

---

① 《笛卡尔书简》,P.塔纳雷和C.亚当编,Ⅲ,39。
② B.帕斯卡尔:《思想集》,哈威编,第24篇,在它前面有下述字样:"为反对那些在科学中陷得太深的笛卡尔派而作"。

质量的物体及其运动的原理)之外,我们从未懂得什么重要的东西。但是,要说明这么多的事物是如何单靠这些原理造成的,却有莫大的困难,在这方面,他提出要考察的几个特别课题都未获成功;其中之一,便是关于重量的问题。这可以通过我在他著作中好几个地方所作的评论来判断,对此,我还可以加上其他的话。然而,我得承认,他的论文和见解尽管有错误,却有助于我就这个课题找到我自己的发现的道路。"

"我不是想使它免遭任何怀疑,也不是要人们不能对它提出异议。在研究这个性质时,要走得很远是太困难了。但我依然相信,假如我认为可用作基础的主要假说并不是真的,那么,在真实可靠的哲学范围内要能有所发现就简直没有希望了。"①

从惠更斯向巴黎科学院宣读他的《论重量的原因》的论文起,到他正式出版它的这段时间里,牛顿的不朽著作《自然哲学的数学原理》问世了。这一著作改造了天体力学,提出了关于物理学理论本性问题的见解,而这些见解与笛卡尔和惠更斯的见解是大相径庭的。

在牛顿著作中,有好几个地方清楚地表达了他关于物理理论结构的看法。

对自然现象及其规律的缜密研究,使这位物理学家通过他的科学所用的归纳方法,发现了一些很普遍的原理,从这些普遍原理可推导出实验定律;从而使人们已发现的所有天体现象的定律都浓缩在万有引力原理中。

---

① 惠更斯:《论重量的原因》(莱顿,1690年)。

这一浓缩的描述并非就是解释；天体力学设想，物质中任何两部分之间的相互吸引允许我们把所有的天体运动都付诸计算。但是，这种吸引力的原因本身却并未因此而昭然若揭。我们是否必须在其中看到一种基本的和不可简化的物质本质呢？我们是否必须像牛顿一度倾向于认为的那样，将它看做是某种以太所产生的冲击的结果呢？这些难题的答案只有日后才能揭晓。在任何情况下，这个问题都是哲学家而不是物理学家的任务；然而不管答案如何，由物理学家建立起来的唯象理论都将保持它的充分价值。

在《自然哲学的数学原理》的结尾处，"总注释"中，用一段文字叙述了这一看法：

"现在，我们也许得附带谈谈某种最精细的灵气，它遍布并蕴藏于所有粗糙的物体之中。凭着这种灵气的力量和作用，物体中的微粒在距离接近时相互吸引，一旦连结，便凝聚在一起；带电物体影响到更远的距离，对邻近微粒既有吸引也有排斥；因而有光的发射、反射、折射、弯曲，和使物体发热。各种感觉被激发起来，各种动物躯体的部分都按照意志的指挥而运动，也就是由于这种灵气的振动，它们沿着实体的神经纤维交互传播，从感觉的外部器官到大脑，再从大脑进入肌肉。但这些事是不能用寥寥数语就说清楚的，也不是靠充分的实验就能提供的，因为实验需要精确的测量和我们对这种带电的和具有弹性的灵气起作用时所遵从的规律的说明。"

后来，在《光学》第二版结尾处（倒数第四段）的著名第三十一问中，牛顿非常准确地表达了他对物理理论的看法；并把对于现象的经济浓缩当作是物理理论的目的：

"要说每一种事物都赋有超自然的特性,它通过这种特性起作用,并产生明显的结果,这等于什么也没说;但是,要从现象推演出两三个运动的普遍原理,然后再告诉我们所有有形事物的特性和行为是如何从那些明显的原理得出的,这在哲学上却是一个伟大的进步,尽管形成这些原理的原因尚未被发现;因此,我毫不犹豫地提出上述运动原理,它们涉及的范围很广,而把其原因留待后人去发现。"

那些与笛卡尔主义或原子论者具有共同自信心的人,是不能容许将这种谨慎的限制强加于理论物理的要求上的。按他们的想法,要局限人们单独对现象作几何描述,就是不让自然知识有所前进。这些满足于这种空洞进步的人,理应受到讥讽,此外别无他法。一位笛卡尔主义者写道:

"我认为,在利用这些我们刚建立起来的原理之前,先对牛顿先生作为其体系基础的原理作一番考察,并不是不恰当的。这位新哲学家由于从几何学中获得了稀有知识早已出类拔萃,却无法容忍一个与他本国相异的国家也能利用这一特权去教训别国,并成为别国的典范。他在一种高贵的骄傲推动下,同时也靠他非凡的天才指引,他思考的仅仅是他自己的国家如何摆脱困难,以便不必借用我们显示自然过程的艺术以及在操作中追随这一艺术。对他来说,这还不够。因为他反对一切约束,同时也感到物理学常常会使他陷入困境,他便从他的哲学中把物理学排除在外;又因担心有时会被迫要求物理学的帮助,所以他不惜为基本规律中每个特定现象都设定其各自的原因;由此就可以把一切困难都降到同一水平。除了那些能用他的计算方法并且知道如何去处理的学科外,他的著作对别的学科并没有什么影响。对他来说,凡在几何上已分析过的课题就成了已获得解释了的现象。因此,这位笛卡尔的著名对手仅仅因为是一位大数学家,很快也就体验到了作为一位大哲学家的无上满足。"①

"……因此,我得回到我早已提出的结论:只要按照这位大几何学家的方法,我们就能最容易不过地阐述自然界的机理。你想要对一个复杂现象作出说明吗?只要从几何上详细说明它,就什么也不用做了。留给物理学家的不管是什么困惑,最确定无疑的办法要么是依赖于某个基本定律,要么是依赖于某种特定的测定。"②

然而,牛顿的弟子却没有完全恪守他们老师谨慎的清规;其中好几位都突破了按牛顿物理学方法给他们划定的狭小天地。由于突破了这些限制,他们如同形而上学家一样,断言相互吸引是物质真正的和最主要的特性,从而使这种吸引所涉及的现象真正得到了解释。这就是罗吉尔·科茨在牛顿《原理》第二版的著名序言中所表达的看法。这也是莱布尼茨的形而上学经常鼓励的博斯科维奇所发挥的学说。

但是,有些牛顿的追随者,他们亦非平庸之辈,则始终恪守着他们的杰出先师所严格规定的方法。

拉普拉斯承认他对引力原理有着极大信心。然而,这一信心并非盲目的;在《世界体系的阐明》一书中的某些地方,拉普拉斯

---

① E.S.德伽马:《天体力学应用的自然的一般原理与牛顿先生的哲学原理的比较》(巴黎,1740),第67页。

② 同上,第81页。

指出,这个万有引力是以重力或分子引力的形式协调着各种自然现象的,它也许不是最终的解释,并指出它本身也许还依赖于更高的原因。的确,这个原因,似乎被拉普拉斯归属到了不可知的领域。无论如何,他赞同牛顿的观点,认为寻找这个原因即使可能的话,它所构成的问题也与那些物理学和天文学要解决的问题截然不同。他问道:"这个原理就是自然界根本的规律吗?它仅仅是一个未知原因的一般结果吗?在这里,我们由于忽视了物质的内部特性而停步不前,从而失去了令人满意地回答这些问题的任何希望"。① 他反复问道:"万有引力原理就是根本的自然规律呢,抑或只是一种未知原因的一般结果?我们可不可以不把引力归结为这个原理?牛顿比他的几个弟子审慎些,他没有对这些问题明确表态说,由于我们忽视了物质的特性,而使我们未能给出任何令人满意的答案"。②

安培,这位比拉普拉斯学识更为渊博的哲学家,十分明确地看到了把物理理论看做与任何形而上学解释无关这一点的重要性。事实上,这也是一条使物理学不致卷入多种宇宙论学派角逐旋涡的途径。与此同时,对那些声称在哲学观点上水火不容的人来说,物理学则一直是可接受的;不过,我们完全不阻挡那些扬言要对现象作出解释的人们的研究,反而促进了他们的工作。我们把他们想要解释的无数规律浓缩为少数几个普遍命题,并使他们足以解释这几个命题,从而抓住那蕴藏在那庞大规律集合之中的奥秘:

---

① P. S. 拉普拉斯:《世界体系的阐明》,Ⅰ,Ⅳ,第17章。
② 同上,Ⅰ,Ⅴ,第5章。

"公式就是这样直接从某些普遍事实得出的结论,而事实则是由一系列观测保证其确定性无可争辩。这些公式的首要意义就在于,它们既与公式的创始人在研究这些公式时所用的假说无关,也与那些后来可能被取代的假说无关。万有引力的表达式是由开普勒定律推出的,却与几位创始人想要给它们寻找力学原因时所大胆提出的假说无关。热的理论真正依据于直接从观测得到的一般事实;但由这些事实导出的方程已被证实,由方程得出的结果与经验得出的完全一致。无论是对那些把热归结为热分子的辐射的人,还是对那些求助于一种弥漫在空间一种流体的振动来解释这种现象的人来说,这个方程都应当看做是对热传播规律的真实表达。但是,前者在说明他们是如何根据观察事物而得出这个方程的,后者则是由一般的振动公式推出它的:这些都是必要的,但不是为了给这个方程增加一点可靠性,而是为了维持各自的假说。那些在这个问题上不偏不倚的物理学家是把这个方程当作事实的精确描述接受下来的,他们并不在乎它可从以上两个解释中的哪一个导出它的方式。"①

还有,傅立叶在对待热理论问题上也与安培持相同的态度。事实上,下面便是他如何在《导论》中表达他的观点的,该文是他那不朽著作的绪言:

"我们不知道什么是根本原因,却知道它们要受一些简单的和不变的规律支配,这些规律可以通过观测发现,对这些规律的研

---

① A. M. 安培:《电动力学现象的数学理论,惟一的经验推理》,赫伯曼编(巴黎,1824),第3页。

究则是自然哲学的对象。"

"热,如同重力一样,弥漫于宇宙万物之中,它的射线充斥空间的每个部分。我们工作的目的就是要说明这一要素所遵循的数学规律。此后,这个理论将成为物理学最重要的一个分支。"

"……如同力学原理一样,这个理论的原理也是由少数基本事实推演出来的。数学家们并没有考察这些事实的原因,而是把它们当作由普通的观测所得出的并为所有实验证实了的结果接受下来的。"[①]

和安培或傅立叶一样,菲涅尔也不认为任何形而上学解释乃是理论的目的。他在理论中看到了发现的有力工具,因为它是实验知识的总结和分类的描述:"在同一观点之下把事实统一起来,使它们聚结为少数普遍的原理,理论并非毫无用处。它使人们更易于掌握规律的工具,我认为,这种努力正如同观测本身一样,也可能有助于科学的进步"。[②]

19世纪中叶热力学的迅速发展,再次支持了笛卡尔最初关于热的本性的假说;笛卡尔主义和原子论者的意见重新得到了生机;在并非个别的物理学家的思想中,要建立解释性理论的希望又卷土重来。

但是,也有一些更重要的物理学家,一些新学说的创造者,却并未让自己陶醉在这种希望之中;在他们当中,站在前列的是罗伯特·迈耶尔。这里,引用他的一段话是适当的,他写信给格雷辛格说

[①] J. B. 傅立叶:《热的分析理论》,达波编(巴黎,1822),第 xv, xxi 页(英译本为 A. 弗里曼译(剑桥,剑桥大学出版社,1878 年)。

[②] 《菲涅尔全集》,三卷本(巴黎,1866—1870),第 I 卷,第 480 页。

道:"关于热的内在性质,或者是电的内在性质等等,我一无所知,甚至比我对无论何物或是对任何别的东西的内在本性的一无所知更甚"。①

麦考恩·兰金对热的力学理论最早的贡献就是试图去解释;但他的想法很快就发展了。在他的一篇鲜为人知的短文中,②他异常清晰地描绘了几个特征,用以区别唯象理论——他称之为"抽象理论",和解释性理论——他名为"假说性理论"。

让我们从这篇著述中引用一些段落:

"在我们认识物理现象规律的过程中,有两大阶段,其间存在着本质的差别。第一阶段在于观测现象之间的关系,看它是否与自然界发生的平常过程一样,是否与实验研究中人工产生的一样,以及是否可以用所谓形式规律的命题来表达这些观测到的关系。第二阶段则在于把一整类现象的形式规律归结为科学的形式,也就是说,在于发现一种最简单的原理体系,使得这类现象的诸多形式规律能够从中作为结论推演出来。"

"这样一种原理体系,再加上它那可按一定方式推演出的结论,便构成了一类现象的物理理论……。"

"有两种构成物理理论的方法可以区别开来,其特征主要在于定义现象分类的方式不同,它们可以分别称之为抽象的方法和假说性方法。"

"按照抽象方法,一类对象或现象是通过描述来定义的,或是

---

① 罗伯特·迈耶尔:《短篇著作与书信集》,(斯图加特,1893)第181页。
② J. M. 兰金:《动能学大纲》,1855年5月2日在格拉斯哥哲学学会上宣读,载该学会学报,第3卷,第4号。见兰金:《科学论文集》第209页。

使之便于理解,将一个名称或符号赋予那些特性的集合,这些特性为所有组成该类的对象或现象所共有,由于能为人的感觉所感知,因而用不着任何假说。"

按照假说性方法,一类现象或对象是根据关于它们的本性的推测性概念来定义的,但构成它的方式对于人的感觉并不明显,并且需要借助于其他某一类规律已知的对象或现象来修正。如果发现这种假说性定义的结论与观测和实验的结果一致,它便可以作为从"别的对象或现象的规律推导出一类对象或现象规律的工具"。我们将从力学定律推导出光或热的定律,就是用这种方法。

兰金认为,假说性理论将逐渐为抽象理论所取代;但是,他又相信,"假说性理论作为第一步也是必要的,以便在建立抽象理论方面可能取得进展之前,能使我们将简单性和有序性引入到现象的表达中来"。在前面这一段话中我们已看到,这种主张很难得到物理理论历史的证实;在本书第4章第9节中,我们还有机会再来讨论它。

到19世纪末,多少是作为一些对现象的可能解释而提出的假说性理论竟奇迹般地盛行起来。但是,它们论战的喧嚣,分崩离析的烦扰也使物理学家厌倦不已,使他们逐渐回到牛顿曾有力表述过的健康的学说。恩斯特·马赫重申中断了的传统,将理论物理学定义为是一种对自然现象的抽象和浓缩的描述。① G. 基尔霍夫则提出力学的任务就是要"尽可能完备和简单地描述自然界产生的

---

① E. 马赫:《流体的形态》(布拉格,1872);《物理研究的经济本性》(维也纳,1882);《力学;它的发展历史的批判考察》(莱比锡,1883),后部著作被 M. 柏特兰译为法文(巴黎,1940)。英译本由 T. J. 麦克马克译出(奥彭考特,1902)。

运动"。①

因此,如果说一些大物理学家很为他们强有力的方法沾沾自喜,以致推广到一种夸大其词的地步,如果说他们竟能相信其理论会揭示事物的形而上学本性的话,那么,使我们称羡不已的许多发现者则显得更为谦虚,也更有先见之明。他们认识到,物理理论并不是一种解释,而是一种简化和有序的描述,它按照一种日趋完备、日趋自然的分类方法,把各种规律整理起来。

---

① G.基尔霍夫:《数学物理学讲演录;力学》(莱比锡,1847)第1页。

第四章 抽象理论和机械模型[①]

一、两种思维：宽阔的思维和深刻的思维

任何物理理论的构成均起源于抽象和概括的双重工作。

首先，思维分析大量具体的、各种各样的、复杂的、特殊的事实，并将它们共同的、本质的东西概括在一个定律之中，那就是把抽象观念联结在一起的一个普遍命题。

其次，思维对一整类的定律进行沉思；它用为数甚少、普适性极强、而且涉及某些极抽象观念的判断来取代它们这类定律；它以这样的方式选择这些初级的特性和表述这些基本假说，使得所研究的这类定律中的所有定律都可以用演绎的方法推导出来，它也许冗长但却非常可靠。这一假说和演绎推论的体系，这种抽象、概括和演绎的工作，就构成我们定义中的一个物理理论；它确实无愧于兰金经常给予它的名称：抽象理论。

我们说过[②]，抽象和概括的双重工作能构成实现双重思维经

[①] 本章详述的思想是题为"英国学派和物理理论"一文的发挥，该文发表在1893年10月的《科学问题杂志》上。

[②] 参见第2章第2节。

济的理论;当用一个定律代替大量事实时,它是经济的;当用一小类假说代替大量定律时,它又是经济的。

那些思考物理方法的人,会同意我们把双重经济这一特征赋予抽象理论吗?

把大量物体直接呈现在视觉想象之前,以便在它们产生复杂作用时可以同时把握它们,而不是任意地把它们从它实际隶属的整体中分离出来逐一加以把握——这对大多数人来说是不可能的,至少是非常痛苦的操作。许多定律,没有任何将其分组的分类、没有任何使之协调或从属的体系、而是堆积在同一层次上,对这样的思维说来,要去想象似乎是混乱的和可怕的,犹如使智力步入歧途的迷宫。另一方面,他们可以毫无困难地构想这样的观念:其抽象程度达到每一个会刺激感觉记忆的事物;他们清晰、完整地掌握与这些观念有关联的判断的意义;他们熟练地按照以这些判断为原理进行推理,不知疲倦,毫不动摇,直到得出最终的结果。在这些人中间,想象抽象观念并从这些观念进行推理的能力比设想具体事物的能力有着更多的发展。

对这些抽象思维的人来说,把事实简化为定律以及把定律简化为理论,确实构成智力的经济;两种运作中的每一种,都极大地减少了他们的思维为了获得物理知识而必须排除的困扰。

然而,并非所有充分发展的思维都是抽象思维。

有些人具有奇异的天赋,能在他们想象中把握复杂的完全不同的物体的集合;他们用统一的看法对待这些物体,而不必以短浅的目光先注意一个,然后再注意另一个;而且,这种看法并不是含糊的、混乱的,而是既确切又详细,每一细节都能依其地位和相对的重要性得到明确的理解。

但是,这一智力却要受制于一个条件;即它所面对的物体必须是处在感觉范围以内的,必须是可以触摸或是可见的。具有这种能力的思维需要求助于感觉记忆,以便获得概念;抽象的观念剥去了这种感觉记忆能够给以形状的万事万物,它似乎像触摸不到的迷雾一样地消散了。一个普遍判断在他们听起来犹如一个空洞而毫无意义的公式;冗长而又严格的推理在他们看来犹如一架风车单调而又沉重的呼吸:它的部件不停地转动着,但挤压的不过是风而已。这些思维在想象方面的能力卓越,而在抽象和推演方面则是很糟糕的。

这种视觉化的思维会把一种抽象的物理理论看做智力经济吗?当然不会。他们宁愿把它看做为一种约定,其令人痛苦的本性在他们看来比它的效用更为确定。他们当然会用全然不同的模型来构成物理理论。

因而,除了抽象思维以外,我们所构想的那种物理理论不会立即被接受为表达自然的真实形式。帕斯卡尔在他着力刻画我们刚区分过的两种思维之特征的段落中注意到了这一点:

"有两种正确的感觉,第一种是在事物的某种秩序中,不是在让它感觉不到的其他秩序中。第一种感觉直接从少数原理导出结果,那是一种正确的感觉。另一种感觉是从受许多原理支配的事物中导出结果。例如,前者对水的现象理解得很好,水的本性只有很少的原理,但其导出的结果是如此精微,只有极严密的思维才能把握它们;由此看来,这第一种思维不会是伟大的几何学家,因为几何学中包含很多的原理、同时也因为这种可以洞察少数原理的思维,也许丝毫不能看穿具有许多原理的事物。"

"因而我们有两种思维:一种能够迅速而深刻地洞察原理的结果,可称作精确思维;另一种能领悟大量的原理而不至于混淆它们,可称作几何学思维。前者有力、严密而又深刻,后者则包容广阔的范围。于是,两种思维都可以独立存在,因为思维可能是有力而狭窄的,也可能是宽阔而无力的。"①

我们所定义的抽象物理理论,当然要吸引有力而狭窄的思维;另一方面,它也应当排斥宽阔而无力的思维。因为我们将不得不同后一类型的思维论战,所以让我们先来好好熟悉它。

二、宽阔思维的实例:拿破仑的思维

当一位动物学家计划研究某一器官时,如果幸运的话,他会发现在一个动物中,这一器官发育得非常好,使他能更容易地解剖其不同部分,更清楚地了解其结构,更好地把握它的功能。同样,一个想要分析思维能力的心理学家,如果遇见一个具有卓越能力的人,他也会如愿以偿。

现在,历史向我们提供了这样一个人,帕斯卡尔认为他的智力形式就具有范围宽阔而无力的特征,而这种智力形式几乎发展到了极点。此人就是拿破仑。

如果我们再读一下由泰恩根据大量材料撰写的、叙述详尽而深刻的拿破仑传记②,我们马上就会看到拿破仑身上有两个非常

---

① B. 帕斯卡尔:《思想录》,哈维编,第 7 篇第 2 节。
② H. 泰恩:《当代法国的开端·现代政权》,第 1 卷(巴黎,1891 年),第 1 章,第 2、3、4 节。

显著的特征,连最粗心的人也不会忽略:第一是他具有超常的能力,能用思维把握极复杂的对象集合,只要这些对象是可感觉的,并且具有形状和颜色,因而想像力能够加以形象化;其次是他在抽象和概括方面的无能,甚至达到对这些智力运作深恶痛绝的程度。

纯粹的观念是剥去了那些使之成为可见的和有形的具体和特定的细节的外幕而后产生的,可是这种观念从来与拿破仑的思想无缘:"从布里昂开始,人人都知道他不具备语言和纯文学的天赋"。他不仅难以掌握抽象观念,而且带着讨厌的情绪拒斥它们:"德·斯台尔夫人说,他只就事物的直接功利去考察事物;普遍的原则就像一个糟糕的笑料或一个敌人那样使他厌烦"。在他看来,那些用抽象、概括和演绎作为其习惯思想方式的人,犹如没有理解力的、有缺陷的和幼稚的生物;他极轻蔑地对待那些他称之为"空想家"的人。他说:"假若你有十二或十五个空想家,最好将他们淹死在滚烫的水中,他们是我衣服上的寄生虫"。

另一方面,如果说他的理性拒绝接受普遍原则,如果说,像斯坦德尔证明的那样,"他不把一百年前发现的伟大真理放在眼里",那么,他却有能力一瞥就能了解事物,清晰地理解整体,不放过大量复杂物体和具体事实的任何细节!

珀瑞安说道:"他难以记忆专门的名字、词汇和日期,但记忆事实和位置的能力却卓越异常。我记得在从巴黎到土伦的旅途中,他向我提到十个适宜作战的好地方……这都来自他年轻时初次旅行的记忆,他还向我描述了地形分布,并在到达这些地方之前标出他所要占据的位置"。甚至拿破仑自己也意识到他这种记忆的特长,即对具体事实记忆力强而对非具体事物记忆微弱:"我总是在心里记住我所在的位置的状况。我连亚历山大格式的一行诗也记不全,但我没有忘记我报告战略位置时的一言半语。我打算夜晚在我的房间找出它们,读出它们之后才去睡觉"。

正如他讨厌抽象和概括是因为他完成这些运作既困难又费力一样,他发现他发挥他的惊人想像力于工作时是很愉快的,就像一位运动员在检验其肌肉力量时那样感到惬意。按照莫林的说法,他对确切、具体事实的好奇心是"贪得无厌的","他对我们说,我的部队所处的有利位置是来自这一事实:我每天都用一两个小时专心思考它,当许多厚厚的小册子,即有关我的部队和船只状况的月报送来时,我就不再做其他事情,而是仔细地阅读它们,以便看看前后两个月之间的差别。我阅读这些材料时体验到的快乐,比一个小姑娘读小说时感受到的要大得多"。

拿破仑如此轻而易举和自愿地训练出来的这种想像力,具有惊人的灵活性、广阔性和准确性。我们可以举出许多事例,帮助我们了解拿破仑的这种奇异能力,但是,下面两个足以表明其特征的事例,可以使我们免除冗长的列举。

负责视察北部海岸各地的德·塞居尔先生曾转达了他的报告:"第一执政官对我说:'我看了你对位置的所有报告,它们是准确的,但你忘记了在奥斯坦德的两门大炮'。他指出该地点说,'它们就在这个城市对面的水坝上'——确实如此,我想起来了。令我吃惊而迷惑不已的是,有成千上万门大炮分布在海滩后面固定或流动的炮兵连中,而两门炮大都逃不出他的记忆"。

"从位于布伦的军营回来,拿破仑遇到一班失散的士兵,他问出他们部队的番号,算出他们的出发的日期、行军路线以及他们应该所在的位置,然后对他们说:'你们将在这样一个地点找到你们的部队'——这个部队当时已经有了200000人。"①

人,是由其行为、态度和可见的姿态显示他的思想、本性和情感,从而被他的同伴所认识的。难以察觉的脸红,嘴唇弯曲的细微轮廓,往往成为不可缺少的迹象,迅速而突然地暴露出灵魂深处的欢乐或诡诈。这些微小的细节逃不过拿破仑细心的眼睛,他的视觉记忆一下子就能抓住它,完全就像一张瞬时照片一样。他对他所接触过的人的深刻认识是这样得来的:"这种不可见的、心灵的力量可以通过其外在表现,通过仔细揣摸这个或那个词汇、语调或姿态来进行判断和精略地估量。他收集这些词汇、姿态和语调;他通过其外在的表现洞察内心的思想,并通过诸如相貌特征、谈话方式,通过简要的、典型的小场面,通过事例和选择恰当的扼要的观点,以及他们概括类似事例全部不定的线索来想象内心深处的思想。这样,含混不清、变幻易逝的对象就突然地被抓住了,被制服了,并给以权衡"。② 拿破仑令人惊叹的心理学,完全是他准确想像力的结果,是在大处和细节上对可见到的和可以触摸的对象,对活生生的有血有肉的人的准确想像力的结果。

这种能力,也是使他的个人谈话富于活力、有声有色的原因:他从不使用抽象术语和普遍性判断,而是使用直接刺激眼或耳的意象。"我对阿尔卑斯山海关办事处的管理方式极为不满;它丝毫显示不出生命的气息;我们听不到它倒入公共金库的金币叮当

---

① H. 泰恩:《当代法国的开端·现代政权》,第1卷(巴黎,1891年),第1章,第2、3、4节。

② 同上,第35页。

作响的声音。"

拿破仑思维中的一切——他对观念形态的厌恶,在管理和战术方面的想像力,对社会集团和人的深刻认识,以及谈话时通俗的活力——都是出自他同一个基本特征:宽阔而无力的思维。

三、宽阔的思维,灵活的思维和几何学思维[①]

对拿破仑思维的研究,能使我们观察到宽阔思维的所有特征,而且,我们好像在显微镜下看到这些特征被奇异地放大了。这样,不管在哪里当我们遇见它们时,都能轻易地辨别它们,认识这种典型的思维应用于不同对象时所具有的多样化形式。

首先,不管我们在哪里发现灵活的思维,我们都会识别它们,正如帕斯卡尔所描述的那样,这种灵活的思维表现为清晰地了解大量具体概念、同时把握其整体和细节的能力。"在灵活的思维中,原理是共用的,为整个世界所接受的。不过人们必须小心谨慎,切不可自己违犯。问题恰恰在于,我们对事物必须具有恰当的观点;之所以如此,是因为原理遍布各处、数量繁多,以致几乎不可能发觉不到。忽略一条原理就会导致错误;因此,观点必须十分清晰,以便了

[①] 英译者注:迪昂采纳的帕斯卡尔的"精细的精神和几何学的精神"(l'esprit de finesse et l'esprit geometrique)一词,在英语中并没有确切的对应词。"宽阔的,灵活的,精巧的,宽广的,有策略的,想象的"是"精细的精神"(l'esprit de finesse),与此相对的狭窄、严密、逻辑严谨、抽象、有力的是"几何学精神"(esprit géometrique)(而这是那些只进行计算或测量的数学家们所没有的)。

解所有的原理。……它们几乎是看不见的,它们是被感觉到的而不是被看到的;如果自己都感觉不到它们,要使其他人感觉到它们就十分困难了。要感觉如此精细、如此众多的事物,需要非常敏锐和清晰的感官,并且要根据这种感觉作出正确的判断,而我们常常不能按照几何学的那种秩序去证明事物,因为我们不是按那种方式获得原理的,也因为那样的工作做起来是没有尽头的。对事物的理解,必须通过对它的突然一瞥,而不是进行任何循序渐进的推理。"

"这种类型的思维,由于习惯于通过单独一瞥作出判断,所以一旦遇到它们不能理解、要用它们通常不能详细了解的定义和枯燥的原理来表述命题时,它们就非常震惊,以致会被这些命题所驳倒和嫌弃。……那些独特的有技巧的思维不可能有耐心下降到可想象的思辨性事物的最初原理,因为这些原理是它们在世界上从未见过的,并且在它们看来是脱离事物的常规的。"[①]

因此,正是思维的宽阔性产生了外交官的技巧,他们精于注意最细小的事实以及谈判对手最轻微的姿势和态度,同时希望看穿任何虚伪做作。这也正是塔利兰德的手段,他搜集了成千上万条点点滴滴的情报,帮助自己去揣摸参加维也纳大会的所有大使的野心、虚荣心、怨恨、嫉妒心和憎恨,使得他像摆弄他拽着线的木偶一样自如地对付这些人。

思维的这种宽阔性我们可以在某些历史学家中发现,他们把锁碎的事实和人们的态度保留在自己的作品中;圣西蒙就是其中之一,在其《回忆录》一书中,他给我们留下了"四百个彼此毫不相

---

① B. 帕斯卡尔,前引书,第 2 篇。

似的无赖的画像"。宽阔的思维是伟大小说家的必备工具:它能使巴尔扎克创造出《人间喜剧》中众多的角色;将它们栩栩如生地置于我们眼前;在这个肉体中,用皱纹、瘊子、愁眉苦脸形象鲜明地刻画出了灵魂的情欲、恶习和滑稽可笑的方面;并且将这些躯体装饰起来,赋予它们活生生的形态、姿势,用它们周围环境中的事物环绕它们;一句话,就是使它们成为生活在生动活泼的世界中的人。

正是这种宽阔的思维给了拉伯雷绚丽多彩和热情生动的文体,在他的笔下,有看得见,摸得着、具体的形象跃然纸上,这些漫画般的形象洋溢着生命的气息,如同一群嘈杂、骚动的人群。因此,宽阔的思维既与泰恩所描写的古典思想相悖,又与那种喜爱抽象概念的思维相反。它与布丰文体中应用自如的秩序和简单性也是相对立的,布丰为了表达一个观念总是选择最一般的词汇。

所有那些能够在其视觉想象中展现出大量物体运动时的清晰、确切而又细致图像的人,都用的是宽阔思维。金融投机者也是这种思维,他从大批电报中推断全世界小麦或羊毛市场的行情,当行情看涨或看跌时,他一下子就能判断出是否要下赌注。处在某种状态下的军队首领的思维也是宽阔的,他能够深思熟虑地提出一个动员方案,依靠这一方案,成千上万的士兵能严格按照要求,准时到达作战地点,既没有任何障碍,也不会产生混乱。① 一位棋手的思维,同样也是一种宽阔思维,他甚至不用看棋盘,就能同时与五名对手对弈。

---

① 几乎和拿破仑一样,宽阔的思维也是凯撒的特征。我们回想起,恺撒曾同时向四个秘书口授由四种语言写成的信件。

也正是宽阔的思维使许多几何学家和代数学家具有特殊的天赋。看到帕斯卡尔有时把数学家归入宽阔而无力的思维之列，或许不止一个读者会惊讶。这种交叉分类并不是他的洞察力较差的证据之一。

毫无疑问，每个数学分支处理的都是最高度抽象的概念。正是抽象提供了数、点、线、面、角、质量、力和压力等概念；正是抽象和哲学分析解决了基本性质和公设并使之精确化。正是最严密的演绎法确定了这些公设的相容性和独立性，并且耐心地按照无懈可击的秩序，展开这些公设中所包含的一系列定理。对于这种数学方法来说，要感谢那些极完美的杰作，它们的逻辑准确性和智力深度，自欧几里得《几何原本》和阿基米德关于杠杆和流体的论文产生以来，一直丰富着人类。

但是，确切地说，由于这种方法几乎只要求运用智力的逻辑方面，由于需要在最高程度上强有力和准确的思维，所以，对那些具有宽阔而无力的思维的人来说，这种方法是显得极其费力和痛苦的。因此，数学家们创造了一些程序，用另一种方法来代替这种纯粹的抽象法和演绎法，这就是让想象能力比推理能力发挥更大的作用。为了用数字表示概念，也就是为了测量概念，他们利用概念的最简单的特性，而不是直接研究他们所涉及的抽象概念，也不就概念本身来考虑概念。然后，他们用这些测量来的数字遵循代数的固定规则进行操作，以代替联结这些概念的特性本身，并用计算代替演绎。现在，这些代数符号的操作（在这个词的最广泛意义上说我们可称之为演算）预先假定，就创造者和使用者一方来说，进行抽象思维的能力以及按秩序组织思想的技能，要大大小于他们表述多样化、复杂化之组合的能力。这些组合,可以由某些可见的和可模写的符号组成,以便即时看到从一种组合过渡到另一种组合的变换。一些代数学的发现者,如雅可比,并不具备形而上学家的任何特征;而更像一个用车或马将死对手的棋手。在很多场合,数学的思维在宽阔而无力的思维中占据的地位仅次于灵活的思维(esprit de finesse(精细的精神))。

四、宽阔的思维和英国人的思维

每个民族当中都可以找到一些人具有宽阔型的思维,但有一个民族这种宽阔性思维是本地特有的,这就是英国人。

首先,让我们在英国天才所写的作品中找出宽阔而无力的思维的两个标志:一是具有想象极复杂的具体事实集合的卓越能力;二是极难以构想抽象的概念或表述普遍的原理。

当一位法国读者打开一部英国小说,如打开伟大小说家狄更斯或乔治·埃里奥特的杰作,或一个渴求文学声誉的年轻女作家的处女作时,他感触最深的是什么呢?是描述的冗长与琐细这一特征。开始时,他感到每一形象生动的事物激起了他的好奇心,但他很快就忘记了整体。作者在他心中唤起的大量形象,混乱不堪地从一个涌向另一个,而不断涌入的新形象只能增加这个混乱;在描述的过程中走不到四分之一,你就已忘记了它的开端;你翻动书页而不去读它们,就好像逃离了这一系列恶梦般的具体事物。深刻而狭窄的这种法国思维要求的是洛蒂的描写,他能把基本思想、整个画面的灵魂抽象和压缩在三行文字之内。英国人却没有这种要求。小说家们列举和细腻描写的每一可见、可感、可触的事物,都毫无困难地被其同胞们当作整体来看待:每一事物都处在它的位置上,并带着它的所有特征的细节。在我们法国人只见到混乱不堪的地方,英国读者看到的却是迷人的画面。

法国人的思维和英国人思维之间的这种对立,当我们比较这两国人民所奉献的不朽著作时就完全领会了。前者是有力的,完全不怕抽象和概括,但是太狭窄,以至在按完美的秩序进行分类之前难以想象复杂的事物;后者则是宽阔的,但却无力。

我们想从戏剧家的作品来印证这一点吗?就以科内勒笔下的英雄为例:在复仇与怜悯之间徘徊的奥古斯特,或是在其孝顺虔敬与他的爱情之间沉思的罗德里格。两种情感展开论战来争夺他的心;然而,它们的争论中呈现出何等完美的秩序?他们就像在法庭的栅栏前完美地陈述自己辩护词的两位律师一样,轮番陈述着他们将取胜的理由。当双方清晰地陈述完毕以后,人的意愿就以一个精确的决定使辩论终结,颇像一项法庭的判决或者一个几何学的结论。

现在,在科内勒的奥古斯特或罗德里格的对面,我们拿出莎士比亚笔下的麦克白夫人或哈姆雷特:多么混杂而又残缺不全的思想,展现出模糊而又不连贯的轮廓,甚至在同一时刻既处于支配,又处于被支配的地位! 由古典戏剧塑造的法国观众,试图理解这些角色;那就是,想从确定的框架清楚地推演出多种态度和大量不严格而又相互矛盾的说法,但他们的努力总是以失败告终。英国观众从不设想这样的任务;从未寻求理解这些角色并对这些角色的姿势进行有序的分类和编排;而只是满足于在活生生的复杂场景中观看这些角色。

当我们研究哲学著作时,会认识到法国思维和英国思维之间的这种对立吗?让我们用笛卡尔和培根来代替科内勒和莎士比亚吧。

笛卡尔开展其工作时写下的是什么呢?《方法谈》。这种有力而狭窄的思维方法是什么呢?那就是"有秩序地引导人的思想,从最简单、最容易认识的对象开始,一步一步地逐渐上升到对所谓复杂对象的认识,甚至在那些彼此之间并无自然的先后次序的对象中也可以预先假定一种秩序"。

这些必须"由其开始"的"最容易认识"的对象是什么呢?笛卡尔在几个场合一再回答:这些对象就是最简单的对象,他还用这些单词去理解最抽象、与可感觉的偶然事件最不相关的概念,去理解最普遍的原则,理解关于存在与思想的最普遍的判断,以及几何学的最初的真理。

演绎方法从这些思想和原则出发,展开它的三段论式,这种全部经过检验的三段论式的联系的长链,将最细小的结果与体系的基础紧密地连结起来。"这些推理长链简单易行,几何学家们习惯于用它们去完成最困难的证明,它们促使我假定,人类知识王国中的事物是按照同样的秩序彼此连结的,并且只要我们避免接受任何貌似为真理的谬误,只要我们一贯保持从中推导它们所必需的秩序,那么,就不可能存在遥远得不可理解、隐蔽得无法发现的事物"。

在应用如此精确和严密的方法时,使笛卡尔担心的产生错误的原因是什么呢?这就是遗漏。因为他意识到,他所具有的是狭窄的几何学思维,它难以在其思想中始终保持一个复杂的整体。单就后一点而言,他采取了特别谨慎的态度,时刻准备检查或验证,提出"要不时地进行完备的列举和全面的回顾等等,以确信他没有遗漏任何东西"。

这就是笛卡尔在《哲学原理》中严格应用的方法,在那本书里,这种有力的、严格的几何学思维清晰地阐明了它运作的机制。

现在让我们打开《新工具》一书。要想从中找到培根的方法是毫无用处的,因为它根本没有方法。他的书是按照孩子气的简单划分来安排的。在破坏性部分(Pars destruens),他把亚里士多德说成是"以其论证败坏自然哲学并用其范畴建造世界"。在建设性部分(Pars aedifican),他颂扬真正的哲学,其目的不是建立一个清晰的、秩序完美的真理体系,使这些真理可从已有的原理逻辑地推演出来。它的目的完全是实用性的,我甚而至于要说它是工业性的:"我们必须明了我们特别渴望什么样的教导或指示,以便在给定的物体中产生或创造出一些新的性质,并用尽可能清晰的简单术语来解释它"。

"例如,假若我们想把金子的颜色赋予银,或将较大的重量(与物质定律相一致的)或透明性赋予不透明的石块,或者,将不可破性赋予玻璃,将植物赋予一些非植物的东西,我们就必须清楚,什么样的教导或指示会是人们最乐于接受的。"

这些教导会教我们按照固定的规则去指导和安排我们的实验吗?这些指示会教给我们去对我们的观测加以分类的方法吗?丝毫不会。当我们进行实验时并不需要预先设想好什么思想,观测是靠偶然事件来进行的,结果是以粗糙的形式记录下来的,因为它们碰巧是以"正事实"、"负事实","程度"或"比较","排除"或"拒斥"之类的表格形式出现的,在法国人的思维看来,从这样的表格中只会看到一堆混乱不堪的无用报告。确实,培根赞成对一些优先的或特别的事实建立某些范畴,但他既未对这些范畴进行分类,也未一一列举出它们。他没有分析这些范畴,以便将那些彼此之间完全可以简化的范畴置于同一题目之下。他只是从中列举了27个范畴,至于为什么在列出了这27种之后就终止了,他留给我们的则是一片黑暗。他并没有寻找以表征并定义每个优先范畴的确切公式,而是满足于将它遮掩在联想到感觉映象的名称之下,诸如孤立的事实或冠以下述名称的事实:移动的,指示的,秘密的,群聚的,分界线的,敌意的,协商的,决定性的,分离的,发光的,通道的,流动的,等等。正是这种混乱,使得一些从未读过培根著作的人认为培根的方法是与笛卡尔的方法相对立的。英国人思维的宽阔性,无论在什么工作中都没有比这更明显地表现出它所隐藏的弱点了。

如果说,笛卡尔的思维似乎与法国的哲学常有联系,那么,培根的想像力及其对具体和实用东西的爱好,它对抽象和演绎的轻蔑与厌恶,似乎已经进入了英国哲学的血脉。"洛克、休谟、边沁以及两个穆勒,一个接着一个地阐明了关于经验和观测的哲学。功利主义的伦理学、归纳逻辑、联想主义心理学,这些都是英国哲学对世界思想的伟大贡献。"[①]所有这些思想家,与其说是靠连贯

---

① 安德烈·切伍内伦:《悉德尼·史密斯和英国19世纪自由思想的复兴》(巴黎,1894年),第90页。

的推理路线前进的,不如说是靠堆积事例前进的。他们在搜集事实,而不是在联结推理。达尔文和斯宾塞并不是和他们的对手忙着进行众所周知的辩论;他们是靠投掷石块打垮他们。

法国天才与英国天才的对立,在每一本思维著作中都可以看到。它同样在社会生活的各个方面也是引人注意的。

例如,英国的立法与法国的法律是完全不同的。法国法律由法典组成,这些法典中的每一法律条文都有条不紊地编排在清晰陈述的确定的抽象观念的标题之下;而英国的法规则是大量相互独立而且常常相互矛盾的法律和习俗,从大宪章下来,它们一个接一个地并列着,在废除旧法律之前没有任何新法律。法规的这种混乱状态并没有使英国法官们为难,他们并不夸耀柏提埃①或波特立②;他们也不为所用法律文本的混乱所烦恼;需要秩序,是狭窄思维的标志,这种思维不能立即把握整体,它需要引导,以便被既无遗漏、也无重复地逐个引向整体中的各个要素。

英国人本质上是保守的;他们保留着每一个传统,而不管其起源如何。英国人看到克伦威尔时代的遗物与查理一世时代相差无几,并不感到吃惊。在他看来,他们国家的历史从来就是如此:一系列多种多样不同的对立事实,其中,每个政党偶然地或者成功或者失败,并依次有过罪行和光荣行为。这种尊崇整个过去的传统主义,与严密的法国思维毫不相容。法国人所希望的,是一个有秩

---

① 英译者注:罗伯特·约瑟夫·柏提埃(1699—1772),法国法理学家,生于奥尔良,其著作被用于起草法国民法典。

② 英译者注:Jean-Etienne-Marie Potalis(1745—1807),也是法国法理学家,民法典编纂者之一。

序、有条理地发展起来的简单清楚的历史,其中的每个事件,就如同从定理推导出必然的结果一样,也可以从他所夸耀的政治原则中严格推导出来。而如果现实没有给他提供这种历史,那现实就实际太糟糕了;他将改变事实,胁迫它们,发现它们,比起真实的但混乱和复杂的历史来,他们更喜欢处理新奇的、清晰的、有条理的历史。

正是这种严格的思维使得法国人渴望明晰性和方法,正是这种对明晰性、秩序和方法的爱好,促使他完全扔掉或消除过去遗留给他的地面上的一切,以便在完全同等的平面上建设现在。笛卡尔(他也许是法国思维最典型的代表)在其《方法谈》一书中毅然表述了所有那些经常打破传统约束的人所阐述的原则:"因此我们看到,一位建筑师单独承担和完成的建筑,一般来说要比几个人试图利用的其他建筑的断墙残壁修修补补而成的那些建筑更为优美,布置得也更加完善。所以,把起初只是一些小乡村而后来变成大都市并通常是被如此糟糕地包围着的那些旧地点,可以同一个工程师于想象中按计划画出的那些和谐的布置相比较。虽然从每一建筑自身考查时常常能够发现与任何其他一座建筑有同样多甚至更多的艺术成分,但是,当我们看到它们是如何被杂乱无章地安排成不同规模以及它们是怎样使街道弯曲和不均等的时候,人们会说,那不是少数人运用理性的意愿,而是凭着机遇安排了它们。"在这一段话中,这位伟大的哲学家预先称颂了路易十四时代毁灭许多历史遗迹的故意破坏行为;他是行将到来的凡尔赛宫的先知。

法国人把社会和政治生活的发展仅仅设想为一些新起点的永恒的循环,一系列不确定的革命。英国人从它看到的则是连续的进化。泰恩曾指出,"古典精神",即在大多数法国人中盛行的有力而狭窄的思维对法国历史产生了多么重大的影响。我们同样可以通过英国历史的进程,正确地追溯英国民族的宽阔而无力的思维所产生的影响。[1]

现在,既然我们已经熟悉了想象大量具体事实能力(它伴随着对抽象观念的不适应)的各种不同表现,我们就不会感到惊讶,这种宽阔而无力的思维贡献了一种新型——与有力而狭窄的思维相对——的物理理论;我们也不会惊讶地看到,在"其著作是19世纪一种荣耀的伟大的英国数学物理学派"的著作中,这种新型理论发展到了顶点。[2]

五、英国的物理学和机械模型

在英国发表的物理学论文中,总有一个使法国学生大为惊讶的基本成分,几乎一成不变地伴随着对理论的说明,那就是模型。没有什么比英国思维在建立科学理论时使用这种模型的方式更有助于我们理解它与我们有着多么重大的差别了。

在我们面前有两个带电体,问题是提出一个关于它们相互吸引或相互排斥的理论。法国或德国物理学家,不管他是泊松还是高斯,经过一番思考,会在物体之外的空间中假定有一种名为质点

---

[1] 读者会在安德烈·切伍内伦前引书中对英国思维十分深刻、敏锐、详尽的分析中,立刻发现宽阔而无力的思维。

[2] O. 洛奇:《电的现代理论:论一种新的理论》,梅耶朗译(巴黎,1891年),第3页。

的抽象概念,以及另一个与其相应的名为电荷的抽象概念。然后他就试图计算第三个抽象概念:该质点所受的力。他给出一些公式,能用来确定这一质点在每一可能位置上受力的大小和方向。从这些公式中可以导出一系列结果:他清楚地指出,空间各点所受力的方向,都是沿着某条线(称为力线)的切线方向,并且所有的力线都垂直地穿过某些面,即等位面,并给出了等位面的公式。特别地,他还指出,它们垂直于包括在许多等位面中的两个带电导体所在的面。他算出了每一等位面所受的力。最后根据静力学规则把这些基本的力合成起来;这样,他就知道了两带电体相互作用的规律。

这整个静电学理论,构成一组抽象观念和普遍命题,它们以清晰和精确的几何学和代数学语言表述出来,并按照严格的逻辑规则相互联系着。这整个理论完全满足了法国物理学家的理性,满足了他要求明晰性、简单性和有秩序的口味。

英国人并不这样做。质点、力、力线、等位面这些抽象概念,并不满足他们需要想象具体的、物质的、可见的和可触知的事物。"只要我们恪守这种模式的表示方式",一位英国物理学家说,"我们就不能对实际发生的现象形成一种智力的表示方式"。① 正是为了满足这种需要,他们进而创立了一种模型。

对空间中的两个分离的导体,法国或德国物理学家设想出没有厚度或非真实存在的抽象力线;英国物理学家则把这些力线物质化,并使其厚度达到一个充满硬橡胶管子的尺度。英国人用一

---

① O. 洛奇:《电的现代理论:论一种新的理论》,第 16 页。

簧可见、可触摸的弹性绳来代替仅由推理设想的一簇理想力线,让它们紧紧地胶着在两个导体表面的末端,并且当它们延伸时,既试图收缩又试图膨胀。当两个导体相互接近时,他看到的是这些弹性绳紧拉在一起;然后他看到每一条都集拢起来并逐渐变大。这就是由法拉第想象的并被麦克斯韦和整个英国学派推崇为天才之作的著名的静电作用模型。

英国物理学论文的通常特征,就是利用类似的机械模型,它是针对所阐述理论的特点进行多少有些粗略的类比而想起来的。这里有一本书,试图阐述现代电学理论和一种新理论(O.洛奇,前引书)。里面充其量不过只是一些绕滑轮转动、顺滚筒缠绕、穿有珍珠并带有重量的绳子;还有随其他物体的收缩、膨胀来汲水的管子;与钩子衔接的一个咬着另一个的齿轮。我们以为我们已进入了平静的和整齐有序的理性世界,但是我们发现自己是在一个工厂里。

这种机械模型的运用,远远不能促进法国读者对理论的理解,在许多场合,需要他付出很大努力来掌握英国作者对他描述的那种极复杂装置的操作。为了说明这种装置的特性与我们所要说明的理论命题之间的类似,确实需要相当大的努力。这一努力往往要比法国人为了完全理解模型所体现的抽象理论需要付出的努力大得多。

相反,英国人发现利用模型对物理研究是必要的,以致他们认为看到模型就结束了,把模型与对理论本身的理解混淆了起来。奇怪的是,我们看到这种混淆是由一位英国科学精英中最杰出的代表正式接受和宣布的。他长期以来以威廉·汤姆逊之名享誉遐迹,而后又以凯尔文勋爵的头衔擢升为贵族。在他的《分子动力学讲演》中,他这样说:"我的任务是要说明如何去建立一个机械模型,它满足我们所考察的物理现象要求的全部条件,而不管它们是什么。当我研究固体弹性这一现象时,我想要说明它的模型。在其他时候,当我们考虑光的振动时,我想要说明在该现象中显示作用的模型。我们想理解它的全体;但只能理解一部分。在我看来,'我们是否理解物理学的一个特定主题?'就是要回答'我们能否建立起它的机械模型?'这个问题。我对麦克斯韦的电磁感应机械模型怀有崇高敬意。他建立了一个模型,能够产生感应电流等等中的电所能产生的一切奇迹。毫无疑问,这样一种模型极有教益,是迈向确定的电磁理论的一步"。①

在另一段中,汤姆逊再次说道:"如果我不能给出关于事物的机械模型,我永远不会满足。如果我能建立一个机械模型,我就能理解它。如果不能建立,我就完全不能理解。这就是我不能理解光的电磁理论的原因。我坚信光有一种电磁理论,并确信一旦理解了电、磁和光,我们就会把它们一起看做一个整体的一部分。但是,我既想要理解光,又不想引入我们不太了解的东西。这就是我要利用普通动力学的原因。如果说我能在普通动力学中得到一个模型的话,那在电磁学中我就不能做到这一点"。②

因此,对英国物理学派来说,理解一个物理现象,就等于是设

---

① W.汤姆逊:《论分子动力学的讲演,及光的波动理论》(巴尔的摩:约翰·霍普金斯大学,1884年),第131—132页。也见于W.汤姆逊爵士(凯尔文勋爵),《科学报告与讲演》,L.洛格尔译,M.布瑞955,《物质的组成》(巴黎,1893年)。

② W.汤姆逊,同上,第270页。

计一个模拟该现象的模型;要理解事物的本性,就要想象一种机制,其行为能描述并模拟物体的特性。英国物理学派对物理现象完全要诉诸纯机械的解释。

牛顿所高度推崇并为我们所不断加以研究的纯抽象理论,对汤姆逊这样的英国物理学派的大师来说,简直是难以理解的。

"另外一类在某种程度上有实验基础的数学理论,在目前是有用的,甚至在某些情况下还暗示出一些新的重要结果,后来得到了实验的证实。这就是关于热的动力学理论和光的波动论等等。前一理论的根据是从实验得出的结论说,热是一种能量的形式,但是这一理论中有许多公式目前是含糊不清和难以解释的,因为我们并不知道物体中粒子的运动或变形的机制。这个理论中没有包括这些在内的结果,当然得到了实验的证实。关于光的理论也存在同样的困难。但在完全弄清楚这些模糊之处以前,我们必须知道关于基本的或分子的一些事情,知道物体的或分子群的结构,目前我们只知道一个总体。"①

这种对解释和机械理论的偏爱,当然不足以区分英国的学说和在其他国家里繁荣的传统。法国的天才笛卡尔就曾以其最完备的形式把机械理论装扮得非常漂亮;荷兰的惠更斯和伯努利家族所属的瑞士学派也为一成不变地保留原子论的原理进行了斗争。区分英国学派的不仅仅在于它试图把物质归结为机械论,而且在于它为了达到这种归结所尝试采取的特殊形式。

---

① W.汤姆逊和 P.G.泰特:《关于自然哲学的论文》,第1卷,第1部分,第385节(英译者注:初版于1867年,此书后来的版本作了修订)。

第四章 抽象理论和机械模型

毫无疑问,机械理论无论在哪里被播种和栽培,它们的滋生和发展都是由于抽象能力的丧失,亦即想像力胜过了推理。当笛卡尔及其哲学追随者拒绝认为物质具有任何非纯几何学或动力学的品质时,他们这样做是因为这种性质看不见,只能靠推理来设想,因而对想像力来说仍是难以理解的。17世纪伟大的思想家把物质归结为几何学的做法清楚地表明,在那个时代,深奥的形而上学抽象的意识,已经由于衰落中的经院哲学的过度消耗而淡漠了。

但在法国、荷兰、瑞士和德国的伟大物理学家中间,抽象意识可能衰落些,但它从未完全沉睡。的确,物质世界中的每一事物都可以归结为几何学和动力学这一假说,是想像力战胜了推理。但在放弃了这一基本点之后,当理性开始推导出结果并建立起表示物质的机制时,它又收回了它的权力。这一机制的性质应当是从作为宇宙论体系基础的假说中得出的逻辑结果。例如,笛卡尔和他之后的马勒伯朗士曾经承认广延性是物质的本质这一原理,并尽力从中推出,物质处处都具有相同的本性,不可能存在几种不同的物质实体,形状和运动只能区分物质中彼此不同的部分;还有,他们推出,等量的物质总是占据相同的体积,由此可知物质是不可压缩的;他们的目标在于从逻辑上建立一个体系,它只允许用两个要素来解释自然现象:运动部分的形状,以及激发它们的运动。

用机械结构在解释物理定律时不仅要受一定的逻辑要求制约,并遵守一定的原则,而且用来构成这些结构的物体也同我们日常观测和运用的可见和具体的物体截然不同。这些物体是由一种抽象的和理想的物质构成的,而这种物质则是根据物理学家所赞同的宇宙论原则来定义的,这是一种从未到达我们的感官、只能由推理看得见和理解的物质。笛卡尔的只有广延性和运动的物质就是这种情况,原子论的只有形状和不可入性的物质也是这样的情况。

当英国物理学家寻求建立一种足以用来表示一组物理定律的模型时,他并不为任何宇宙论的原则所困扰,也不受任何逻辑要求的约束。他的目标不是从哲学体系推导出他的模型,甚至也不是让模型与这一体系相一致。他只有一个目的:创立一个关于抽象定律的可见的和可感知的映象,如果没有这个模型的帮助,他的思维就无法掌握这些定律。倘若这一机制是十分具体的,对想像力的眼睛来说是可见的,那么,原子论者的宇宙论是否宣称自己对它满意,或者笛卡尔的原则是否谴责它,那就无所谓了。

因此,英国物理学家从不要求任何形而上学为他提供用来设计其机械模型的要素。他并不企图知道物质终极要素不可还原的特性是什么。例如,汤姆逊从来不向自己提出这样的哲学问题:物质是连续的还是由单个要素组成的? 物质终极要素中每个的体积是可变的还是不变的? 原子作用的本性是什么——是超距作用的抑或仅仅是接触作用的? 这些问题甚至从未进入他的头脑,要不然,当这些问题向他提出时,他就把它们当作对科学进步无效的和有害的东西一起推开。譬如,他说:"关于原子的观念是如此经常地与无限强度、绝对刚性、神秘的超距作用以及不可分性这些不可思议的假设联系在一起,以至化学家和许多其他有理性的现代生物学家对它完全失去了耐心,并把它打发到形而上学的王国里,使它比'我们所能设想的任何东西'都要小。但是,如果原子小得难以设想,那为什么所有的化学反应不是进行得无限地快呢? 化学是无力处理这个问题和其他具有头等重要性的问题的,假如由于它的基本假设僵化,并且不让我们把原子看成是占据一定空间的物质的真实一部分,而是组成可触摸物体的一个可测量的小成分的话"。①

英国物理学家用来建立其模型的东西,不是形而上学所阐述的抽象概念,而是与我们周围的东西一样的具体物体,即固体或液体、刚体或柔性物体、流体或粘滞性物体。并且用固体性、流动性、刚性和柔性以及粘滞性来理解某种宇宙论所定义的抽象特性,是完全不必要的。这些特性在任何地方都不是被定义出来的,而是借助可观测的事例想象出来的:刚性令人想起一块钢;柔性令人想起一根丝线,粘滞性令人想起甘油。为了以更实在的方式来表示他用以建立其机械模型的物体的具体特征,汤姆逊不怕用一些最日常名称来表示它们,称它们为曲柄、细绳、果子冻。他所关心的不是打算用推理设想出来的组合,而是打算用想象看得到的机械装置;对此,他表达得再清楚不过了。

他也同样清楚不过地告诫我们,他所建议的模型,不应当成是对自然规律的解释;任何想使模型具有这种意义的人,都会为此而瞠目结舌。

纳维埃和泊松提出过一个关于水晶体的弹性理论;他们用18个一般来说彼此不同的模量来表征各个水晶体。② 汤姆逊力求用

---

① W. 汤姆逊:"原子的体积",《自然杂志》,1870年3月,重印于汤姆逊和泰特前引书,附录F。
② 至少,按照汤姆逊的说法,纳维埃论提及的只是多向同性的物体。根据泊松理论,物体的刚性只取决于15个模量;把纳维埃理论的原理用于晶体时,也有同样结果。

机械模型说明这个理论。他说:"除非我们能找到用18个独立模量来建立模型的方法,否则我们决不会满足"。① 将8个钢球置于平行六面体的8个顶点上,并用足够多的螺旋或弹簧将它们彼此连接起来,这样就构成了他所提出的模型。我们看到,这足以使那些可能期待对弹性定律会有一个解释的人大感失望;的确,螺旋式弹簧的弹性又如何解释呢?所以,伟大的英国物理学家没有给这个模型提出任何解释。"虽然在这些论述中设想到、并在我们的模型中得到机械说明的固体分子结构实际上并未被接受为真实,但是毫无疑问,建立这种机械模型还是很有教益的"。

六、英国学派和数学物理

帕斯卡尔非常正确地把思维的宽阔性当作一种在很多几何学研究中发挥作用的能力;并更清楚地表明,它是纯代数学天才的独特禀赋。代数学家并不去分析抽象概念,不去讨论普遍原理确切的范围,而只是按照固定的规则,去把那些他所能画出的符号熟练地结合起来。要成为一个伟大的代数学家,并不需要有什么很大的智力强度;只要有伟大的思维的宽阔性就足够了,因为代数计算的技巧并非理性的礼物,而是想象能力的装饰品。

因此,当我们注意到代数技巧在英国数学家中广为流传时,并不必惊诧。这种情况不仅在英国科学家中的很多大代数学家中出现,而且也出现在英国人对各种形式的符号计算所特有的偏好之

---

① W.汤姆逊:《论分子动力学的讲演,及光的波动理论》,第131页。

中。

我们对这个问题可以稍加解释一下。

不具有宽阔思维的人，跳棋比象棋下得好。事实上，当他在棋盘上要下跳棋时，无论什么时候，他能摆布的要素只有两种，一种是单独的跳子，一种是王，两者都按照十分简单的规则行走。而另一方面，对象棋的战术来说，有多少种棋子就有多少种不同的基本走法，其中一些——如马的走法是复杂的，足以使想像力微弱的人陷入窘境。

法国所有数学家所用的古典代数与 19 世纪创造的符号代数之间的区别，就好像是跳棋和象棋之间的区别。古典代数只由少数几个基本运算组成，每个运算各用专门的符号来代表，都是非常简单的运算；复杂的代数演算只是一长系列这些几乎不变的基本运算，或只是对这几个符号进行冗长的处理。符号代数的目的是缩短这些演算的时间。为了达到这一目的，它在古典代数的基本运算中加进了一些也被它当作基本运算并由专门符号来代表的其他运算，其中每个运算都是根据固定的规则借用旧代数的运算而形成的运算组合或者压缩。在符号代数中你几乎立刻能完成一次演算，它在旧代数中则要由一长系列的间接运算组成，但你必须利用大量不同种类的符号，每种符号都遵从极其复杂的规则。这样，你就不是在下跳棋，而是在玩一种象棋，它有许多不同的棋子，每个都各有其自己的走法。

显然，对符号代数的偏爱，正是我们预期会在英国特别流行的宽阔思维的标志。

如果我们只限于对创造压缩的代数演算体系的数学家作一简

要评述,我们也许就不会这样有区别地、确定地认识英国天才对这一演算体系的偏好了。英国学派如果骄傲地举出哈密尔顿所设想的四元数组微积分,法国人就会用柯西的键子理论与之抗衡,而德国人则会拿出格拉斯曼的张量理论。我们不必为此惊异,因为宽阔的思维在每个国家都是能找到的。

但是,只有在英国,宽阔思维才能作为一种特有的传统习惯,如此频繁地被人们所发现;例如,符号代数、四元数组微积分以及"矢量分析"只有在英国科学界人士中才是习以为常的,大多数英国论文都是用这些复杂的缩写语言写出的。法国、德国的数学家并不乐意学习这种语言;他们从未能够流利地说出它们,或者更重要的是,他们从来不能直接用这些语言所组成的形式来思考。为了在四元数组法式"矢量分析"法的基础上进行演算,他们必须把它转换成古典代数的形式。一位曾经深入研究过各种符号运算的法国数学家保罗·莫林对我说过:"在我用古老的笛卡尔代数进行验算以前,我决不相信用四元数组的方法所得到的结果"。

因此,经常使用各种不同种类的符号代数,这是英国物理学家宽阔思维的证明。但是,如果说这种使用乃是给他们的数学理论穿上了特殊的外衣,那它也并没有给理论本身增加了什么专门的特征。剥去这些外衣后,我们就可以轻而易举地用古典代数的格式来装扮这个理论。

在很多情况下,这种外衣的改变几乎不足以掩盖数学物理理论的起源是在英国,也不足以被误认为是法国的或者德国的理论。相反,它反而会使人们认识到,在建立物理理论方面,英国人并非总是像大陆科学家那样让数学发挥相同的作用。

对法国人或德国人来说,物理理论本质上是一个逻辑体系。完全严密的演绎,把作为理论基础的假说与可能从中推出的结果统一了起来,并与实验定律相比较。如果代数运算介入,其目的也只是为了使连结结论与假说的演绎链子更为简单、更容易掌握。但是决不应忘记,在一个结构完好的理论中,代数只有这种纯粹辅助的作用。我们必须时时不忘用缩写表示的纯逻辑推理来代替运算这种可能性;为了尽可能以精密和确定的方式实现这种代替,我们必须在符号代数所结合起来的符号或字母与物理学家所测量的特性之间、在作为分析出发点的基本方程与作为理论基础的假说之间,建立起十分准确和十分严密的对应关系。

因而,法国或德国的数学物理的奠基者们,如拉普拉斯、傅立叶、柯西、安培、高斯和弗朗兹·诺伊曼等,都极其谨慎地架设了桥梁,想把理论的出发点、理论所要处理的物理量的定义与假说的证实连结起来,这些假说将把它的推论转向其代数的发展得以进行的道路上。这些人大多数的学术论文,就是从这些开端,从清晰的模型和方法开始的。

想在英国作者的著作中找到这些致力于建立物理理论的方程式的开端,几乎总是徒劳的。让我们来考虑一个明显的例子。

麦克斯韦在安培所创立的导体电动力学中,增加了一种新的即电介质的电动力学。这一物理学分支是研究一种本质上新的要素的结果,这个要素曾被不恰当地称为位移电流。

麦克斯韦引进位移电流,是为了完备给定时刻电介质性质的定义,这些性质并非完全取决于该时刻已知的极性,这就好像传导电流加到电荷上是为了完备导体在可变情况下的定义一样。位移

79 电流在某些方面同传导电流极为相似,但同时又有深刻的差别。感谢这一新要素的介入,使电动力学陷入了混乱;实验从来没有暗示过并且只是在20年之后才被赫兹发现的现象,现在被宣布了。我们看到电的活动在非导体的介质中传播的新理论的萌芽,而且这一新理论导致对我们没有预见到的光学现象的解释,这就是导致光的电磁理论。

这一新的和没有预见到的要素,揭示出了相当有成效的、令人惊异的重要结果;当然,我们预期在麦克斯韦以极小心谨慎的态度定义和分析它之前,他不会把它引入他的方程中。但是,打开麦克斯韦的详述其电磁场新理论的论文后,你只能看到这样两行字,说明他把位移通量引入电动力学方程是应当的:

"应当把电位移的变化加到电流上,以便获得电运动总的情况。"

我们怎样解释这种几乎完全没有定义的情况呢?甚至当它是一个最新奇、最重要的要素时,又怎样解释这种对建立物理理论方程漠不关心呢?答案似乎用不着怀疑:法国或德国物理学家反而想要用理论的代数部分来取代用于展开该理论的一系列演绎推理,而英国物理学家却认为代数起着模型的作用。模型是一个由想像力易于理解、并且遵从代数规则的符号来操作的装置;它程度不同地忠实模拟着所研究现象的定律,犹如依据力学定律运动的不同物体的装置会模拟力学现象的定律一样。

因此,当法国或德国物理学家引入允许他用代数演算代替逻辑演绎的定义时,他必须极度谨慎,以免丧失演绎推理所要求的严密性和准确性。相反,汤姆逊提出一组现象的机械模型时,并不迫使自己进行任何细致、合理的论证,以便在这一具体物体的装置和他所提出的物理定律之间建立一种联系;对想像力来说,与模型惟一相关的是作出决定性的判断,表明所描述的东西与被描述的对象之间相似。这正是麦克斯韦所做的。他把比较物理定律与模拟它们的代数模型这项任务留给了想像力的直觉。他不等进行这种比较,就接着根据模型进行运算,并频繁地将电动力学方程组合起来,而不是把协调每一组合中的物理定律当作自己的目标。

法国或德国物理学家经常受这种数学物理学概念的困扰。他认识不到,出现在他眼前的乃是要满足他的想像力而非推理能力的模型装置。从清晰表述的假说到实验可以验证的结论之间进行着种种代数变换,他固执地要从中寻找一系列推理。如果找不到这些推理,他便焦灼不安,怀疑麦克斯韦理论实际有什么结果。对此,理解英国数学物理学家思维的人会回答说,麦克斯韦的东西无非是代数公式的来回组合和变换,与人们所追求的物理理论毫无相似之处。赫兹说过:"对'什么是麦克斯韦理论'这个问题,我不能给出比下述答案更清楚、更简要的回答了:麦克斯韦理论就是麦克斯韦方程组"。①

七、英国学派与理论的逻辑协调

不论是法国或德国,还是荷兰或瑞士那些大陆的伟大数学家

---

① H. 赫兹:《关于电力发展的研究;概述》(莱比锡,1892 年),第 23 页(英译者注:由 D. E. 琼斯译成英文,标题为《电波;对电作用以有限速度在空间中传播的研究》,由凯尔文勋爵作序(伦敦和纽约:麦克米伦出版公司,1893 年,1900 年))。

所创造的理论,都可以分类为如下两大范畴:解释性的理论和纯表象的理论。但是这两种理论有一个共同特点:它们都被理解为按照严格的逻辑规则建立起来的理论体系。推理的产物主要致力于秩序和简洁性,而不怕深奥的抽象或冗长的推理,他们的理论要求用一种无懈可击的方法去描述一系列命题——从开始到结束,从基本的假说到可以与事实相比较的推论。

正是这种方法产生了那些富丽堂皇的自然体系,把欧几里得几何的匀称完美赋予了物理学。这些体系以一定数量的非常清晰的公设为基础,试图建立一种十分严密的逻辑结构,将每个实验定律都正确地列入其中。从笛卡尔建立起他的《哲学原理》的时代起,到拉普拉斯和泊松以引力假说为基础建立起来的力学堂皇大厦的时代,这座大厦始终作为抽象智力特别是法国天才的永恒理想而巍然耸立。在追求这一理想的过程中,有不少纪念碑耸立起来,那简单的线条、美妙的比例,一直令人愉悦和欣羡不已,在这些结构因基础逐渐削弱而摇摇欲坠的今天更是如此。

理论的这种统一和理论各部分之间的这种逻辑联系,是把思维的力量转嫁于物理理论这一观念的自然衍生的必然结果,从它的观点看来,如果扰乱了这种统一或打断这种联系,就违背了逻辑原则或是做出荒谬的行为。

英国物理学家宽阔而无力的思维,其情况与此绝然不同。

对他来说,理论既不是解释,也不是对物理定律的理性分类,而是这些定律的模型,模型的建立并不是为了满足理性的要求,而是为了想像力引起的快乐。因此,他不受逻辑的支配。建立一个模型代表一组定律,再用另一个迥然不同的模型代表另一组定律,这就是英国物理学家的乐趣,尽管事实上某些定律可能在两组中都有。对拉普拉斯或安培学派的数学家来说,对同一个定律给出两种截然不同的理论解释,并坚持认为两种解释同等有效,那会是荒谬的。而在汤姆逊或麦克斯韦学派的物理学家看来,同一定律用两个不同的模型来代表,事实上并不存在什么矛盾。而且,把这种做法引入到科学也丝毫不会使英国人震惊;对他们来说这反而增加了多样性的魅力。英国人比我们有更强的想像力,他不知道我们需要秩序和简单性;它在我们会迷路的地方可以轻易地找到自己的道路。

这样,我们在英国理论中发现的那些不一致、那些无条理的和矛盾的东西,迫使我们要进行艰难的判断,因为我们企图在作者只想给我们一件想象作品的地方寻求理性的体系。

例如,这里有汤姆逊专门解释分子动力学和光的波动理论的一系列讲演。[1] 阅读这些笔记的法国读者以为他能从中找到一组关于以太结构和有重量的物质结构的表述清楚的假说,能找到一系列从这些假说开始、有秩序进行的演算,以及这些演算的结果同经验事实之间的确切比较。但是,他会大失所望,他的幻想太简单了!因为这样一种秩序完美的体系并不是汤姆逊想要建立的。他仅仅希望考查一下各种实验定律,并给其中各个定律建立一个机械模型。[2] 有多少种现象,就有多少种代表这些现象中物质分子作用的模型。

---

[1] W.汤姆逊:《论分子动力学和光的波动理论的讲演笔记》(巴尔的摩,1884年)。读者也可查阅 W.汤姆逊爵士(凯尔文勋爵)的"科学报告……"。

[2] 同上,第132页。

要表示一个晶体的弹性特点吗？这时,物质分子就用八个位于平行六面体顶端的球体来代表,这些球体则用若干螺旋式的弹簧彼此相连。①

要想更清楚地想象光的色散理论吗？那就可以认为物质分子是由一些坚硬的、聚集的球壳所组成,②这些球壳则被弹簧固定着。大量的这种小机械嵌在以太中。后者是均匀的、不可压缩的物体,③既没有弹性,适应极快的变化,也十分柔软,其作用可以持续一段时间,这真像果子冻或甘油。④

有没有模型适合用来代表旋转极化吗？那么,散布在上述"果子冻"中成千上万的分子就不再布置得像刚才描述的那样了；它们将由许多小硬壳组成,每个小壳内,都是一个围绕着固定在小壳上的轴飞速旋转的陀螺仪。⑤

但是对我们的"粗糙的陀螺分子"⑥来说,其性能是太粗糙了,以致取代它的更完善的机械很快又装置好了。⑦硬壳内不再只含一个陀螺,而是两个转向相反的陀螺；球和孔缝以及壳套将它们彼此相连,并与球壳边缘相连,还允许它们的轴做一定的转动。

要想从《论分子动力学的讲演……》中所展示的这些不同模型中挑选出一个最能代表物质分子的模型,那是不容易的。然而,

---

① W.汤姆逊：《论分子动力学和光的波动理论的讲演笔记》,第127页。
② 同上,第10、105、118页。
③ 同上,第9页。
④ 同上,第118页。
⑤ 同上,第242、290页。
⑥ 同上,第327页。
⑦ 同上,第320页。

假如我们浏览一下汤姆逊在他别的著述中所想象的其他模型,这样的挑选就会令我们更加为难得多了!

在这里,我们看到的是不可压缩的、均匀的、无粘滞性的物体充斥于整个空间。这种流体的某些部分被不停旋转着的运动所激励,这些部分代表的是物质的原子。①

在另一处,这不可压缩的流体又由一群钢球来代表,这些钢球由放在适当位置上的棒彼此相连。②

在其他地方,他又诉诸麦克斯韦和泰特的动力学理论,以便想象固体、液体和气体的特性。③

要确定汤姆逊所认为的以太具有的结构容易吗?

当汤姆逊发展其涡旋原子理论时,以太是均匀的、不可压缩的、无粘滞性的充满整个空间的一种流体的一部分。以太用这种流体的无旋涡运动的那一部分来代表。但为了描述使物质分子相互趋近的引力,这位大物理学家很快又使以太的组成复杂化了;④他重新提出了法西奥·德·迪利埃和勒萨热的古老假说,把一大群沿各个方向高速运动的固体微粒抛入均匀的流体。

在另一著作中,以太又成为均匀的不可压缩的物体,但它现在类似于粘滞性极大的流体或果子冻。⑤ 这一类比以后又被抛

---

① W.汤姆逊:"论旋涡原子",《爱丁堡哲学学会会报》,1867年2月18日。
② W.汤姆逊:《科学论文》,Ⅲ,466,《科学院报》(1889年9月16日)。
③ W.汤姆逊:《物质的分子结构》,《爱丁堡皇家学会会报》,1889年7月1日和15日,第29—44节;《科学论文》,Ⅲ,404,《论分子动力学的讲演……》,第280页。
④ W.汤姆逊:《论勒萨热的世界之外的微粒》,《哲学杂志》第XLV期(1873年),第321页。
⑤ W.汤姆逊:《论分子动力学的讲演……》,第9,118页。

弃了。为了表示以太的性质,汤姆逊采用了一些麦古拉①那里的公式;②为了使这些公式可以想象,他又用一个机械模型表示它们:在每个坚固的箱子里,都有一个陀螺,它由绕着固定在箱边的轴高速旋转的运动所激活,这些箱子彼此之间则由一些柔软而无弹性的小布条相衔接。③

我们列举的汤姆逊用来代表以太或有重量分子性质的各种不同的模型是不完全的;它给我们的仍然只是关于大量映象的脆弱观念,这些映象是由"物质的组成"这句话在他头脑中产生的。为使我们理解,有必要结合其他物理学家创立的全部模型,但利用这些模型需符合一些要求,例如,要附带麦克斯韦所建立的④并被汤姆逊不时加以赞扬的电作用模型。这样我们就会看到,以太和所有的弱电导体就犹如一块蜂蜜面包,蜂房的侧壁不是由蜡而是由弹性物体组成,弹性物体的形变表示静电作用,蜂蜜则用一种受快速旋涡运动激活的理想液体来代替,以表示磁作用的映象。

法国读者一定会被这些模型和机械搞得困窘至极,因为他们

---

① J.麦古拉:《关于晶体反射和折射的动力学理论的论文》,《皇家爱尔兰科学院院报》,第ⅩⅪ卷(1839年12月9日),重印于《詹姆士·麦古拉全集》(1880),第145页。
② W.汤姆逊:"要求简单以太的理想物质的平衡与运动",《科学论文》,Ⅲ,445。
③ W.汤姆逊:"关于以太的陀螺仪动力学结构",《爱丁堡皇家学会会报》,1890年3月17日,重印于《科学论文》Ⅲ,466。也见"以太,电和可称量物质,"《科学论文》,Ⅲ,505。
④ J.克莱克·麦克斯韦,"论物理的力线",第3篇:"用于静电的分子旋涡理论",《哲学杂志》1882年1月和2月。参见《科学论文》,W.D.尼温编(剑桥:剑桥大学出版社,1890年),Ⅰ,491。

想寻求关于物质组成的一系列相关假说并对物质组成做出假设性解释。但汤姆逊从未想要给出这种解释；他所使用的那种语言本身一直阻碍着读者对其思想做出这一解释。他设想的机械是"粗略表示"①的"粗糙模型",②它们是"非自然机械论的"。③ 这些意见中假想的并在模型中机械地加以说明的固体分子结构,并不能认为是自然界的真理……",④"我们想象的以太是纯粹理想的物质,这几乎不必加以说明"。⑤ 各种模型的临时性,都可以在一条弯字形的道路上看到,在这条弯字形的路上,作者抛弃或重新采用这些模型,都是根据他所研究现象的需要。"让我们回到带有中心球壳的球形分子——请记住,这只是粗糙的机械说明。我认为,它离事物的真正机制相去甚远,但却给我们提供了一个机械模型"。⑥ 他最多只是怀有一种希望:这些巧妙想象出来的模型可以指明我们对物质世界进行物理解释所要走的遥远道路。⑦ 汤姆逊用来表示物质结构的各式各样的模型,不会使法国读者惊讶得太久,因为他们很快就看出,这位大物理学家不是要求提供一个理性能够接受的解释,他只是希望创造一件想像力的作品。然而,当法国读者发现不仅在许多机械模型中而且在一系列代数理论中,也同样没有秩序和方法,同样缺乏对逻辑的关注时,他的惊讶就是深

---

① W. 汤姆逊:《论分子动力学的讲演……》,第 11,105 页。
② 同上,第 11 页。
③ 同上,第 105 页。
④ 同上,第 131 页。
⑤ W. 汤姆逊:《科学论文》,Ⅱ,464。
⑥ W. 汤姆逊:《论分子动力学的讲演……》,第 280 页。
⑦ W. 汤姆逊:《科学论文》,Ⅲ,510。

刻而持久的了。法国读者怎能设想可能有一种非逻辑的数学发展呢？因此，在研究麦克斯韦《关于电的论文》这类著作时，他就感到茫然了。

彭加勒写道："法国读者一打开麦克斯韦的书，就有一种不舒服、甚至常常是不信任的感觉，同起初的仰慕之情混合在一起……"。

"英国科学家并不企求建立一个确定的和秩序完美的结构；他似乎更想建造大量临时性的和独立的建筑物，想在这些建筑物之间进行通讯是困难的，常常是不可能的。"

"例如，让我们来看用电介质中普遍存在的压力和张力来解释静电吸引的这一章。这一章可以删去，而不致使其余各卷变得不清楚或不完整，然而，它的内容本身就是一个完整的理论，我们不必阅读在它之前或之后的章节就可以理解它。但是这个理论不但独立于该著作的其余部分，而且正如我们后面更彻底地讨论所表明的，它很难同该著作的基本观念协调一致。① 麦克斯韦甚至并不企图建立这种协调。他的话仅限于：'我还不能进行下一步，即通过力学考虑来说明介质中的这些压力。'"

"这个例子足以使人们能够理解我的思想。我还可以举出许多其他例子；例如，当我们读到专门讨论旋转磁极化的那几页时，

---

① 实际上，麦克斯韦这一理论出自对弹性定律的完全误解，在《电磁教程》第Ⅱ、Ⅰ、Ⅻ卷（巴黎，1892）中，我们已给出证据并提出一个正确的理论来取代麦克斯韦的错误。我们计算中由于错误而忽视的术语，已由林纳德做了补充（《电光》，LII（1894），7，67），我们已通过直接分析重新得到了结果（P. 迪昂，《美国数学杂志》，XVII（1895），117）。

谁会怀疑在光和磁两种现象之间有同一性呢？"①

麦克斯韦《关于电和磁的论文》用数学形式来打扮，是徒劳的。它并不比汤姆逊的《论分子动力学的讲演》有更多的逻辑体系。它和《讲演》一样，只是一系列模型，每个模型代表一组定律，它与代表其他定律的其他模型无关，而且其他模型也常常代表一些相同的定律或其中一部分定律相同；此外，这些模型乃是一些代数符号的组织，而不是用陀螺、螺旋式弹簧和甘油构想出来的。这些不同的局部理论，是各自孤立地发展起来的，每一个都与前面一个的关系不大，但常常包括了这前一个理论的部分内容。它们更适合于想象，而不适合于进行推理。它们是绘画，创作它们的艺术家完全有自由选择它所要表示的对象，以及选择他要安排这些对象的秩序。至于他的当事人是否已经为另一幅肖像摆出全然不同的姿势，那就无关紧要了。逻辑学家们不必为此而震惊，因为画廊毕竟不是演绎之链。

八、英国方法的传播

英国思维的明显特征，就在于对具体事物的集合想像力有余，而进行抽象和概括的能力不足。这种特殊类型的思维产生出特殊类型的物理理论；同一类现象的规律不是安排在一个逻辑体系中，

---

① H. 彭加勒：《电学与光学》第Ⅰ卷：《麦克斯韦的理论与光的电磁理论》，导言，第Ⅷ页，彭加勒引用 J. C. 麦克斯韦的《论电学与磁学》，Ⅰ，174。想了解缺乏对逻辑甚至对数学精确性的关心在麦克斯韦头脑中达到什么程度的读者，会在 P. 迪昂的《J. 克莱克·麦克斯韦尔的电学理论：历史的和批判的研究》（巴黎，1902 年）一书中找到大量实例。

而是用一个模型来表示。而且,这种模型可以是由具体物体建成的机械,也可以是代数符号的组织。无论如何,英国类型的理论本身的发展并不受逻辑所要求的秩序和统一性规则的制约。

长期以来,这些特点成了英国造的物理理论的一种商标,在大陆却很少应用它们。但是近几年来情况有了变化,英国人对待物理学的方式迅速地在各国传播开来。今天,这种方式已在法国和德国习以为常地被使用了。让我们看看是什么原因导致这一传播。

首先,最好不要忘记,尽管被帕斯卡尔称为宽阔而肤浅的思维在英国人中极为盛行,但这种思维既非他们优秀的方面,也非他们独有的禀性。

确实,无论同笛卡尔还是同与任何伟大的古典思想家相比,在提出十分清晰的极抽象的观念和十分准确的极普遍的原理这一能力方面,在用无懈可击的秩序完成一系列实验或推理过程的技巧方面,牛顿都毫不逊色。他是人类所知的智力强度最高的人之一。

正如我们可以在英国人中找到(牛顿的事例肯定了这一点)有力而准确的思维一样,我们也能在英国之外找到宽阔而肤浅的思维。

伽桑狄就有这样的思维。

帕斯卡尔所明确定义的两种智力类型的对比,在伽桑狄和笛卡尔的著名争论中,①非常强烈地表现了出来。伽桑狄何等强烈

---

① P. 伽桑狄:《形而上学研究或者对于勒奈·笛卡尔形而上学的诘难与论争,以及答复》。

地坚持"思维实际上不能与想像力区分开来"这一论点;他还多么强有力地断言"想像力不能与智力区别开来,"并宣称"我们只有单独一种能力,依靠它我们一般地能知道所有的事物"![1] 笛卡尔多么傲慢地回答伽桑狄:"我对想像力所说的,已经足够清楚了——如果我们希望提防有人反对它的话,但是毫不奇怪,对于那些不思考他们所想象的是什么的人来说,我的观点似乎含混不清!"[2]这两个对手似乎明白,他们的辩论,表现出一种与哲学家中间经常进行的大多数争论完全不同的局面,他们的争论不是两个人或两种学说之间的争论,而是两类智力之间的斗争,即宽阔而浅薄的思维与有力而狭隘的思维之间的斗争:"噢,灵魂! 噢,思维!"伽桑狄喊道,他在向抽象的斗士挑战。"噢,物体!"笛卡尔答道,他以高傲的蔑视压倒局限于具体物体的想象。

至此,我们就理解伽桑狄对伊壁鸠鲁宇宙论的偏爱了。他想象的原子,除了体积极小之外,极其类似于他日常有机会看到的和可触摸的物体。伽桑狄物理学的具体性和它对想像力的可接近性可以在后面的几个段落中更清楚地显示出来,在其中,这位哲学家用自己的方法解释了他"赞成"和"反对"经院哲学的缘由:"我们必须了解,这些作用的产生,同那些在物体中以更可观测的方式发生的作用一样;惟一的区别就在于,在后一场合显得粗糙的机械在前一场合是很精致的。普通眼光无论在何处向我们显示的吸引和结合,我们看到的是钩子和弹簧,是一些抓住和被抓住的东西;无

---

[1] P. 伽桑狄:《对沉思的诘难》。
[2] 笛卡尔:《对沉思的诘难的答复》。

论在何处向我们显示的排斥和分离,我们看到的则是尖状物和矛头,是某种物体或其他能引起爆炸的物体,等等。同样,为了解释非日常可观察的作用,我们必须想象小钩子、小弹簧、小尖物、小矛针以及其他觉察不到和不可触摸的同类器械,但是,我们决不能由此推想它们并不存在"。①

在科学发展的每个时期,我们在法国都可能遇见与伽桑狄具有的同类智力的物理学家,其愿望就在于提出想像力能够掌握的解释。在给我们的时代带来荣耀的理论家中,最有天才和最多产的一位就是J.布森格,他十分清楚地表达了某些思维感觉到要能想象他们对其进行推理的物体这种需要:"人类的思维在观察自然现象时认识到,它们之中除了那些得不到阐明的混杂要素之外,有一个清晰的要素,它因其精确可靠而很可能成为真正科学知识的目标。这就是几何学要素,它与物体在空间的位置相关,并且允许我们以多少有些理想的方式去表示它们,去描绘或组建它们。它的内容就是物体或物体系统的大小和形状,一句话,就是通常所说的物体在给定时刻的结构。这些形状或结构的可测量部分是距离或角度,一方面,它们可以保持一段时间,至少多数情况如此,甚至似乎一直处于空间的同一位置,这就是我们所说的静止;另一方面,它们可以不停地、连续地变化,其位置的变化称为位置运动,或简称运动"。②

物体的这些不同结构以及它们从一个时刻到另一时刻的变

---

① P. 伽桑狄:《哲学的句法》,(里昂,1658)第Ⅱ、Ⅰ、Ⅵ篇,第XIV章。
② 布森格:《普通力学综合教程》(巴黎,1889)第1页。

化,是几何学家所能描绘的惟一要素,也是想像力本身能够清楚地表示的惟一事物。因此,按照他的说法,它们是惟一合适的科学对象。当我们把一组定律的研究变为对这种位置运动的描述时,这就真正形成了一个物理理论。直到现在,科学——就其已建立的部分或能够成为其结构的组成部分的东西而言——在从亚里士多德到笛卡尔和牛顿,从未被描绘的状态的性质或变化的观念,到已被描绘或可见的形状或位置运动的观念这一进程中,已经成长起来了。[①]

比起伽桑狄,布森格更不希望理论物理学成为一个排除想象的推理作品。他用醒目的公式来表达这方面的思想,令人想起开尔文勋爵的一些话。

然而,我们不要对此发生误解;布森格不会一直跟随这位伟大英国人到底的。如果他希望想像力能够把握理论物理所有部分的结构的话,他就不想在概括自己的结构方案时,不要逻辑的参予。他(伽桑狄也同样)决不允许这些结构缺乏秩序和统一性,以致除了由相互独立和各不相同的砖石堆积起来的迷宫而外,成为空无一物的东西。

在任何时候法国或德国物理学家都不会自觉自愿地把物理理论仅仅归结为一堆模型。那种做法并非自发地起源于大陆的科学;它是英国的舶来品。

尤其是,这是由于麦克斯韦著作的流行格式,以及这位大物理学家的注释者和追随者把它引进了科学。这样,从一开始它就以

[①] J. 布森格:《热分析理论》(巴黎,1901 年)第Ⅰ卷,第 XV 页。

明显地令人最为难的形式传播开来了。在法国或德国物理学家开始采用机械模型之前,其中有几位已经习惯于把数学物理当作一堆代数模型来处理了。

在帮助推动用这种方式处理数学物理的最杰出的人当中,援引著名的赫兹的话是恰当的。他宣称:"麦克斯韦理论就是麦克斯韦方程"。依据这一原则,甚至在表述这一原则之前,赫兹已提出了一种以麦克斯韦方程为基础的电动力学理论。[①] 他原封不动地接受了这些方程,而没有对它们进行任何讨论,也没有检查一下从中导出的定义和假说。它们被当作自足的,不必使获得的结果遵从实验的检验。

这种做法,对于代数学家来讲会是可以理解的,如果他要研究的方程是根据所有物理学家都承认并得到实验完全证实的原理推导出的话。如若发现他对方程的建立以及对实验的验证漠不关心,我们不应当惊奇,因为任何人对两者中的任何一个都不会有所怀疑。然而,赫兹所研究的电动力学方程却不是这种情况。麦克斯韦证明这些方程所多次试图运用的推理和运算,注定有矛盾、含糊不清和充满明显的错误;实验给他们带来的证实只是很局部的和十分有限的。确实,我们不得不面对这一事实:单是磁化钢的存在就与这种电动力学毫不相容,这一巨大矛盾对赫兹来说是显而易见的。[②]

---

① H. 赫兹:"论对于静止物体的电动力学的基本方程",《哥廷根信息》,1890年3月19日。《维德曼物理学和化学年鉴》XL577。《H. 赫兹全集》,第2卷,《电力传动的研究》(第2版),第208页。

② 《H. 赫兹全集》,第2册,《电力传动的研究》(第2版),第240页。

也许有人以为,接受这么一个有争议的理论之所以必要,是因为我们没有其他更具有逻辑基础、更准确地与事实一致的学说。事实并非如此。赫姆霍兹曾提出一个根据一些确立得很好的电学原理非常合乎逻辑地得出的电动力学理论,其方程中的公式表述避免了麦克斯韦著作中十分频繁出现的矛盾。他的表述解释了赫兹和麦克斯韦方程所考虑的全部事实,没有遭到实际事实的严厉反驳。毫无疑问,理性要求我们选择这一理论,但想像力却倾向于要那个由赫兹以及同时由赫维塞德和柯恩所塑造的精巧的代数模型。这个模型的使用,在那些过于微弱以致害怕冗长推理的思维中,非常迅速地传播开来。我们已经看到,未经讨论就接受了麦克斯韦方程的著作大量繁殖起来,就好像那些方程是天启的教条,其模糊之处被人们当作宗教上的神秘事物来推崇。

彭加勒比赫兹更为正式地宣称,数学物理有权摆脱过于严密的逻辑束缚,打破联结他的多种理论相互之间的联系。他写道:

"我们不应当满足于避免所有的矛盾。但我们必须为之辩护。事实上,两个相互矛盾的理论都可以成为我们探索的有益工具,只要我们不混淆它们,不对事物追根问底。如果麦克斯韦没有开辟这么多新的、充满歧义的路径,阅读他的著作也许更不会获得什么启发。"[①]

这些话,激励了法国人使用英国物理的方法,充分发挥了开尔文勋爵所明确倡导的观念。这些话并非没有反响,而且有许多理

---

① H.彭加勒:《电学与光学》,第1卷:《麦克斯韦理论和光的电磁理论》,导言,第 ix 页。

由可以肯定,这种反响是强烈而深远的。

我不必提到说这些话的人的权威性,也不必提起这些话所表达的发现的重要性;我想指出的理由虽然不是没有什么力量,但也不大合法。

在这些理由中,首先必须提到的是对外来东西的爱好,模仿外国的愿望,以按照伦敦方式打扮自己身心的需要。在那些宣称麦克斯韦和汤姆逊的物理学要比法国的至今仍是古典的物理学更好的人当中,许多人只是援引一个主题:它是英国的!

而且,对英国方法的高度推崇占据了优势,使人们忘记了他们在运用法国方法时是多么无能,也就是对他们来说,要构想抽象观念和遵循严格的推理路线是多么困难。丧失思维力量的这些人,试图通过宽阔思维这外来的方法,使人们相信他们是有充分智力的。

然而,如果不是由于工业的需要将它们结合起来,这些原因也许不足以保证英国物理学在今天如此的流行。

企业家经常具有宽阔的思维;安装机器、处理商业事务、管理人事的需要,使他早已习惯于清晰而迅速地观察复杂的众多具体事实了。但是,他的思维几乎总是十分肤浅的。他的日常工作使他脱离了抽象观念和普遍原则。他组织有力思维的能力逐渐萎缩,好像器官不再发生作用了。因此,英国模型对他来说不能不说是一种最适合于他的智能的物理理论形式。

显然,他希望以这种形式向那些指导车间和工厂的人阐述物理学。再者,未来的工程师需要短期的指导;他急于要用他的知识赚钱,他不能浪费时间,对他来说时间就是金钱。而抽象物理首先关心的是它正在建造的建筑物的绝对坚固性,它并不知道这种狂热的性急。它希望将大厦建筑在磐石之上,为了实现这一目标,长时间的挖掘是必要的。它要求那些想当学生的人,思维要经过各种逻辑的训练,并通过数学的训练使之变得更灵活;想用任何中间物和复杂物取代它们,都不会受欢迎。怎能期望那些关心有用而非真实东西的人会自愿服从这些严格的训练呢?为什么他们不能选择另一种需要想像力的更快的理论程序呢?因此,那些受委托讲授工程学的人,就迫切要采用英国方法并讲授英国的物理学对这种物理学,甚至在数学公式中我们看到的也不过是模型而已。

他们中的大多数人对这种压力并没有什么抵制,反而甚至扩大了英国物理学家所公开表明的对秩序的藐视和对逻辑严密性的厌恶。他们在讲演或论文中承认一个公式时,从不追究这个公式是否准确或正确,而是只看它是否方便,是否需要想像力。对一个没有痛苦的义务来仔细阅读许多物理学应用的专著的人来说,是想不到他对这些著作中贯彻的所有合理方法和正确的推理厌恶到什么程度的。他们把最昭彰的谬论和最荒谬的演算在光天化日之下刻意加以渲染,在工业教育的影响下,理论物理学已变成为对精密思维完整性的不断挑战。

事实上,这个魔鬼不仅涉及到培养未来工程师的课文和课程,而且许多人已经把这些厌恶和偏见到处加以传播。他们把科学和工业混为一谈,见到布满灰尘、烟雾、臭味的汽车,就认为这是人类精神的凯旋车。高等教育已经深受功利主义的毒害,中等教育已成为经验主义的牺牲品。在这种功利主义旗帜下,那些迄今被用来阐述物理科学的方法被一扫而空。抽象和演绎理论均遭拒斥,以便给学生提供具体和归纳的观点。我们不再想向年轻人的思维灌输观念和原则了,而是灌输数字和事实来代替。

我们不必再花费时间来更多地讨论这些需要想象的低级而堕落的理论了。

我们提醒那些假内行,如果说模仿外国人的缺点很容易,那么,获得能代表他们特征的遗传品质则要困难得多。假内行也许完全能摒弃法国思维的力量,却丢不掉它的严格性;他们能够轻易地同英国人在思维的狭窄方面进行竞争,却难以和他们在思维的宽阔性方面见高低。这样,他们将谴责自己,因为他们具有的是既微弱又狭窄的思维,也就是说错误的思维。

我们提醒那些只顾方便而不管公式是否准确的企业界人士注意,由于逻辑的难以预料的报复作用,简单但是错误的方程早晚会变成失败的事业,爆裂的堤坝,崩溃的桥梁;即使它不扼杀人类的生命,它也是对钱财的毁坏。

最后,我们要向功利主义者——他们以为只讲授具体的事物就可以培养务实的人——表明,他们的学生不久就会成为循规蹈矩的工匠,机械地使用他们并不理解的公式;因为只有抽象和普遍原则才能在未知领域引导思维,并向他提示解决难以预料的困难。

九、利用机械模型有利于发现吗?

为了公正地评价想象类型的物理理论,我们且不把这种理论仅仅看成是那些宣称要利用它而又没有宽阔思维的人向我们介绍的那样,宽阔思维是需要恰当对待的。让我们只把它看做那些以丰富想像力创造了它的人向我们所展示的那样,特别地,是像伟大的英国物理学家向我们所展示的那样。

关于英国人对待物理学所用的程序,有一种流行的陈腐看法,根据这种看法,虽然逻辑一致性对旧理论十分重要,但我们要放弃对这种一致性的关心,而用一些相互独立的模型来代替以往所用的联结严密的推理,赋予物理学家所需要的轻快与自由,就极其有利于科学发现。

我们认为,这种看法包含了极大成分的妄想。

坚持这种看法的人,总是把人们通过完全不同的程序做出的发现,归功于模型的利用。

从大量的事例看,模型是由早已形成的理论,通过该理论作者本身或者通过其他一些物理学家建立起来的。而后,模型又逐渐地把它前面的抽象理论忘掉了,而如果没有这种抽象理论,模型是不会被构想出来的。看起来模型似乎是发现的工具,但实际上它只是说明的手段。事先未经告诫,没有时间调查历史根源的读者,才会被这种说法所蒙蔽。

例如,让我们来看看埃米尔·皮卡的科学报告(发表在1900年巴黎科学博览会上),这个报告用宽阔而朴实的线条描述了1900年的科学状况。[1] 读一读专门讨论当代物理学的两个重要理论的段落,这就是液态的连续性理论和渗透压强理论。在这些理论的

---

[1] 《1900年巴黎万国博览会——国际评审团报告》(巴黎,1901),总引第Ⅱ篇,"科学"(作者:埃米尔·皮卡),53页以后。

创立和发展的过程中,关于分子及其运动和碰撞的模型和想象性假说似乎发挥了极大作用。在向我们提出这种观点时,皮卡的报告非常确切地反映了我们每天在课堂和实验室中听到的观点。但是这些观点是没有基础的。我们所研究的这两种学说的创立和发展过程表明,机械模型的利用几乎没有起什么作用。

液态和气态之间具有连续性的思想是由安德鲁根据实验归纳出来的。也正是由于这种归纳和概括,使汤姆逊构想出了理论等温线的观念。吉布斯根据典型的抽象理论的学说,即根据热力学,对这一新的物理学推导出一个十分连贯的解释,而就是这个热力学,给麦克斯韦提供了理论等温线和实际等温线之间的本质关系。

当抽象热力学因此而显示其丰富性时,范德瓦尔斯从他这方面通过关于分子运动性质的假设,接触到了关于液态和气态之间具有连续性的研究。动力学假说对这一研究的贡献就在于理论等温线方程,从中可以推导出相应态的定律。但是,一接触到事实,人们立即发现等温线公式太简单了,相应态的定律也太粗糙了,以致具有一定精确度的物理学不能保留它们。

渗透压强的历史也是比较清楚的。抽象热力学从一开始就给吉布斯提供了关于它的基本公式。热力学在范特霍夫最初的工作过程中也是惟一的指导,而实验的归纳给拉乌特提供了这一新学说发展所必需的公式。这个新理论在机械模型和动力学假说向它提供它没有要求的帮助时,已经成熟并且有了本质上的活力。这些没有要求的帮助,并未对它起什么作用,它也并未从它们得到什么。

因此,在把理论的发现归功于今天妨碍理论的机械模型以前,

第四章 抽象理论和机械模型

我们最好能肯定这些模型曾支持或帮助过该理论的产生,并确信这些模型不是寄生的,也没有捆扎在早已繁盛和洋溢着生命气息的树上。

同样,如果我们想准确地评价利用机械模型可能富有成果,那我们最好也不要把这种利用同类比的利用混淆起来。

物理学家——在抽象理论中对某类现象寻找其规律的统一性和分类的人——经常要靠他在这些现象和另外一类现象之间看到了类似来引导自己,如果后一类现象在一个令人满意的理论中已经有序化,并有组织,物理学家就会试图以同样的方式和形式来组织前者。

物理学史向我们表明,在两类不同现象之间寻找类似之处,也许是在所有用于建立物理理论的程序中最有把握和最富有成果的方法。

例如,人们在光所产生的现象同那些构成声音的现象之间有类似之处,这就给惠更斯提供了获得了如此奇异结果的光波概念。后来,同样是这种类比,使马勒伯朗士和后来的杨用一个类似于表示单音的公式来表示单色光。

关于热的传播和导体中电的传播有类似之处的见解,使欧姆有可能把傅立叶为前者设立的方程整个转用到后一类现象上。

磁和电介质极化理论的历史,简要地说,也是物理学家长期在磁和绝缘体之间寻求类比的发展史。感谢这一类比,使两个理论中的每一个都从对方的进展中获益匪浅。

物理学对类比的应用,常常采取更精确的形式。

从抽象理论可以推演出迥然不同的两类现象,可以发生这样的情况:表述其中一个理论的方程,与表达另一个理论的方程在代数形式上完全相同。因此,尽管两个理论从它们所协调的规律的性质来看基本上属于异类,但代数学可以在两者之间建立起确切的对应关系。每个理论中的每个命题,都可以在另一理论中找到对应的东西;在第一个理论中解决的每个问题,可以在第二个理论中提出和重新解决相似的问题。两个理论中的每一个都可以用来说明另一个,按照英国人的说法,"靠物理学的类比",麦克斯韦说道,"我的意思是,在一门科学的定律与另一门科学的定律之间有一部分相似,就使两门科学中的一个可以用来说明另一个"。①

下面举的例子,是两个理论可以彼此说明的一个例子。

发热物体的观念和带静电物体的观念基本上是两个异类概念。在一组良好的热导体中稳态温度分布所遵循的定律,和一组良好的电导体中电平衡态所遵循的定律属于截然不同的物理对象。但是,用来分类这些定律的两个理论,却可以用两组在代数上彼此没有什么区别的方程来表示。因此,每当我们解决一个有关稳态温度分布的问题时,实际上也就是解决了静电学中的问题,反之亦然。

两种理论之间这种代数上的一致,这种彼此可以相互说明的情况,是一件有无限价值的事:它不仅带来显著的智力经济——因为它允许人们把建立一个理论所用的全部代数工具马上转用到另一个理论上,而且这也是一种发现的方法。事实上,在这两个具有相同代数格式的领域中,也许刚巧有一个领域里的经验直觉十分自然地提出问题,并提示如何解决它,而在另一领域,物理学家也

---

① J. 克莱克·麦克斯韦:《科学论文集》,I,156。

第四章 抽象理论和机械模型

许就不能如此轻易地表述这个问题或给出它的这个解答了。

因此,这些不同的诉诸两组物理定律或两个不同理论之间类比的方法,是有利的发现,但我们不应当把它们同模型的运用混淆起来。类比就在于把两个抽象体系联系在一起;或者两个体系中,已知的体系可以用来帮助我们猜测另一个尚属未知的体系形式,或者两者都被表述,彼此相互阐明。这里,没有什么能够使最严密的逻辑学家惊讶,但也没有什么令人想起宽阔而肤浅的思维所喜爱的程序,没有什么会使想像力的利用代替推理的运用,没有什么能拒斥由逻辑引导来理解抽象概念和全称判断,以便用具体事物集合的眼光取而代之。

如果我们避免将事实上是由于抽象理论的应用而导致的发现归因于模型的利用,如果我们也小心谨慎地不使这些模型的应用与类比的应用混淆起来,唯象的理论在物理学进步中的确切作用又如何呢?

在我们看来,这个作用十分微弱的。

最正式地用模型的观点来鉴别对理论的理解的物理学家,就是开尔文勋爵,他由于令人称羡的发现而声名卓著,但我们看不出,他的发现有哪一项是靠唯象物理做出的。他最漂亮的发现是热向电的转换、可变电流的特性、振荡放电定律及许多其他长得不能列举的发现,这都是借助热力学和经典电动力学的抽象理论得到的。一旦他要求助于机械模型,他就把自己局限于对早已获得的结果进行解释或表示的工作了,这就是说,这时他就没有作出什么发现了。

静电学和电磁作用的模型帮助麦克斯韦创立了光的电磁理论,我们也同样看不出来。毫无疑问,麦克斯韦试图从这个模型得出这一理论的两个基本公式。然而,指导他去尝试的方式本身向我们表明,他所得到的结果显然是他通过其他某些方法获得的。他希望不惜代价地保留这些结果,甚至要篡改弹性的基本公式。①他并不能创立他所设想的理论,除非完全放弃对任何模型的应用,并通过类比把电动力学的抽象理论推广到位移电流。

因此,无论是在凯尔文勋爵还是在麦克斯韦的著作中,机械模型的应用都没有表明它具有像现在这样轻易地归诸它的那种富有成果性。

难道这意味着至今都没有一个发现是由物理学家用这种方法做出的吗?这一主张会是滑稽可笑的夸大。发现并不受制于任何固定的规则。没有一种学说是如此愚蠢,以至于它不会在某一天产生出新奇而巧妙的思想。在天体力学原理的发展过程中,占星术就曾经发生过作用。

此外,任何否认使用机械模型具有成效的人,都会与一些最近发生的事例相抵触。我们可以举出洛伦兹的光电理论为例,这个理论预期磁场中会出现双重光谱线,并激励了塞曼去寻找和观察这一现象。我们还要举出汤姆逊所想象的机械,它表示通过气体的一段电流以及与之相关的奇妙实验。

毫无疑问,这些相同的事例都适合于进行讨论。

我们可以看到,洛伦兹的光电体系,虽然是建立在机械假说的基础上,但它不单是一个模型,而是一个广泛的理论,其各个部分

---

① P. 迪昂:《J. 克莱克·麦克斯韦的电学理论:历史的和批判的研究》,(巴黎,1902),第212页。

在逻辑上都是有联系、相协调的。此外,塞曼现象还远没有证实启发这一发现的理论,它的结果首先是证明了洛伦兹的理论不应保持原样,并说明至少需要对它进行某些深刻的修正。

我们也可以看到,汤姆逊提供给我们想象的描述与观察得很好的气体电离事实之间的联系,乃是很松散的联系。机械模型与这些事实并列起来,也许不是清楚地阐明我们所要做的发现,而是搅混了已经做出的发现。

但我们不必在这些细微末节上浪费时间。让我们坦率地承认,机械模型的应用能够引导某些物理学家走上发现的道路,并且仍能导致其他发现。至少可以肯定,它没有给物理学带来进步,不要以为它可以给物理学作出极大贡献。如果与抽象理论取得的丰硕成果相比,它倾注到我们知识宝库中的战利品是显得十分贫乏的。

十、机械模型的应用会妨碍我们对抽象和逻辑有序理论的探索吗?

我们已经看到,在要求应用机械模型的人当中,最杰出的物理学家远不是把这种形式的理论当作发现的工具,而是当作阐释的方法。开尔文爵士本人并没有宣布他所建立的大量机械模型具有非凡的能力。他仅限于宣称,这些具体描写的帮助,是他的理解力所不可缺少的,没有它们,他就不能对理论有一个清晰的理解。

那些有力的思维,不需要为了构想一个观念而用具体的想象使它具体化,这种思维不能在理性上否认宽阔而无力的思维,它不能轻易地构想没有形状或没有无颜色的东西;它也不能放弃用视觉想象来描绘物理理论对象的权利。推动科学发展的最好途径,就是让各种智力形式按照自身的规律来发展自己,并充分认识自己的方式。那就是说,让有力的思维依靠抽象概念和普遍原则,而宽阔的思维则消化可见的和有形的事物。一句话,不强迫英国人用法国方式来思维,也不强使法国人用英国格式思维。这一智力自由主义的原则,被人们理解和实践得太少了,它是由赫姆霍茨表达出来的,他具有正确而有力的思维,是一位颇负盛名的天才。他说:

"凯尔文勋爵曾经表述过他的涡旋原子论,麦克斯韦曾经想象过他的蜂窝体系内部是由旋转运动激活的假说,这个假说可以用来作为他对电磁现象尝试作出机械解释的基础。像这样一些英国物理学家,如果满足于用一组物理微分方程来对事实及其规律做非常一般的描述,那么,他们就可以从上述那些解释中明显地找到更强烈的满足。至于我本人,我必须承认我仍喜爱后一种描述方式,比起其他方式来,我更相信这一方式。但我原则上不持任何异议,来反对这些大物理学家所追求的方法。"①

此外,要了解有力的思维是否会容忍具有想像力的人所应用的描述和模型,在今天已不再成为问题了;问题毋宁说是要了解他们是否会保留权利,要求物理理论要有统一性和在逻辑上协调。具有想像力的人事实上不只限于要求,具体描述的应用对理解抽

---

① 赫姆霍茨为赫兹的著作《力学原理》所作的序(莱比锡,1894),第21页(英译者注:英译书名为《力学原理》(伦敦,1899))。

象理论是必不可少的。他们主张,在物理学的各章建立一个适当的机械模型或代数模型,而不必参考用于说明前一章的模型,就可以满足理解力的全部合理愿望了。他们主张,某些物理学家力图根据数量尽可能少的独立假说来建立逻辑上相联系的理论,这种尝试是一种不能满足健全思维需要的劳动,结果,那些职责在于指导研究、给科学研究指出方向的人,应当使物理学家从这种无效的劳动中解脱出来。

每个具有微弱思维和功利主义的人,每天都在用上百种不同的形式,一再向我们重复着这些主张。我们为了保持逻辑上协调的抽象理论具有合法性、必要性和无上价值,我们针对这些主张将说些什么呢?我们如何回答现在紧迫地困扰着我们的这个问题:借助于几个理论(每个理论赖以建立的假说都与其他理论的基本假说不相容),我们可能将几个不同组的实验定律、甚至单独一组的定律符号化吗?

这个问题我们不必犹豫即可回答:如果严格限于纯逻辑的考虑,我们是不能阻止物理学家用几个不相容的理论来表示不同组的定律,甚至单独一组定律的;我们也不能谴责物理理论中的前后不一致。

这一宣布似乎会使那些把物理理论当作是对无机界的规律作解释的人十分反感。的确,如果假定物质是由某种方式所组成并以此来解释一组定律,然后又假定物质是由完全不同的方式所组成,去解释另一组定律,这样做会是荒谬的。解释性的理论完全有必要对于哪怕是矛盾的迹象都应当避免。

但是,如果我们承认,我们的目标仅在于确认,物理理论只不过是对一组实验定律进行分类的体系,我们怎样能根据逻辑规则有权去指责为了有秩序的定律而使用不同分类方法的物理学家呢？或者去指责物理学家对同一组定律根据不同的方法得出不同的分类而作出的建议呢？博物学家根据神经系统的结构对一群动物进行分类,而后又根据循环系统对另一群动物进行分类,逻辑分类禁止他们这样做吗？一位软体动物学家,当他首先阐述根据神经纤维的排列划分软体动物的布维埃体系,然后又去阐明根据博雅鲁的器官研究进行比较的雷米·泊瑞埃体系时,他会陷入荒谬吗？例如,物理学家在逻辑上有权先认为物质是连续的,然后又把它看成是由分子原子组成的;有权根据稳态粒子间作用的吸引力解释毛细管现象,然后又赋予这些粒子以快速运动,以便解释热现象。这些矛盾之处,没有一处是违背逻辑原则的。

逻辑明显地赋予物理学家的惟一一项义务是：不要混淆或混合他所使用的不同分类方法。也就是说,当他在两个定律之间建立起某种联系时,他在逻辑上有义务用所提出的方法以精确方式注意证实这一联系。彭加勒在我们早已引用过的一段话中表达了这一思想："事实上,两个相互矛盾的理论都可以成为有用的研究工具,只要我们不把它们混淆在一起,在它们中对事物不追根问底"。①

因此,对于要求我们必须把无任何矛盾的秩序赋予物理理论的人,逻辑并没有提出什么不能解答的论证。如果认为科学的趋

---

① H. 彭加勒：《电学与光学》,第 1 卷：《麦克斯韦理论和光的电磁原理》,导论,第 ix 页。

势是走向最大智力经济这一点是一个原则的话,那我们有足够的根据赋予这一秩序吗?我们并不这样想。

本章一开始,我们就指出了不同种类的思维如何以不同方式去判断从一个智力操作得出的思维经济。我们看到,在有力而狭窄的思维中感到可以使理论更简单的地方,宽阔而无力的思维却会觉得极复杂。

显然,适合抽象概念的思维,适合形成全称判断并建立了严密的逻辑推理但容易在相当复杂的事实集合中失足的思维,将找到一个比较令人满意和极其经济的理论,使其中的秩序更完美、更少被空白或矛盾所破坏。

但是,想像力宽阔得一瞥就能把握由完全不同的事物组成的复杂集合时,往往感觉不到有必要将这个集合纳入秩序之中。这种想像力通常伴随着足够微弱无力的推理,以至害怕抽象、概括和演绎。思维中这两种素质是有联系的,对这类思维我们将看到,把理论的不同片段协调为单一的体系而付出的逻辑劳动是相当大的,并且,这给它们带来的麻烦并不亚于看到那些互不相关的片段。他们不会以任何方式来判断从不一致到一致这一阶段是否是经济的智力操作。

矛盾的原则或思维经济的规律都不允许我们用无懈可击的方式来证明物理理论应当是逻辑上协调的;我们从哪里才能推断出有利于这一观点的论据呢?

这一观点是合理的,因为它是我们固有感觉的结果,这种感觉不能根据纯逻辑的考虑来证明其合理,但也不能认为它完全没有。有些物理学家发展了理论,但其各部分不能调和在一起,理论的各个章节只描述了许多孤立的机械模型或代数模型。他们只是勉强这么做的,并且时时后悔。读一读麦克斯韦在《关于电和磁的论文》这篇论文的开头所写的序言就够了,这篇文章中充满了不能解决的矛盾;从中我们可以看到,这些矛盾并非他们所企图或渴望的,作者希望得到的是协调一致的电磁理论。凯尔文勋爵在建立其难以计数的完全不同的模型时,一直希望将来有一天能对物质作出机械的解释。他希望把他的模型看做是为了导致这一解释的发现而打开通路的。

自然,每个物理学家是一心要科学统一的。这就是为什么我们应用的各种完全不同和不相容的模型仅仅是在近几年来才被提出来的原因。理性要求理论的各个部分都是在逻辑上统一的,而想像力则希望理论的这些不同部分尽量具体而形象化,如果我们对物理定律能够做出完全的和详细的机械解释,那也许就可以看到,这两种倾向结合在一起了。因此,理论家长期热情地工作,就是为了朝着这一解释前进。当这些努力没有效果而清楚地表明,获得这一解释的希望乃是一种幻想时,[①]物理学家就相信,他们不可能同时满足理性的要求和想像力的需要,而必须在两者之间作一选择。有力而正确的思维首先要受理性的制约,它不再要求物理理论要对自然规律作出解释,以捍卫其统一性和严密性;宽阔而无力的思维,则是受比理性更强的想像力的引导,它放弃了建立逻辑体系,以便让其理论的片断以可见的和可触摸的形式出现。但是后一类人,至少是其思想值得加以考虑的那些人,绝没有完全和

[①] 对这一点更详细的讨论,读者可参见我的《力学的演化》(巴黎,1903)。

最终放弃那种期望。他们从来都不建立孤立的和完全不同的建筑,除非作为临时避难所,作为准备迁移的脚手架。他们仍没有绝望,总希望有一天能看到一位天才的建筑师建立起一个结构,其各个部分都按照完美统一的安排发挥其全部作用。把脚手架当做完整的建筑,只有那些憎恨智力力量的人才会错到这种地步。

因此,所有能够思考和认识自己思想的人,自己都会感到有一种不可遏制的、寻求物理理论逻辑统一的渴望。而且,这种希望理论的各部分在逻辑上彼此完全一致的渴望,乃是另一种渴望的不可分离的伴侣,它希望理论能对物理定律进行自然分类,这种渴望的不可压服的力量,我们先前已经肯定了。① 的确,我们感到,如果事物的真实关系不能被物理学家所用的方法所把握,而这些关系不知为什么又反映到了我们的物理理论中,那么,这种反映是不会缺乏秩序和统一的。如果要用令人信服的论据来证明这种感觉是与真理一致的,那会是物理学手段所不能解决的任务。当作为这种反映之源的物体不为人们所见时,我们怎样才能或对什么指明这反映所应呈现的特征呢?然而,这种感觉在我们中间汹涌着,它有着难以制服的力量;在这里只看见罗网和幻想的人,不论是谁,都不会被矛盾原则所驳倒,但却会被普通常识逐出门外。

在这种情况下,和所有其他的情况一样,科学如果不回到普通常识中来,它就没有力量去建立其自身原则的合理性,而这些原则可以概括它的方法并引导它去探索。在我们表达得最清晰、推导最严格的学说底层,总可以重新找到种种倾向、渴望和直觉所组成

---

① 参见本书第2章,第4节。

的混乱集合。任何的分析都没有足够的洞察力能够把它们分开,或将它们分解为较简单的要素;任何语言的精确性和灵活性都不足定义和表述它们。然而,这种普通常识所揭示的真理是如此清晰,如此确定,以致我们既不能误解它们,也不能对它们加以怀疑;而且,所有科学的清晰性和确定性,都是这些普通常识真理清晰性的反映和确定性的延伸。

因此,理性上没有什么逻辑论据可以把一个会打破严密逻辑链条的物理理论中止下来,但是"当理性软弱时,大自然会支持它,并且,甚至在那一点上,也会阻止它胡说八道"。[1]

---

[1] B.帕斯卡尔:《思想录》,哈维编,第8篇。

第 二 篇

物理理论的结构

第一章 量和质

一、理论物理学是数学物理学

在本书第一篇所阐述的讨论中已经确切地告诉我们物理学家在建立理论时所应持有的目的。

物理理论乃是一个由逻辑上有联系的命题组成的体系,而不是一系列不连贯的力学模型或代数模型。这个体系的目的不是要对实验定律提供一种解释,而是要对它作出描写和自然分类,因而它是整个被接受下来的。

要把大量的命题按照完备的逻辑秩序连贯起来,这不是轻易就能满足的要求。多少世纪以来的经验表明,在那些看起来最无可指责的演绎推理的系列中,又是多么容易地犯错误。

然而,有一门科学,其中逻辑所达到的完善程度,足以使它轻易地避免错误,并且当它犯了错误时也容易识别出来,这就是关于数字的科学,也就是算术及其推广形式——代数学。它之所以完备,是由于它有一种非常简略的符号语言,其中,每个观念都可以用一个有明确定义的符号来表示,而且每一句演绎推理都可以用符号按照严格固定的规则结合起来的运算来代替,用精确性总是容易检验的演算来代替。这种运算迅速、结构严谨的代数符号系统,保证了学术的进步,几乎可以完全不考虑竞争学派的对立学说。

曾经使16世纪和17世纪在历史上处于显赫地位的天才们发表过许多著名的主张。其中有一种主张认为,物理学如果不使用几何学家的语言,它就不可能成为一门清晰严格的科学,就无法要求人们普遍同意它的学说,而只能沦为到那时为止一直在历史上占据主导地位的永无休止的无益争论。在物理学必须是数学物理学这种思想的指导下,他们创造了一门真正的理论物理学。

创立于16世纪的数学物理学,由于在研究自然方面取得了可观而又稳定的进展,从而证明了它是物理学的正确方法。如果今天还要否认物理理论应该用数学语言来表达,那就不可能不使具有普通常识的人深感震惊。

为了要使物理理论能够用一连串的代数演算形式描述出来,理论中所使用的全部观念都必须能够用数字来代表。这就使得我们要向自己提出下述问题:在什么条件下,可以用数字符号来表示物理属性呢?

二、量和测量

对于上述问题,在我们的大脑中立即显现出来的第一个答案是:为了使物体中所具有的某属性可以用数字符号来表达,其充分必要条件是(用亚里士多德的语言来说)这一属性属于量的范畴,而不是属于质的范畴。用更易于被接受的现代几何学的语言来说,则其充分必要条件便是这一属性要有量值。

第一章 量和质

量值的本质特征是什么呢？我们通过什么标记才能认识到，比如说一条线的长度就是一个量值呢？

通过相互比较不同的长度，我们便得出等长和不等长的概念，它们表现有如下特征：

与同一长度相等的两个长度，彼此相等。

若第一个长度大于第二个，而第二个长度又大于第三个，则第一个长度就大于第三个。

这两个特征已经使我们能够表达这样的事实，即通过运用算术符号 = 来表示两个长度彼此相等，并写成 A = B。同样，我们也能表示另一个事实，即 A 比 B 长可写成 A > B 或 B < A。实际上，在算术或代数中所使用的等号或不等号的惟一性质就是如下所述：

1. 若有二个等式 A = B 和 B = C，则意味着等式 A = C 成立。

2. 若有两个不等式 A > B 和 B > C，则意味着不等式 A > C 成立。

当我们用等号和不等号来研究长度时，这些性质仍然属于相等与不相等的符号。

让我们把几个长度首尾连接起来；这样我们就得到一个新的长度 S，它比其中各个长度 A，B 和 C 都大。当我们改变各个长度的连接顺序时，S 并不改变；当我们把其中某几个长度（如 B 和 C）用它们首尾相连而得出的长度来代替时，S 同样也不改变。

这几种特征使我们能够用算术的加法符号来表示把几个长度连接起来的运算，并写成：S = A + B + C + ……

事实上，根据我们刚才所说的，我们可以写成

$$A+B>A, A+B>B$$
$$A+B=B+A$$
$$A+(B+C)=(A+B)+C$$

现在,这些等式和不等式代表的仅仅是算术的基本公式。用算术组合数字而构想出来的所有演算规则,都可以推广并运用于长度。

在这些推广中,最直接的就是乘法运算;把 n 段彼此相等且与长度 A 相等的长度连接起来所得到的长度,可以用符号 n×A 来表示。这一推广就是长度测量的出发点,并且使我们有可能用一个数字来表示长度,并伴随某个标准的名称或选用一个对所有长度都适用的长度单位。

让我们选择一个比如"米"这样一个标准长度,它是我们给定的存放在国际重量和测量署中的某一金属棒在非常特殊条件下的长度。

n 个等于一米的长度首尾相连起来,就能重新得到某种长度;数字 n 后面跟一个名称"米"就可以准确地代表了这一长度;我们称之为 n 米长。

其他长度不能用这种方法表示,但它们可以用如下方式重新得到:把 p 个相等的小段首尾连接起来得到一个长度,而同时把 q 个相同的小段一个接着一个放在一起就会重新得到一米长。当我们说出后面带有米这个名称的分数 p/q 时,这个长度我们就全然明白了;它就是 p/q 米长。

如果继续用这个标准名称,那么用无理数也能代表一个长度,它不属于我们刚才所定义的两类长度中的任何一个。总之,无论

第一章 量和质

什么长度,当我们说它是 x 米长时,我们就能完全知道它有多长,不管 x 是整数、分数还是无理数。

于是,我们用来表示把几段长度首尾连接起来这一操作的符号加法 A + B + C + ……,就可以用一个真正的算术和来替换。我们用一个单位(比如用米)来测量各个长度 A、B、C……就够了;因此我们就得到数字 a、b、c……。A、B、C……首尾连接起来形成的长度 S(也用米来测量),就可以用数 S 来表示,它等于测量长度 A, B, C,……所得的数字 a, b, c……的算术和。用符号来表示各段长度与总长度之间的等式就是:

$$A + B + C + \cdots\cdots = S$$

它可以用表示这些长度的米数的算术等式来代替:

$$a + b + c + \cdots\cdots = S$$

因此,通过标准长度的选择并通过测量,我们就可以给出算术和代数的符号,用来表示以数字去完成的运算,从而就能表示用长度来进行的操作。

我们刚才关于长度所说的内容,同样也适用于面积、体积、角度和时间;凡是有量值的物理属性都表现有类似的特征。在每一种情况下,我们都会看到量值的不同状态,它们表示了相等或不相等的关系,这些关系可以用符号"="、">"或"<"来表示;我们总能使这个量值适合一种具有交换和联合双重性质的运算,因而能用算术加法符号即 + 号来表示它。通过这种运算,可以引入测量来研究这个量值,并使我们能够完全用整数、分数或无理数的结合和一种测量单位来确定它;由一个具体数字的名称就可知道这一结合。

三、量和质

所以,任何属于量这个范畴的属性的基本特征是:量的量值,其每个状态总可以通过比这同一个量的其他更小的状态相加而形成;每个量都是通过比它更小的一些量的交换和联合运算而得到的一种结合,但这些量必须是同一类的,它们是该量的各部分。

亚里士多德的哲学曾经用一个公式表示这一点,但它是太简要了,以致没有充分表明他思想的全部细节。他只是说,量就是具有互为外部的部分的东西。

每一种非量的属性就是质。

亚里士多德说,"'质'就是包含有许多意义的那些词汇中的一个词汇"。作一个圆或三角形,这几何图形的形状就是一种质;物体的那些可观测的性质,诸如热或冷,亮或暗,红或蓝等等都是质;要有良好的健康是一种质,要有道德是一种质;要成为语法家、数学家或音乐家——这都是质。

亚里士多德补充说道:"有些质不能用较多或较少来度量,一个圆不能说是更圆或更不圆;三角形也不能说是更多的三角形或更少的三角形。但是绝大多数的质能够用较多或较少来度量;它们能用强度来表达;白的东西可以变成更白些"。

乍一看来,我们可能试图在同一个质的不同强度和同一个量的量值的不同状态之间建立一种关系,就是说,去比较强度的增高(intensio)或降低(remissio)与长度、面积或体积的增加或减少。

例如,A、B、C……是几位不同的数学家。A 可以是像 B 一样优秀的数学家,或者更优秀,或者不那么优秀。如果 A 像 B 一样优秀,B 又像 C 一样优秀,那么,A 就像 C 一样优秀。如果 A 比 B 更优秀,B 又比 C 更优秀,则 A 也就比 C 更优秀。

又如,A、B、C……是我们将要比较它们色彩浓淡的红色物质。物质 A 也许与物质 B 一样红,或者不如它红,或者比它更红。如果 A 与 B 一样红,B 又与 C 一样红,那么 A 就与 C 一样红。如果物质 A 比物质 B 更红,而 B 又比物质 C 更红,则物质 A 就比物质 C 更红。

因此,为了表示同一种类的两个质具有或不具有相同的强度这一事实,我们可以用符号 = , > 和 < ,这些符号的性质与它们在算术中所具有的相同。

关于量和质之间的类比就谈到这里。

我们曾经说到,一个大的量总可以通过同一种类的若干个小量相加而成。一口袋小麦里的大量麦粒总可以通过一堆堆的麦粒相加而得到,每一堆所包含的麦粒少些。一个世纪是一年年的持续;一年又是一天天、一小时一小时和一分钟一分钟的持续。一条几英里长的路,徒步旅行者是通过他所迈出的短短的一步接一步地走过的。一块大面积的田野也可以分割成一块块较小的面积。

然而,这种情况不能应用于质的范畴。你可以把你所能找到的所有的平庸数学家带到一个大会上去,但是你找不到一个与阿基米德或拉格朗日相同的人。在红衣服上缝一块深红色的补丁,你也不能得到颜色更红的衣服。

属于某一类别,具有一定强度的质,决不能以任何方式从同一种类但强度较弱的质中得到。每一种质的强度都有自己独有的特征,这些特征使它与那些较大或较小强度的绝对不一样。一个具有一定强度的质,并不包括一种具有更大强度的同一种质来作为它自己的整合部分。沸腾的水比沸腾的酒精更热,后者又比沸腾的乙醚更热,但是无论是酒精还是乙醚的沸点,都不能成为水的沸点的一部分。谁要说沸腾的水的热量是沸腾酒精的热量与沸腾乙醚的热量之和,那都将是无稽之谈。① 狄德罗经常开玩笑地问,需要多少雪球来加热一个炉子;这个问题只会使那些混淆了质和量的人感到困惑。

因此,在质的范畴中,我们找不到什么类似于大量用作为其部分的小量形成这样的东西,我们也没有发现可以用"+"来表示的"加法"这个名称所具有的交换和联合运算的优点。因此基于加法观念上的测量也不能用到质上。

四、纯定量的物理学

每当一种属性,或者是一个量能被测量时,代数的语言就变得易于表达该属性的不同状态了。这种代数表达的能力是否特别适用于量,而对于质则完全不适用呢? 那些在17世纪创造了数学物理学的哲学家确实是这样认为的。因此,他们为了建立他们所追求的数学物理学,不得不要求其理论只能完全处理量,并严格禁止任何定性的概念。

---

① 当然,读者知道我们是在日常意义上谈论"热量"这个词的,它与物理学家所赋予的"热量"概念没有什么共同之处。

第一章 量和质

而且,同样是这些哲学家全都认为物理理论不是对经验规律的描述,而是对它们的解释。在他们看来,结合在物理理论命题中的观念,不是可观测性质的标记和符号,而是现象背后所隐藏的实在的真正表达。因此,我们的感官以质的巨大集合形式提供给我们的物理宇宙,不得不作为量的体系被提供给思维。

在17世纪崛起的伟大科学改革家的这些共同愿望,在笛卡尔哲学的创立之中达到了顶峰。

笛卡尔物理学的目的就是要我们在研究物质的东西时把质从中完全消除掉,这实质上是他的物理学的确定特征。

在各门科学中,只有算术及其推广形式的代数可以完全不需要从质的范畴借用任何概念,并且只有它才能适合笛卡尔对完备的自然科学所提示的理想。

当思维涉及几何学时,它就遇上了质的要素,因为这门科学仍然"局限于考虑图形,以致若不付出巨大的想象它就不可能得以理解"。"古代人曾经对在几何学中使用算术术语有顾虑,那是因为他们尚未完全看清二者之间的关系,担心他们在解释这种关系的方式上引起很多混乱和困难"。当我们摆脱了几何形式和形状的质的概念,而只保留关于距离的定量概念、保留连接所研究的不同点之间的相互距离的有关方程时,这种混乱和困难就没有了。虽然它们的对象性质不同,但是数学的各个分支只是把这些对象看做"仅仅是数学中各种关系和各种比例而已",所以,通常用代数的方法就足以处理这些比例,而不必考虑它们所处理的对象或它们所包含的图像;因此,"数学家所考虑的任何事情都可以归结为同一类问题,即找出某个方程的根值"。全部数学都可归结为关于数字的科学,其中只处理量;而质不再在其中占有任何位置。

质已经从几何学中取消了,现在也必须把它们从物理学中驱逐出去。为了在这方面获得成功,只要把物理学还原为数学就行了,因为数学已经成了纯粹量的科学。这正是笛卡尔试图完成的任务:

"我认为没有什么物理学原理不能同时也被数学所接受的。"

"我公开声明在物质的东西中除了各种能够分割的物质、构形和运动之外还有什么其他的实体,物质中的这些东西就是几何学家们称之为量的东西,也是几何学家们认为这些东西就是他们所论证的对象;在这个问题上,我认为除了这些分割、构形和运动之外,绝对没有其他任何东西。关于它们,我认为没有任何真的东西不能从我们不可能怀疑的公理中演绎出来,而演绎又是以如此明显的方式进行,以致这种演绎就等于是数学论证。而因为所有的自然现象都可以用这种方式来解释,所以就像我们将在下面所要看到的,我认为我们应当承认在物理学中不存在什么其他的原理,也不用希望去找到任何其他种类的原理。"①

那么,我们首先要问:"物质是什么?"它的本性既不在于坚硬性,也不在于有重量、热量或其他这一类的质",而只在于"长、宽、深的广延",在于"几何学家称之为量"②或体积的东西。因此,物质就是量;物质某一部分的量是它所占据的体积。一只容器包含着与它的体积一样多的物质,而不论它是由水银灌满了的,还是由

---

① 笛卡尔:《哲学原理》第2篇,艺术,第14页。
② 同上,第2篇,艺术,第4页。

空气充满了的。那些主张要把物质实体与广延性或与量区分开来的人,要么就是不懂得实体这一名称所包含的内容,要么就是把它与非物质实体的观念混淆了。①

什么是运动?它也是一种量。把系统中每个物体所包含的物质的量乘以各自的运动速度,并把所有的乘积相加起来,你就知道了这个系统运动的量。只要系统不与任何其他外在的物体相碰撞而把运动传给它或从中取走其运动,那么,这系统就会保持运动量不变。

因此,宇宙中遍布着单一的、均匀的、不可压缩和不可变形的物质,关于它除了知道它有广延性之外,我们不知道还有什么别的东西。这种物质能够被分割为具有不同形状的部分,这些部分可以运动起来相互之间发生不同的关系。这便是构成物体的仅有的真正属性,而所有作用于我们感官的表观的质,都可以还原为这些属性。笛卡尔物理学的目的就是要解释这种还原是如何实现的。

什么是引力?它是一种由以太物质的涡旋运动作用在物体上产生的效应。什么是热的物体?它是"由相互搅动的许多小部分组成的物体,这些小的部分以一种非常突然和剧烈的方式运动着"。什么是光?它是一种由于燃烧物体的运动而施加于以太的压力,并能在瞬间传播最大的距离。物体所有的质毫无例外都能用单独一种理论来解释,在这种理论中,我们只考虑几何广延性、能在其中描绘的不同图形以及这些物体所能有的不同运动。"宇宙是一架机器,除了只考虑它的各部分的形状和运动以外,根本就不存在别的什么东西"。因此,关于物质大自然的整个科学都可以还原

---

① 笛卡尔:《哲学原理》,第2篇,艺术,第9页。

为一种普适的算术,在它那里,质这个范畴就从根本上被取消了。

五、同种质的不同强度可以用数来表示

理论物理学就像我们所认为的那样,没有能力把握可观测现象背后物体的真实性质;所以,若不超出物理学方法的合理范围,它就无法确定这些性质是质的还是量的。由于坚持认为它只能决定量的东西,笛卡尔主义曾提出了一些在我们看来似乎是站不住脚的主张。

理论物理学不能把握事物的实在;它只能局限于用各种标记和符号来表示可观测的现象。现在,我们希望我们的理论,物理学成为一门从符号出发的数学物理学,这些符号是代数符号或数字的结合。所以,如果只有量值才能用数字表达,那我们就不应当把任何非量值的概念引入我们的理论。如果我们不主张在物质的东西最底层的每个事物都纯粹是量,那我们就应该承认,在构成物理定律的总体图像中,除了量的东西之外就再无别的东西了;质在我们的体系中将没有它的位置。

但我们没有什么好的理由来支持这个结论;一个概念的纯粹质的特征,和我们用数来使它的各种状态符号化并不是对立的。同一种质可以表现为无限多个不同的强度。所以说,我们可以给其中每个强度贴上一个标志和数字,用同一个数来记录同一种质在两种情况下被发现具有相同的强度,而用第二个数大于第一个数的办法,来识别我们所考虑这个质在第二种情况下的强度比第

第一章 量和质

一种情况下的更大。

例如,取一个数学家的质为例。当若干年轻的数学家参加一项考试比赛时,测试者根据情况给予他们每个人以一定的分数,假设他给予两个受测者以同样的分数,他就认为他们两个人是同样优秀的数学家,同样,如果他认为某一个人比另一个人更优秀,他给他的分数就比另一个人的更高。

这几块物体是一些具有不同强度的红色物体;有个商人按照一定的次序把他们搁在标有数字的货架上;每一个数字都与一种非常确定的红色相对应,而且数字越大,红色的程度就越强。

这里有一些发热的物体。这第一个物体与第二个物体一样热,或者比它更热或更冷;那个物体在这一时刻比这一个物体更热或者更冷。物体的每一部分,我们假定它很小,我们似乎给予它一种我们称之为热的质,而当我们将物体的一部分与另一部分相比较时,这个质的强度在给定时刻不相同;即使在物体的同一点上,它的强度也可以随时间而变化。

我们可以在我们的推理中谈谈热这个质及其各种强度,但我们希望尽可能多地使用代数语言,因此我们要用一个叫做温度的数字符号来代替热这个质。

因此温度就是一个数,物体上的每一点在每一时刻都被指定有一个数;它与该点在该时刻所具有的热有关。两个强度相等的热,就相应有两个数值相等的温度。如果有一点比另一点更热,那么第一点的温度就比第二点的温度数值要大。

所以,如果 M, M', M'' 是不同的点,而 T, T', T'' 表示这些点上温度的数值,则等式 $T = T'$ 就与下面的句子具有同样的意义:M' 点与

M 点一样热。不等式 T′>T″ 则相当于这样的句子：M′ 点比 M″ 点更热。

用温度这个数字来表示作为一种质的热的强度，是完全以下面两个命题为根据的：

如果物体 A 与物体 B 一样热，而物体 B 与物体 C 一样热，则 A 与 C 一样热。

如果物体 A 比物体 B 更热，而物体 B 又比物体 C 更热，则 A 比 C 更热。

实际上，这两个命题就足以使我们用符号 =、> 和 < 来表示热的不同强度之间的所有可能的关系了，它们所表示的可以是数值之间的相互关系，也可以是同一个量的不同量值之间的相互关系。

如果有人说，我们测得两个长度的数值分别是 5 和 10，那么，如果没有任何进一步的说明，关于这两个长度我就得到了某种信息：我知道第二个比第一个长，甚至知道第二个比第一个长一倍。然而，这个信息是很不完全的；它不能让我去仿造其中一个长度，甚至我无法知道何者长何者短。

如果当我们测量这两个长度时得到的不仅仅是 5 和 10 这两个数，而且还告诉我它们是以米为单位测量的，并向我展示了标准米尺或其复制品，那么，这个信息就将比较完全了。这时，我们仿造其中一个长度，无论什么时候我们想要我就能生产它们。

因此，测量同一种量值所得的数，仅有当我们把表示单位标准的具体知识与这些数字联系起来时，我们才算充分得到了有关这些量值的知识。

假定我们运用竞赛的办法对一些数学家作了考试；我们知道

他们的得分是 5、10 和 15，从而向我提供了关于他们的某些信息，例如，允许我对他们进行分类的有关信息。但是，这些信息是不完全的，并不能使我对于各人的实际才能做出判断。我不知道他们所得到的这些分数的绝对数值；我缺少有关这些分数所涉及到的标尺的知识。

同样，如果我只知道不同物体的温度可由 10、20 和 100 这些数字来表示，我就知道第一个物体不如第二个那样热，第二个物体又不如第三个那样热。但是第一个物体是热的还是冷的呢？它能把冰融化了吗？最后一个物体是否会烫着我呢？能够用它来煮鸡蛋吗？只要我没有得到 10、20 和 100 这些温度所涉及的温标，那就是说，如果我没有一种程序使得我能够具体地知道由 10、20 和 100 这些数字所指明的热的强度，那么，我就无法回答这些问题。如果我有一支标有刻度的玻璃管，里面装有水银，并且如果我还知道若把温度计放到水中，当我看到玻璃管内的水银上升到 10、20 和 100 的标度而整个水的温度相应地也就是这些数字时，那么上述的疑问也就完全解决了。每次温度的数值向我表明，只要我愿意，我就能够实际地知道容器中的水所具有的温度是多少，因为我有一支温度计，可以在上面读出温度数字。

所以，正像一个量值不能只由一个抽象的数字来确定，而要用一个数字连同一个标准单位的具体知识来确定一样，质的强度也不能完全用一些数字符号来表示，而必须使这个符号与一个适合于获得这些强度标度的具体程序联系起来。只有这个标度的知识，才允许我们给予代数命题以物理意义，在这些我们关于数字所陈述的命题中，数字就代表着我们所研究的质的不同强度。

当然,那种用来标定质的不同强度的标度,总是把这种质作为其原因的一种定量的结果。我们以这样的方式选择这种结果:其量值将随着质的强度的增加而增加。例如,在一个由发热物体所包围的玻璃管中,水银柱随着物体变得更热而经历了明显的膨胀,从而变得更高;这就是由温度计所提供的定量现象,它使得我们能构造一个温度计的标度,专门用来对热的不同强度在数值上进行分度。

虽然尽管在质的范围内没有给加法留有余地,然而,当我们研究某种由于提供了一种合适的标度用来标定质的不同强度的定量现象时,加法也是适用的。热的不同强度是不能相加的,但是,液体在固体容器中的表观膨胀是可以相加的;我们能够得到几个表示温度的数字之和。

因此,标度的选择使我们能够考虑,用一些遵守代数演算规则的数字,来代替对质的不同强度的研究。以往的物理学家往往用一个假想的量来代替被我们的感官所揭示的质的属性,并测定这个量的量值,现在的优点就是不需要借助假想的量,只要选择一个合适的标度就够了。

电荷在这方面为我们提供了一个例子。

在一个非常小的带电物体上所作的实验起初告诉我们的是某种质的东西。很快,这个带电的质就显得不再是那么简单了;它有两种相反而又相互破坏的形式:阴电(负电)和阳电(正电)。

不论它是阴电或是阳电,微小物体的带电状态都具有或多或少的作用力;它能有不同的强度。

弗兰克林、安培、库仑、拉普拉斯和泊松——所有这些电学的缔造者都以为，在物理理论的结构中不能引入质的概念，而只有量才有权进入。因此，显示在他们感官面前的这个电荷质的背后，他们的理性在寻求一种量，即"电的量"。为了能理解这种量，他们设想上述两种电荷中的每一种都是由于在带电体中存在某种"电的流体"；而带电体所显示的电荷强度，随着电流体的大小而变化；因而正是这种电流体的多少产生了电量。

对这个量的研究在理论中占有中心的地位，这种中心地位来自以下两条定律：

分布在一群物体中的电量的代数和（在这种代数和中，阳电荷量前面用"+"号，阴电荷量前面用"－"号）不会发生变化，只要这群物体是孤立的，与其他物体无关。

在给定的距离，两个小带电体相互排斥，其斥力大小与它们所携带的电量之乘积成正比。

现在好了，我们可以把这两个命题完整地保留下来，而不需要引进假说性的、可能性极小的电流体，也无需放弃我们直接观察所赋予的电荷的质的特性。我们所需要做的只是选择一种合适的标度，来表示电这个质的强度。

让我们取一个带阳电（正电）的微小物体，并使它始终保持不变；然后，在固定的距离上，我们把我们想要研究的带电体一个个拿来与它相互作用。其中每个带电体就会给第一个带电体施加一种力，我们可以测出这种力的大小，如果它们是相互排斥的，我们就赋予它以"+"号；反之，如果它们是相互吸引的，我们就赋予它以"－"号。这样，每一个带阳电的小物体就将给第一种物体施加一种正的力，并且它的电荷强度越大，这个力量值也就越大；每个

120 带阴电的小物体会给第一个小物体施加一种负的力,其绝对值也是随着电量的增加而成正比例地增加。

这种力就是一种可以测量的和可以相加的量的要素,我们将把它选来作为一种电量测标度,它将提供不同的正数用来表示阳电荷的不同强度,并以不同的负数来标定不同强度的阴电荷的多少。由这种电量测方法所提供的这些数字或读数,只要我们愿意,我们就可以叫它"电量"这个名称;这时,关于我们表述过的电流体学说的两个基本命题,就重新变得有意义和真实的了。

对于我们来说,似乎再没有比这更好的例子使下述真理变得一目了然了:为了能像笛卡尔想要做的那样,从物理学出发,建立一种普适的算术,我们完全不需要去模仿这位伟大的哲学家去拒绝所有的质,因为代数的语言使我们有理由像思考一个量的不同量值那样,也去思考一个质的不同强度。

第二章 基 质

一、关于基质的超量倍增

从经验所给与的物理世界中,我们应该把那些似乎应当看做是基本质的东西区分开来。我们并不试图去解释这些质,或者把它们归结为其他更隐蔽的属性。我们之所以接受它们,只是因为我们的观测手段使我们了解了它们,而不论它们是以量的形式出现,还是以一种可感知的质的形式出现;不论是哪一种情况,我们都应该把它们看做是一些不可还原的概念,看做是构成我们理论的真正要素。但是,我们将把这些质或量的特性与相应的数学符号联系起来,这些数学符号使我们在对这些特性进行推理时,可以借用代数的语言。

这种做法是否会使我们遭到责骂,被当做是一种文艺复兴时期科学的创始人曾经严厉抨击过的经院物理学呢?经院物理学是已被他们严厉而又无情地送上了理性的审判台的。

无疑,那些当代物理学的创始人,不论是科学家或是学者都不会原谅经院哲学家们的,因为他们反对用数学语言讨论自然定律。伽桑狄大声疾呼:"要说我们知道点什么,那也是靠数学才知道的;但是那些人根本不关心关于事物的真正合法的科学!他们只考虑鸡毛蒜皮的小事！"①

但是，这还不是物理学的改革家反对经院哲学家的最经常、最强烈的不满。首先，他们谴责经院哲学家每当看到一种新现象时就发明一种新的质，他们把一种特殊的价值赋予他们既不研究也不分析的每个结果，而当他们只给出了一个名称时，就误以为他们已经对之作出了解释。他们就是这样把科学变成了一种空洞的、自命不凡的梦话。

"这种哲学化的方式，"伽利略经常说，"我认为与我的一位朋友作画的方式非常相似；他喜欢用粉笔在画布上写下：这里，我需要在狄安娜和她的仙女旁边上画上一个喷泉，同样还需要画上一只猎狗；那里，画上一个猎人和一只鹿头；在远处，画上一小块森林，田野和一座小山；然后，他把画所有这些东西的困难都留给了艺术家，自己却拂袖而去，当他只给出了一些名称时，却自以为已经画出了阿克汤的形象"。② 莱布尼茨对哲学家们在物理学中所遵循的两种方法进行了比较，一种是在每个场合都引进新的形式的新的质，另一种则"将满足于说，时钟具有可从其形式中推出的质，而无需考虑其形式的构成如何"。③

有一种思维的惰性，它发现自己生造一些词汇是方便的，另有一种理智上的不诚实，它发现与别人弄玩词汇是有利可图的，这种惰性与不诚实的态度乃是在人类中蔓延的罪恶。确实，这些就是

---

① P. 伽桑狄：《悖谬的训练反对亚里士多德派》（格伦诺勃，1624 年）问题 I。
② 伽利略：《关于两大世界体系的对话》（佛罗伦萨，1632 年）"第三日"。
③ G. W. 莱布尼茨：《哲学文集》（柏林，1875—1890 年）7 卷本，C. I. 格哈尔特编，第Ⅳ卷，第 434 页。

经院物理学家如此热衷于给每个物体的形式赋予他们所宣布的模糊而表面的系统的全部优点,以致他们自己就最经常地深受这种罪恶的毒害。但是,那些承认质的特性的哲学并没有这些错误的可悲的专利,因为我们发现他们属于这样的学派,以能够把任何事情都还原到量而自豪。

例如,伽桑狄就是一位原子论的信徒;在他看来,每个可观测的质都无非是一种现象;在实在中除了原子、它们的形状、它们的集合和运动之外,就没有任何东西了。但是,如果我们要求他按照这些原则来解释物理上基本的质——如果我们问他,"什么是滋味?什么是气味?什么是声音?什么是光?"——他会怎样回答我们呢?

"在我们称为有滋味的事物中,滋味似乎不是别的什么东西,而只是这样一种构造的微粒:当它们渗入我们的舌头或味觉器官时,会影响这个器官的组织,并以我们称之为滋味这种感觉的方式使之处于运动之中。"

"实际上,气味似乎也无非这样一种构造的微粒:当它们散发出来被吸入鼻孔时,它们能使这些器官的组织产生一种我们称之为嗅觉或气味的感觉。"

"声音看来也无非是以某种方式构成的微粒,并可迅速传播,远离周围的物体,当它渗入耳朵时,就使之产生运动,引起我们称之为听觉的感觉。"

"在一个发光体内,光似乎也无非是一些以某种方式构成的非常细小的微粒,它们是从发光体以令人难以置信的速度发射出来;当它们透入我们的视觉器官时,容易使之发生运动而产生视觉。"①

一位亚里士多德主义的信徒,学识渊博的医生被人问道:

鸦片使人昏睡,

其原因和理由何在?

他回答道:

因为它有一种麻醉的功效,

它的本性就是能引起一种感觉,使人变得昏昏欲睡。

如果这位从事科学的学者抛弃了亚里士多德,使自己成为一名原子论者,莫里埃无疑就会在伽桑狄家里的哲学讲座上遇见他,因为那些伟大的喜剧作家经常光顾那里。

而且,那些笛卡尔主义者,当他们看到亚里士多德学派和原子论者一起垮台而发出胜利的狂笑时,同时也就铸下了自己的大错。帕斯卡尔肯定是想到了这样一位笛卡尔主义者,所以他写道:"有一些人走向了荒谬的极端,他们用同样的词来解释一个词。我知道其中的一个例子是,他们把光定义为:'光是一种发光体的发光运动',仿佛我们能够理解'发光体'和'发光的'这几个词而不理解'光'"。②

实际上,这里是暗指诺埃尔神父,他是笛卡尔早期在拉弗莱西地区一所中学的老师,而后来他反而成了笛卡尔的一名忠实的信徒,他在一封写给帕斯卡尔的信的空白处写到:"光,或者说光亮,乃是一种构成透明物体的射线的发光体运动,它充满透明物体,并

---

① P. 伽桑狄:《哲学著作》(佛罗伦萨,1727 年),第 I 卷,第 V 卷,第Ⅸ、Ⅹ、Ⅺ章。
② B. 帕斯卡尔:《论几何学的精神》。

且除非有其他透明物体的作用,否则就不会不发光"。

当有人把光归结为一种发光的效能,或归结为一种发光粒子或发光体的运动时,他就分别是一位亚里士多德派,原子论者或笛卡尔主义者;但是,如果有人自夸还可以以这种方式对光的知识增加一点东西的话,他就不再具有一颗理智的头脑了。在所有的学派中,我们发现有虚假思维的人,当他只是简单地把一个别出心裁的标签贴在酒瓶上时,他们就以为自己已经给酒瓶中装满了美酒;但是,所有得到合理解释的物理学说都同意谴责这种幻想。所以,我们应当竭尽全力避免它。

二、基质事实上是一种只有通过定律才能分解的质

再者,我们的原则就是要防止一种思想,就是有多少种不同的结果需要解释,就在物体中塞进多少种不同的质,或者差不多同样多的质。我们提出在描述一组物理定律时要尽可能地简单而概括;我们鼓励去达到能实现的最完全的思维经济。因此显然,在建立我们的理论时必须使用尽可能少的概念作为基本概念,用尽可能少的质作为简单的质。我们应当尽可能广泛地运用分析和演绎的方法,这种方法能把复杂的性质分离出来,特别是那些由感官才能抓住的性质,然后把它们分解为少数几种基本的性质。

然而,我们怎样知道我们的分解已经进行到终点,怎样知道我们分析终点处的质已不能再被分解成更简单的质呢?

那些试图建立解释性理论的物理学家,是依靠哲学规则来进行推导的,他们把这些规则当作一种试金石和试剂,借以识别对一

种质的分析是否已经透入到了要素。例如,只要一个原子论者还没有把一种物理效应归结为原子的大小、构形和作用,还没有归结为碰撞定律,那么他就知道他的任务还没有完成;只要一位笛卡尔主义者发现在质中有的东西不是"纯粹的外延及其变化",那么他就可以肯定,那种东西的真正本质还未触及。

在我们看来,如果我们不要求去解释物体的物性,而只是要求对它们作一种简化的代数描写,如果我们在建立理论时不宣布任何形而上学原则而想使物理学成为一门自主的学说,那么,我们将到哪里去找到一种标准,使我们可以宣称某某质是真正简单和不可分解的,而某某质是复杂的,是可以做进一步深入分析的呢?

当我们把一种特性看做是原初的和基本的特性时,我们不能以任何方式断定这个质按其本性来说是简单的和不能分解的;我们只能宣称,我们试图使这种质归结为其他质的所有努力都失败了以后,我们才可以说它已经不可能再分解了。

所以,每当一位物理学家查明一系列迄今尚未观测到的现象,或者发现一组明显表示出有一种新特性存在的定律时,他首先要研究一下这个特性是否是现有理论已经熟知的那些质的组合,只是从前没有想到罢了。只有当他在这方面所做的所有努力都失败以后,他才会决定把这个特性当作一个新的基质,并在他的理论中引入一个新的数学符号。

"每当一种异常的事实被发现,"H. 圣克莱尔·德维尔在描述当他看到第一批被分解的现象后他的思想所表现出的踌躇时写道:"科学家所面临的首要工作,也许我要说首要的职责,就是尽最大的努力借助于解释说明在常规下所遇事实的原因,而这种解释有时比发现本身要求做更多的工作和思考。当我们获得成功时，我们就经受一种非常强烈的满足感，因为它扩展了所谓物理定律的范围，增加了伟大分类的简单性和普遍性……但是，当异常事实得不到任何解释时，或者至少当所有认真的努力想要把它归之于常规定律的努力都遭到否定时，我们就必须寻找其他与之类似的事实了；当它们被发现时，就必须根据已有的理论对它们作临时性的分类"。①

当安培发现两根电线（其中每一条与电池的一个极相连）之间有机械作用时，人们早就知道了带电导体之间有吸引力和排斥力。这些吸引力和排斥力所表现出来的质也已经得到了分析；这种质可以用适当的数学符号来表示，即用每个物质要素的正电荷或负电荷来表示。这种符号的应用导致泊松建立了一种数学理论，能够最恰当地描述由库仑建立起来的实验定律。

新发现的定律是否能够归结为这种质，把它引进物理学是否是既成事实呢？我们能否根据作为库仑和泊松理论基础的基本论点，认为在这些导线表面或内部适当地分布着某些电荷，这些电荷的相互吸引或排斥与它们之间的距离平方成反比，就能解释在一个闭合回路中两根导线之间所作用的吸引力和排斥力呢？提出这个问题并要求物理学家回答和研究，是合理的；如果他们中有某个人已经成功地对它作出了肯定的回答，把安培所观测到的作用定律归结为由库仑建立起来的静电学定律，那么

---

① H. 圣克莱尔·德维尔：《关于通过热和分离方法分解物质的研究》，载《万国书目：物理科学与自然科学文库》，新时期，IX（1860年），第59页。

他就给了我们一种电的理论,可以不必考虑电荷之外的任何其他基质了。

那些想把安培所发现的力的定律归结为静电作用的尝试,是所有各种尝试中最复杂的。但是,法拉第终止了这些尝试,他指出这些力可能产生一种连续的旋转运动;的确,当安培获知这位伟大英国物理学家所发现的现象后,就立刻意识到了这一发现的全部重要性。他说:这种现象"证明了那种来自两个带电导体的相互作用,不能归因于这些导体中处于静止的某种流体的特殊分布,就像通常的静电吸引力和排斥力那样"。① 实际上,根据活力守恒原理(它是运动定律的一个必然结论)必然可以得出,当基本的力(这里是指与距离的平方成反比的吸引力与排斥力)用它们作用点的相互距离的简单函数来表达时,如果其中某些点总是相互连接并且只有受到这些力的作用才会运动,而其他点保持不动,那么,第一批点就不能以大于从原来位置出发时所具有的速度回到相对于第二批点的原来位置。在一个固定导体的作用下一个运动导体发生的连续运动中,运动导体的所有点重新回到原来的位置时,其速度随着每一次转动而增加,直到摩擦力和电池的酸性物的阻力(导体的顶端浸在酸液中)阻止这种导体的转动速度的增加,这时,它就在这种摩擦力和阻力的作用下变为稳定的运动。

"所以,这就完全证明了我们在说明两个动电导体的作用产

---

① A.M.安培:《电学新实验报告概要》,1822年4月8日在皇家学院宣读,载《物理杂志》XCIV,65。

生的现象时,不能假定有些电分子分布在导线上,并且其作用与距离平方成反比"。①

严格的必然性要求我们赋予动电导体的各部分以一种不可分解为静电的属性;也就是说,需要认识一种新的基质,它的存在通过我们说导线中有"传导电流"来表达。这种电流似乎被限制在一定的方向上,或者作用时给我们一种方向感。它显示出或大或小的强度,可以通过选择一种标度而与或大或小的数字相关联,我们就称这个数字为"电流强度"。这个电流强度是一种基质的数学符号,它使得安培能提出一种关于电动力学现象的理论,这个理论缓解了法国人对英国人由于牛顿的荣耀而自豪的忌妒。

物理学家为发展他们的理论而从形而上学学说中寻找原理,他们从形而上学学说那里获得标志,据此他们将认识到一个质是简单的还是复杂的,而且简单的和复杂的这两个词汇对于他们有着绝对的意义。另一方面,寻求使其理论成为自主的并独立于任何哲学体系的物理学家则赋予"简单的质"或"基质"以完全相对的意义;对他们来说,它们之所以被称为简单的特性,是因为它在他们看来已经不可能再分解为其他的质了。

化学家们赋予"简单的物体"或"元素"的含义也经历过类似的转变。

对亚里士多德学派来说,只有四种元素,即火、气、水和土才能被称为简单的物体;所有其他物体都是复合物,只要它们还没被分

---

① A. M. 安培:《实验电动现象的数学理论》(巴黎,1826),重印于赫尔曼编的版本里(巴黎,1883),第96页。

解为组成它们的上述四种元素,分析就还没有完成。类似地,一个炼金术士知道,如果他还没有分离出盐、硫和汞这几种组成所有混合物的单元,那么他的分析技艺就还没有达到他操作的最终目标。炼金术士和亚里士多德学派都要求知道能以绝对的方式表征真正简单物体的标志。

拉瓦锡和他的学派引导化学家们去接受一种完全不同的关于简单物体的观念;它并不是某种哲学学说所宣布的不可分解的物体,而是一种尚未能分解的物体,一种在实验室中不管用什么分析手段都奈何不得的物体。①

当炼金术士和亚里士多德学派谈到元素一词时,他们是在自豪地断言他们已经知道了宇宙中任何物体所赖以构成的质料的真正本质。若用现代化学家的话来说,同样的词则是谦虚的表示,是对软弱无力的一种认可;他自认物体已成功地抵制了试图分解的一切努力。

化学已经以它的大量收获对这种谦虚作出了补偿。那么,希望采用一种类似的谦虚会为理论物理学带来同样丰硕的回报,难道不合理的吗?

三、基质从来都不是最初始的,它只是暂时是基本的

"所以,我们永远不能肯定,"拉瓦锡说道:"我们今天认为是

---

① 想了解简单物体思想所经历发展阶段的读者,可以参阅如下著作:《化学的混合与化合:论一种观念的演化》(巴黎,1902),第Ⅱ篇,第1章。

简单的东西事实上是否真是如此。我们所能说的一切只能是,这种实物是目前化学分析所能达到的最终状态,这种实物根据我们目前的知识状态已经不能够再细分了。可以假设,这些土质很快将不再属于简单的实物之列了……"。①

的确,在1807年,汉弗莱·戴维把拉瓦锡的猜测变成已经证明了的真理。他证明了钾碱和苏打是两种他称之为钾和钠的金属氧化物。从那时起,许多长时间以来不能再作进一步分析的物体都被分解了,并因而被排除出元素的行列。

某些物体"元素"的头衔是十分暂时的;比迄今为止所使用的方法更巧妙或更有效的分析法将决定它能在多长时间内享有这个头衔,因为这种分析手段也许将把以前认为是简单的实物分解成几种不同的实物。

所谓"基质"这个名称也是暂时的。今天还不能被归结为任何其他物理特性的质,明天就可能不再是独立的了;明天,也许物理学的进步将使我们认识到,这个基质原来是某些很久以前就被我们揭示出来的表观上具有非常不同效应的诸特性的组合。

对光现象的研究导致人们考虑光这个基质。人们赋予这个质以方向;其强度远不是固定的,而是以极快的速度周期性地变化,一秒钟以数亿亿次地重复着。一条长度随着这种极高频率周期性变化的线条,提供了一种适合于想象光的几何学符号;这个符号即是光振动,将用数学推理的方法来处理这种质。光振动是基本的要素,光的理论据此得以建立;它的组分可用来写出某些偏微分方

---

① A.L.拉瓦锡:《化学初论》(第3版),Ⅰ,194页。

程和某些边界条件，以便可以对所有光的传播定律，它的部分的或全部的反射、它的折射和衍射定律，以极少的有序和简洁的方式加以浓缩分类。

在另一方面，对绝缘体，像对硫磺、硫化橡胶和蜡在有带电物体存在的情况下显示出来的现象进行分析，已导致物理学家们赋予这些绝缘体以某种特性。在那些试图把这种特性归结为电荷的努力落空以后，他们不得不决定把它们当作一种基质来看待，称之为电解质的极化。后者在绝缘体的每一点和每一瞬间，不仅具有一定的强度而且还有一定的方向和意义，以致一段线条所提供的数学符号允许我们用数学家的语言去讨论电解质的极化。

安培所表述的电动力学的大胆推广，为麦克斯韦提供了一种电介质处于不同状态的理论。这个理论把所有关于绝缘体内电介质极化随时间变化的现象的定律，加以浓缩和有序化。所有这些定律用少数几个方程就可以加以概括，其中有些方程在同一绝缘体的每一点上都能满足，而其他方程则在分开两个不同介质的表面的每一点上能被满足。

决定光振动的全部方程早已建立起来，似乎与电介质极化的存在不相干；决定电介质极化的方程是由另一种理论发现的，在这个理论中甚至连"光"这个字眼都没有提到。

现在，我们可以看到这些方程之间惊人的一致性是怎样建立起来的了。

周期性变化的电介质极化必须证明它的所有方程都与那些决定光振动的方程是相同的。

不仅这两类方程具有相同的形式，而且在这些方程中所出现的系数也具有相同的数值。例如在真空或空气中开始时若没有任何电作用使某个区域极化,则电极化一旦产生便以一定的速度传播;麦克斯韦方程使我们能通过纯粹的电学程序来决定这个速度,而不需要从光学那里借用什么东西;数值测量一致表明,这个速度大约为每秒30万公里;这个数值与光在空气或真空中的传播速度完全相等,这个速度是用四种彼此不同的纯粹光学方法测量出来的。

从这种不曾预料到的一致性得到的结论是:光不是一种基质;光振动不过是一种周期性变化的电极化现象;由麦克斯韦所创立的光的电磁理论已经把这种我们原来认为不可还原的特性分解了;它已经从另一种质把它推导出来,而多年来它们之间似乎是没有什么关联的。

因此,理论进步本身就会导致物理学家减少他们最初认为是基质的数目,并证明两个看来不相干的特性不过是同一特性的两个不同方面而已。

我们是否一定得出结论,能够进入我们理论的质的数目将一天天地减少,作为我们理论化主题的物质所具有的基本属性将越来越少,并且与原子论者和笛卡尔学派的物质相比较,将趋向于更加简单呢?我认为,这会是一个草率的结论。毫无疑问,理论的发展本身往往会造成两种不同质的融合,正如由光的电磁理论所建立起来的光和电极化的融合一样。但是另一方面,实验物理学的不断进步常常带来新范畴的现象的发现,为了对这些现象进行分类以及把它们的规律组合起来,就有必要赋予物质以新的特性。

下面两种相反的运动中哪一种将占优势呢？一种是把一些质归结为另外一些质,并趋向于使物质简单化;另一种是发现新的特性,并倾向于复杂化。对于这个问题做任何长期的预测都会是冒失的。至少,似乎可以肯定的是,在我们的时代第二种倾向比第一种更强大,它正在把我们的理论引向一种越来越复杂的物质观,并赋予它以更丰富的特性。

此外,关于物理学的基质与化学的简单物体之间的类似性,这里再次提供了一个突出的实例。也许有那么一天会到来,那时,强有力的分析方法将把今天我们称之为简单的大量物体分解为少数几个要素,但目前还没有任何明确的可能迹象让我们宣布这一天已经破晓。在我们当今的时代①,化学正在通过不断地发现新的简单物体取得进步。半个世纪以来,稀土族已连续提供了一些新成员加入到已有金属的长列中;这些新成员有镓、锗、钪等等,它们向我们表明,化学家可以自豪地在这个系列上写进他们国家的名字。在我们呼吸的空气中,从拉瓦锡以来我们就清楚地知道它是氮和氧的混合物,现在我们看到从它那里揭示出了一整个新气体族:氩、氦、氖、氪。最后,对新辐射的研究无疑将推动物理学去扩展它的基质的范围,为化学提供迄今尚未知的物体:镭,也许还有钋和锕。

可以自豪地说,我们已经从笛卡尔所梦寐以求的极妙的简单物体出发走了一段长长的路程。笛卡尔所追求的物体是那些被归结为"简单到无外延及其变形"的物体。化学列出了大约一百种

---

① 英译者注:1900年左右。

相互独立的物质,而且每一门物理学都联系着一种形式,能涵盖一大群不同的特性。这两门科学都在力求尽可能减少要素的数量,然而随着这两门科学各自的进步,可以看出要素的数目还在不断增多。

第三章 数学演绎和物理理论

一、物理近似和数学精确性

当我们开始建立一种物理理论时,首先必须在那些已观测到的特性中选择一些我们看成是基质的属性,并用代数或几何符号来表示它们。

我们在前两章致力于研究第一步操作,在完成了这一步操作以后,我们还必须完成第二步:我们必须在那些代表基质的代数或几何符号之间建立起关系;这些关系的作用就是充作我们进行演绎所需要的原理,通过它们,理论得到发展。

所以,现在来分析第二步操作,即分析假说的陈述,似乎就是很自然的了。在绘制房基蓝图之前,在选择建筑基础材料之前,人们必需知道房子的结构如何,地基所要承受的压力多大。因此,只有在研究结束之后,我们才能精确地陈述假说的选择将受哪些条件的限制。

接着,我们要立即采取建立一个理论的第三步操作,即数学的展开。

数学演绎是一个中间过程;它的目的是要告诉我们,根据理论的基本假说的力量,加上这样和那样的具体条件,就会推出如此这般的结论;如果产生了某某事实,另一事实也会随之产生出来。例如,它将告诉我们,根据热力学假说的力量,当我们对一块冰施加一定压力时,这块冰在温度计达到一定读数时就会融化。

数学演绎是否能直接把它的计算引入我们称之为条件(按照我们观测它们的具体形式)的那些事实呢?它是否能从这些条件出发推出我们称之为结论(按照我们确定它们的具体形式)的那些事实呢?肯定不能。用来压缩的仪器、冰块和温度计都是物理学家在实验室中所操纵的东西;它们不是属于代数计算领域里的要素。因此,为了能使数学家把具体的实验条件引入他的公式中来,就需要把这些条件翻译成测量中所得的数字。例如,"一定压力"这个词,就必须用确定数字的大气压来代替,并且在方程中用字母 P 来表示。同样,数学家在计算结束后所要得到的也是某个数字。这时就有必要回去查一查测量方法,以便使这个数字对应于一个具体的和可观测的事实;例如,以便使代数方程中字母 T 所取的数值对应于一定的温度计读数。

因此,无论是物理理论的出发点还是它的终点,它的数学展开除非能被翻译成可观测的事实,否则二者就不能结合在一起。为了把实验条件引入演算,我们必须做一种变换,用数字语言来代替具体观测的语言;为了证明理论对那个实验所做的预言,还需要做一种翻译工作,即把数值翻译成用实验语言表述出来的读数。正如我们早已指出过的,测量方法是一本辞典,它为这两种语言的互相转译提供了可能。

但是翻译是不可靠的:翻译就是背叛。两种文本当一种是另一种的译本时,二者之间从来不会完全等价。物理学家观测到的具体事实和理论家在演算中用来代表这些事实的数字符号之间，有着非常大的差别。下面我们将有机会来分析和讨论这种差别的主要特征。现在我们暂时只注意其中的一个特征。

首先，让我们来考虑我们称之为理论的事实，它是指那种在理论家的推理和演算中用来代替具体事实的数据集合。例如让我们考虑这样的事实：温度在某个物体上的一定分布方式。

在这种理论的事实中，不存在任何模糊的或者不明确的东西。一切都以精确的方式被确定了：我们所研究的物体在几何上是确定的；它的边是真正的没有厚度的线条，它的点是真正的没有维度的点；决定其形状的不同长度和角度是准确知道了的；这个物体的每一点上都对应有一个温度，而这个温度对每一点又是一个数，与任何其他数字不相混淆。

与这个理论的事实相反，让我们来看看实际的事实，它是由理论事实翻译而来的。这里我们不再见到我们刚才所断定的任何精确的东西。物体也不再是一个几何体；它是一个具体的方块。不论它的边多么尖锐分明，它都不是两个几何介面的交叉；相反，这些边多多少少被弄弯和凹凸不平了。它的点也多少被磨损和变钝了。温度计也不再给我们指出每一点的温度，而是给出相对于一定体积的平均温度，而体积的周边也不能十分准确地固定。此外，我们也不能断定这个温度是一个确定的数，而不是任何其他的数；例如，我们不能宣称这个温度严格地等于10℃；我们只能断定这个温度与10℃之间的差别不超过若干分之一度，要看我们测量温度方法的精确度如何。

因此，虽然图样的周线是由严格坚硬的线条来固定的，但物体轮廓却是模糊的,边界不清的和朦胧的。如果不通过使用"近似"或"接近"这类字眼来减少每个命题所完全确定的东西,我们就不可能描述实际的事实;另一方面,构成理论事实的所有要素则是严格准确地确定的。

因此我们可以得出结论:同一个实际事实可以翻译成无限多个不同的理论事实。

例如,若一个理论事实的命题说某一条线的长度是 1 厘米,或 0.999 厘米,或 0.993 厘米,或 1.002 厘米或 1.003 厘米,这样表述的命题在数学家看来是完全不同的命题;但如果我们的测量手段不允许让我们测出小于 0.001 厘米的长度时,则理论所翻译的实际事实一点也没有变化。再如,若说物体的温度是 10 ℃,或 9.99℃或 10.01℃,它表述了三个不相容的理论事实,但当我们的温度计只准确到 1/5℃时,这三个不相容的理论事实所对应的乃是同一个实际事实。

所以,实际事实不是被译成单独一个理论事实,而是可以翻译成无限多个理论事实。用来构造这些理论事实而集合在一起的每一个数学要素都可以随事实的变化而变化;但是,这种许可的变化不能超出一定的限度,即不能超过对这个要素的测量所造成的误差范围。测量方法越是完美,近似程度就越高,误差也就越小,但它们决不会小到完全等于零。

二、物理上有用和无用的数学演绎

我们上面所作的评论是非常简单的,对物理学家来说是一些常识；然而，它们对理论的数学展开来说却意味着严肃的推论。

当演算的数据以精确的方式被固定时，这种演算不论其有多冗长和多么复杂，它都同样给出有关结果的准确数值的知识。如果我们改变数据的值，我们就总能改变有关结果的值。因此，当我们用一个明确确定的理论事实来表示实验条件时，数学的展开将会用另一个明确确定的理论事实来表示这个实验将提供的结果；当我们改变用来翻译实验条件的理论事实时，用来翻译结果的理论事实也同样会发生改变。例如，在关于具有一定压力的冰的融点从热力学假说所演绎出来的公式中，如果我们用某个数代替表示压力的字母 P，我们就会知道另一个数必须用来代替字母 T，它是融点温度符号；如果我们改变属于压力的数值，那我们也就改变了融点的数值。

现在，根据我们在本章第 1 节中所看到的内容，如果实验条件已经具体地给定，那么，我们还不能用明确确定的理论事实翻译它们；我们不得不把它们与一大堆无限个多的理论事实关联起来。因此，理论家的演算并不能以惟一理论事实的形式预言实验结果，而只能以无限多个不同的理论事实形式预言实验结果。

例如为了翻译我们关于冰的融点的实验条件，我们就不能只用单独一个数值，比方说 10 个大气压来代替压力的符号 P；如果我们使用的气压计的误差范围是 0.10 个大气压，我们就不得不假设 P 可以在 9.95 到 10.05 个大气压之间取任何一个数值。自然，对于每个这样的压力数值，我们的公式都关联着冰的融点的一个不同数值。

因此，以具体方式给定的实验条件可以翻译成一堆理论事实；

而这个理论的数学展开又把这第一堆理论事实与第二堆意欲代表实验结果关联起来。

这些后来的理论事实将不能以我们原来获得它们的那种形式为我们服务。我们必须把它们翻译出来,把它们表达成实际事实的形式;只有完成了这一步,我们才能真正知道我们的理论为实验所确定的结果。例如,我们不应该满足于从我们的热力学公式中推导出来的字母 T 的不同数值,而是必须找出我们温度计刻度所指示的对应于实际可观测的读数是什么。

现在,当我们完成了这种新的意欲把理论事实转变为实际事实时,如果出现了与我们最初所关心的事实相反的情况,我们得到了什么呢?

结果也许是通过无限多个理论事实(数学演绎通过它来指定我们的实验应当产生的结果)在翻译后给我们提供的不是若干个不同的实际事实,而只是单独一个实际事实。例如,也许会出现这样的情况:为字母 T 所找出的两个不同的数值,其差别甚至从未高于百分之一度,而我们的温度计的灵敏度极限则是百分之一度,所以,所有这些 T 的不同理论值实际上只对应于温度计标度上同一个读数。

在这种情况下,数学演绎将达到它的目的:它将允许我们断言我们的理论所赖以建立的假说的力量,在某些实际给定的条件下所做的某一实验,将得出某种具体而又可观测的结果;它将使得我们有可能把理论结果与事实相比较。

但是,情况并不总是如此。作为数学演绎的结果,无限多个理论事实提供给我们的是可能的实验结果;通过这些理论事实翻译成具体的语言，就有可能发生这样的问题：我们得到的不是单独一个实际事实，而是若干个我们的仪器灵敏度能够区分开来的实际事实。例如，有可能出现这样的情况：由我们的热力学公式给出的冰的融点的不同数值有十分之一度的偏差，或者甚至有一度的误差，而我们的温度计允许我们测出百分之一度。在这种情况下，数学演绎将失去它的用途；这时，实验的条件虽然实际上已经给定，但我们不能再以实际确定的方式说出我们应当观测到的结果。

所以，由理论所赖以建立的假说引导出来数学演绎可以是有用的，也可以是无用的，这要看我们能否在实验条件已经实际给定的情况下对实验结果作出实际确定的预言。

这种对数学演绎的效用的评价并不总是绝对的；它取决于我们在观测实验结果时所用的仪器灵敏度。例如，让我们假定一个实际给定的压力与一组冰的融点相关，并且假定两个融点之间的差距有时大于百分之一度，但从不超过十分之一度。那么得出这一公式的数学演绎对于其温度计只能测量到十分之一度的物理学家来说是有用的；而对于其温度计的准确度可以达到百分之一度的物理学家来说则是无用的。这样，我们就看到了，数学展开是否效用在很大程度上将随时间的不同而不同，随不同的实验室以及不同的物理学家而不同，它也取决于设计者的技巧，仪器的完好程度，以及实验结果的应用意向。

数学展开是否有用的评价也还依赖于用来把实际给定的实验条件翻译成数字时所用测量手段的灵敏度。

让我们再一次以我们已用了多次的热力学公式作为例子。我们有一个温度计，它能准确地区分开百分之一度的差别；为了使我们的公式能够实际明确地陈述在给定压力下的冰的融点,其必要和充分条件是:这个公式应给出正确度为百分之一度的字母 T 的数值。

现在,如果我们使用一个粗制的压力计,当两个压力的差别小于 10 个大气压时,它就无法区分开这两个压力,这就可能发生这样的情况:一个实际给定的压力所对应的融点,其差别大于公式中的百分之一度;然而,当我们用一个更加灵敏的压力计来测定压力时,它能准确地区分开一个大气压之差的两个压力,那么,这公式将以高于百分之一度的近似程度将给定的压力与已知的融点关联起来。因此这个公式在我们使用第一种压力计时是无用的,而当我们使用第二种压力计时就成为有用的了。

三、一个永不能有效用的数学演绎的例子

在我们刚才所举的例子中,我们已经增加了测量方法的精确性,这些方法是用来把实际给定的实验条件翻译成理论事实的;在那种情况下,我们已经使得由这种翻译而与单独一个实际事实相关联的许许多多理论事实更加紧密地联系起来了。同时,我们也使这许多理论事实与我们的数学演绎描述预言实验的结果之间的关系变得更紧密了;对我们的测量方法来说,把它与单独一个实际事实联系起来,这已经变得足够狭窄了,并且在那时我们的数学演绎也变得有用了。

事情看来似乎应该总是这样。如果我们选取一个数据作为单

独一个理论事实,那么,数学演绎就会把它与另外单独一个理论事实关联起来;结果,我们自然推出如下结论:不论我们作为结果想要获得的许多理论事实需要多么狭窄,数学演绎总是能够保证它的这种狭窄性,只要我们把用来表示给定数据的许多理论事实足够紧密地联系起来就行了。

如果这种直觉包含着真理,那么,从物理理论所赖以建立的假说作出的数学演绎,除了相对的和暂时的情况之外,就决不会是无用的;不论用来测量实验结果的方法是如何地难以处理,我们总可以通过把实验条件翻译成精确的和足够小的数字,设法从实际已确定的条件出发演绎推出实际上惟一的结果。一个今天看来是无用的演绎,将来有一天当我们用来测量实验条件的仪器灵敏度显著增加时,就会变得有用的了。

139　　现代数学家非常警惕地防止着上述这些证据的出现,因为这些证据经常只是手法巧妙的骗术。我们刚才援引的东西无非是一种骗局。我们能够举出一些案例,明显地与真理相矛盾。正确的演绎就是把作为给定的单独一个理论事实与一个作为结果的单独一个理论事实联系起来。如果给定的是一堆理论事实,结果便是另一堆理论事实。但是,若我们无限制地紧缩第一类的理论事实,并使之尽可能地薄弱,这样做是劳而无功的;它不允许我们把第二堆理论事实的偏差减小到我们所希望的那么多。虽然第一堆无限地狭窄,但形成第二类理论事实的峰仍然是离散和分离的,并不能把它们彼此间的偏差缩小到一定的限度之内。这样的数学演绎对物理学家来说仍然是无用的;无论使实验条件翻译成数字的仪器是多么的精密和细致,这种演绎仍将把一种无限多个不同的实际结果与实际上已确定的实验条件联系起来,并且不允许我们对给定环境中会发生结果作出预测。

J.哈达马德的研究为我们提供了一个非常典型的例子,说明这种演绎是毫无用处的。这个例子是从最不复杂的物理理论(即力学)所必须处理的一个最简单的问题借用来的。

一定质量的物质质点在一表面上滑动,不受重力和其他力的作用;也不存在什么摩擦力干扰其运动。如果它所在的表面是一平面,那么它描出的是一条以匀速运动的直线;如果表面是球面,那么,它描出的乃是一个大圆的弧,其速度也是匀速。不论我们的物质质点在什么表面上运动,它描出的都是几何学家称之为所考虑表面的"测地线"的线条。当我们质点的初始位置及其初始速度的方向给定时,它所要描出的测地线就是完全确定的。

哈达马德的研究特别讨论了负曲率表面的测地线,还讨论了多重关联和有无限多个凹处的情况。[1] 为了进一步讨论怎样从几何上定义这些表面,让我们只限于其中之一例予以说明。

设想一头公牛的前额,在它隆起的地方长着触角和耳朵,在隆起物下面是颈脖;但是,若是把这些触角和耳朵无限制地拉长,以致使它们拉到无限长;这时你就有了一个我们想要研究的表面。

在这一表面上,测地线会向我们表明许多不同的方面。

首先,存在一些自身闭合的测地线。也还存在另一些测地线,它们从不会无限远离它们的出发点,尽管它们决不再准确地通过

---

[1] J.哈达马德:《负曲率表面及其测地线》,载《理论数学与应用数学学报》,第5集,第4卷(1898),第27页。

这个出发点；有些不断地绕着右角旋转，而另一些则绕着左角旋转，或者绕着右耳或左耳旋转。其他的则显得更为复杂，它们能按照一定的规则，这一圈围绕着这个角旋转，下一圈围绕着另一个角或另一只耳朵旋转，如此交替进行。最后，在这个具有无限伸长的角与耳朵的公牛前额上，就会有一些通向无限远的测地线，有些固定在右角，另一些固定在左角，另外还有些或者循着右耳或者循着左耳无限地伸展出去。

尽管这里十分复杂，但如果我们完全准确地知道在这头公牛前额上一个质点的初始位置和初始速度的方向，那么，这个点在其运动中所遵循的测地线就是明确确定的。特别是，我们能知道运动着的这个点与其出发点是否始终保持着有限的距离，或者它是否将无限地运动出去，乃致永不返回。

如果初始条件不是在数学上而是在实际上给定，那么情况就完全不同了：质点的初始位置不再是表面上一个确定的点，而是在一小圆斑内部所取的某个点；初始速度的方向也不是一条明确确定的直线，而是包括在小圆斑所连系的窄带之内的一条线；对于几何学家来说，我们实际确定的初始条件将对应于无限多个不同的初始条件。

让我们设想某些与一条不通向无限远的测地线（例如，一条不断绕着公牛右角旋转的测地线）相对应的几何数据。几何学允许我们作出如下断言：在与同一实际数据相对应的无数个数学数据中，存在着一些数据，能确定一条从其出发点无限远地运动出去的测地线；在绕着右角旋转了一定次数以后，这条测地线将沿着右角或沿着左角，或沿着右耳或左耳通向无限远。进一步说，不管我们把几何数据限定在能代表给定实际数据的范围多么狭窄,我们总能以下面这样一种方式取得这些几何数据,即这条测地线将沿着我们已预先选定的无限多凹处中的一处通向无限远。

增加确定实际数据的精确性,减小质点的初始位置所处的小圆斑,或紧宿包括初始速度方向在内的理论数据范围,都不会带来任何好处,因为,那条不断绕右角旋转时仍保持一定距离的测地线,将不可能摆脱那些不忠实的伙伴,它们在像它那样绕右角方向旋转以后就无限地远去了。这种在固定初始数据时具有较大精确性的惟一效果,是迫使这些测地线在产生它们的无限多个分支之前,就能描出绕右角旋转更多的次数;但是这无限多个分支的产生将决不能被压制住。

所以,如果一个质点被投置在所要研究的表面上,并从几何上给定的位置和几何上给定的速度开始运动,数学演绎就能确定这一点的运动轨迹,并能告诉我们这一轨迹是否将要通向无限远。但是对于物理学家来说,这种演绎是永远没用的。实际上,当初始数据不再能在几何上知道,而是以我们所设定的精确度由物理学程序来确定时,问题就出现了,并且它将永远得不到解答。

四、近似的数学

我们刚才分析的例子是一个在力学(它是复杂性最小的物理理论)中,人们必定要遇到的最简单的问题。这种极端简单性使得哈达马德能够深入透彻地研究这个问题,从而充分揭露了某些数学演绎在物理学上是绝对免不了要无用的。如果我们有可能分析那些与问题十分相合的解,那么我们是否会在许多其他更复杂的问题中得到这种诱人的结论呢?对这个问题的回答似乎很少令人怀疑;数学科学的进步无疑将向我们证明,许多重要问题对数学家来说具有明确定义的,但对物理学家来说则失去了它们全部的意义。

这里有一个与哈达马德所讨论的情况明显有关的问题;它是一个非常著名的问题。①

为了研究组成太阳系的天体的运动,数学家用质点来代替所有这些天体——太阳、行星、小行星、卫星;他们假设这些质点成对地相互吸引,吸引力的大小与它们的质量乘积成正比,而与两质点分离之距离平方成反比。对于这类系统的运动的研究,要比我们前面所讨论的问题复杂得多。这就是科学史上著名的"n体问题";甚至当相互作用的物体数目减少到三个时,"三体问题"对数学家来说也依然是一个令人生畏的难题。

不过,如果我们以数学的精确度知道了构成太阳系的每个物体在给定时刻的位置和速度,我们就可以断言,每个物体从该时刻开始就遵循一条完全确定的轨迹;这个轨迹的有效确定性可能成为数学家有待克服的障碍,这些障碍远没有被排除,但是,我们也许能设想总有一天这些障碍会被排除的。

因此,数学家也许会向自己提出如下的问题:构成太阳系天体的位置和速度现在是多少?它们是否都会继续不停地绕着太阳旋转?还是相反地,是否有可能出现其中一个天体与众不同地最终

---

① J.哈达马德:《负曲率表面及其测地线》,第5集,第4卷,第71页。

脱离它们的伙伴,从而消失在茫茫宇宙中?这个问题就是拉普拉斯认为已经解决了的太阳系的稳定性问题,但是通过现代数学家的努力尤其是亨利·彭加勒的努力,已经特别表明了这个问题的极端困难性。

太阳系的稳定性问题对数学家确实是有意义的,因为物体的初始位置和初始速度对他来说是以数学的精确性知道了的要素。但对天文学家来说,这些要素只有通过包括误差在内的物理程序才能决定,这些误差可以通过观测方法和设备的改进而逐渐减小,但不可能完全没有。结果,问题可能就变成这样一种情况:太阳系的稳定性问题对于天文学家是一个没有任何意义的问题;天文学家提供给数学家的实际数据相当于给数学家提供了无限多个理论数据,两者虽然相近但却有区别。也许在这些数据中,有一些会永远主张所有的天体彼此之间保持一定的距离,而其他数据则会把这些天体中的某个天体抛到广阔无限的宇宙中去。如果这种类似于哈达马德问题所提供的情况在这里出现,则任何与太阳系稳定性相关的数学演绎,对于物理学家来说都将是一种永远无法应用的演绎。

一个人不可能精通天体力学和数学物理学方面大量而困难的演绎方法,而无需怀疑这些演绎中有许多是被指责为永远无效的。

实际上,只要数学演绎局限于断言一个给定的严格真实的命题,就有另外某个这样严格准确的命题作为其结论,那么,这种数学演绎对于物理学家来说就是没有用的。为了对物理学家有用,还是必须证明,当第一个命题只是近似为真时,第二个命题也是近似正确的。可是,甚至连这一点也得不到满足。对这两种近似的范围必须定一个界限；一方面，当测量数据方法的精确程度已知时，需要固定在结果中所能达到的误差范围；另一方面，当我们在确定的近似程度内想要知道结果时，需要确定数据所允许的可能误差。

这些就是我们需要加在数学演绎之上的严格条件，如果我们希望这种绝对精确的语言能够被翻译而不致于曲解物理学家的惯用术语的话，因为物理学家的惯用术语现在是而且将来也是像它们所要表达的知觉那样地模糊和不精确。依据这些条件，并且也只有依据这些条件，我们才有一种关于近似的数学表示。

但是，我们不要被它所欺骗；这种"近似数学"并不是一种较简单和较粗糙形式的数学。相反，它是一种更完善和更精炼形式的数学，要得到问题的解有时是极其困难的，有时甚至超出了当今代数方法所能处理的范围。

第四章 物理实验[①]

一、物理实验不只是对现象的观测，它还是对这种现象的理论解释

所有物理理论的目的都是对实验定律的描述。"真理"和"确定性"这些词汇就这种理论而言只有一种含义；它们表达了理论的最后结果和观测者所建立起来的规则之间的一致性。所以，如果我们不分析实验者所陈述的定律的精确本质，如果我们不精细地注意到他们所能得出的是何种确定性，那么，我们就不能对物理

[①] 这一章和接下来的一章是要分析物理学家所使用的特殊实验方法。在这一点上，我们要求读者记下一些数据。我们认为，我们是第一个在"Quelques réflexions au sujet de la physique expérimentale"（"关于实验物理对象的思考"）(*Revue des Questions Scientifiques*《科学问题学刊》，第2集，第3卷(1894))一文作出这种分析的。G. 米尔豪德在1895—1896年在他的课堂上谈到了这些思想的一部分，他发表了一个讲演集（其中他引用了我们的东西），题目是："La Science rationelle""理性科学"，*Revue de Métaphysique et de Morale*《形而上学与伦理学评论》1896年第4期，第290页；该书还以书的形式出版《理性》（巴黎,1896)爱德华·勒鲁瓦在《科学与哲学》（载于《形而上学与伦理学评论》)(1899年7期503页)一文的第二部分。另一篇论文《实证科学与关于自由的哲学》（收入1900年在巴黎召开的"国际哲学大会"《文集》第一部分:《普通哲学与形而上学》,第313页),都采纳了我们这种对实验方法的分析。E. 威尔博易在《物理科学的方法》(《形而上学与伦理学评论》1899年第7期,579页)也承认一种类似的学说。我们上面引证的这几位学者，常常从我们对物理实验方法所作的分析中，引出超越物理学科的结论；我们不准备跟他们那么远，而始终仅限于物理科学的范围内。

理论作进一步的批判性考察。再者,物理定律只是对无数多个已经做了的或者还可做的实验的总结。因此,我们自然会提出这样的问题:物理实验究竟是什么?

这个问题无疑会使不少读者吃惊。有什么必要提这个问题吗?它的答案不是不证自明的吗?"做一项物理实验"对于任何人来说,除了在一定的条件下产生一种物理现象,使我们能通过合适的仪器作出精确而细致的观测以外,难道还有什么更多的意义吗?

走进一间实验室,来到一张摆满仪器的桌子旁,桌子上有:电池,一块绸布覆盖的铜钱,装满水银的容器,线圈和一个带有镜子的小铁棒。观测者把一根经过橡胶摩擦的铁棒插进一个线圈的小洞里,铁棒就会产生振荡,通过与之相连的镜子,把一束光反射在赛璐珞制的尺子上,观测者就可以在它上面跟踪研究光束的运动。这里,无疑你做了一个实验。通过光斑的振动,物理学家就可以仔细地观测到铁棒的振荡。现在,我们可以问他,他正在做什么?他是否会回答:"我正在研究带有镜子的铁棒的振荡?"不,他会告诉你,他正在测量线圈的电阻。如果你感到惊讶,并问他这些话是什么意思,以及这些话与他所感知到的现象以及与你同时所感知的现象有什么关系时,他会回答说,你的问题需要做很长的解释,并且他会建议你选修一门电学课程。

实际情况的确如此,你刚才所看到的实验与物理学中的任何其他实验一样,都包含两个部分。首先,它是在观测某些事实;其目的是为了使你充分注意到这种观测,并在你的感官上留下足够的印象。这不需要知道什么物理学;实验室主任也许还不如他的助手对这种观测更拿手。其次,它是在对观测事实作出解释;为了做出这种解释,不需要具有高度的注意力和训练有素的眼光;只需要知道已接受的理论,并知道如何应用它们,简而言之,就是需要一位物理学家。任何人,如果他能直接看到光斑在透明标尺上的来回运动,并且看到光斑一会儿跑到右边,一会儿又跑向左边,或者停止在某个点上;做这一些,他不能因此而成为一个伟大的物理学家。但如果他不懂得电动力学,那他就不能完成实验,他也测不了线圈的电阻。

让我们再看看另一个例子。雷诺特想要研究气体的可压缩性;他取出一定量的气体,把它封闭在玻璃试管内,保持温度恒定,然后测量气体所维持的压力和它所占据的体积。

可以说,这里你对某些现象和某些事实作了精确而又细致的观测。显然,在雷诺特的手里和眼中,以及在它的助手的手里和眼中,有一些具体的事实产生了;对这些事实的记录是否就是雷诺特想对物理学进步所要做的贡献呢?不是!雷诺特用一架观测仪器可以看到水银的表面达到某一刻度;这就是他的实验报告所记录到的东西吗?不是,他记录的是气体所占的体积,具有某某数值。他的助手抬高或降低测高计的镜头,直到水银的另一高度的影像与测高计镜头的细缝平行为止;这时他就能在刻度上和测高计的游标上观测到某些刻度线的布置;这就是我们在雷诺特的论文中发现的东西吗?不是,我们在那里只读到气体所维持的压力是某某数值。他的另一位助手看到温度计中的液体在两条刻度线之间摇摆;这就是他所报告的东西吗?不是,这不过是记录了气体温度在某某度之间的变化。

现在,气体所占据的体积到底是多少呢?它所维持的压力到底是多少呢？它所达到的温度是多少度呢？它们是三个具体的对象吗？不是，它们乃是三个抽象的符号，只有物理理论才能把它们与实际观测到的事实联系起来。

为了形成这些抽象符号中的第一个抽象符号（即密闭气体的体积数值），并使它对应于观测到的事实（即具有某一线标的水银形成的高度），我们就需要核准试管，也就是说，我们不仅需要借助算术和几何学的抽象观念，以及它们所赖以建立的抽象原理，而且还要抽象的质量观念和普通力学以及天体力学的假说，因为普通力学和天体力学的假说证明用天平来比较质量是合理的；我们还需要知道水银在进行标定时特定温度下的比重，尤其是它在 $0°$ 时的特定比重，而要做到这一点又必须求助于流体静力学定律；还要知道水银膨胀的规律，这又需要通过使用一个透镜的仪器来确定，而这又涉及到某些光学定律；所以，只有在掌握了许多物理学知识以后，才能形成一个抽象的观念，即某种气体所占据的体积。

远比这更复杂和更直接地与最深刻的物理理论相联系的，是其他抽象观念的产生，如气体所维持的压力数值。为了定义和测量它，就需要应用压力和内聚力的观念，而要学到这些观念又是非常复杂非常困难的；这又必须依靠拉普拉斯气压计公式的帮助，这个公式不是从流体静力学的定律推导出来的；这就需要引进关于水银的压缩系数的定律，而这个定律的确定又与最棘手的和有争论的弹性理论问题有关。

因此，当雷诺特做了一个实验时，在他眼前有了一些事实，他观测到了现象，但他关于该实验所传达给我们的并不是关于观测到的事实的叙述；他给我们的是一些抽象的符号，已被接受的理论允许他用这些符号来代替他所搜集到的具体证据。

雷诺特所做的也是每个实验物理学家所需要做的;这就是为什么我们能陈述以下原则,其推论将在本书以后的部分加以阐述:

物理实验乃是对现象的精确观测以及对这些现象的解释;这些解释用抽象的和符号的表示来代替观测所实际搜集到的具体数据,它们凭借观测者所承认的理论而与具体的数据相对应。

二、物理实验的结果是抽象的和符号的判断

物理实验与日常经验具有明显区分的特征是,前者引入了理论解释作为其基本要素,而后者则不包括理论解释,这也标志着由上述两种经验所达到的结果。

日常经验的结果是感受到不同具体事实之间的关系。如果人为地产生一个事实,另外某个事实就会随之而出现。例如,把一只青蛙的头砍了,然后在它的左腿上穿过一根钉子,并让它的右腿自由活动,它就会试图把这个钉子弄掉:这里你就有了一个生理学实验的结果。这是对具体而明显的事实的叙述,若要理解它,不需要知道任何一个生理学词汇。

实验物理学家进行操作的结果绝不是对一群具体事实的感受;它是判断某些抽象和符号观念相互关系的表述,而只有理论把它们与实际观测到的事实联系起来。这一真理对于有正常思考能力的任何人都是能立即明白的。只要翻开任何一份物理实验报告并阅读它的结论就行了;它们绝不是纯粹地、简单地说明某些现

象;它们是一些抽象命题,如果你不知道作者所接受的物理理论,你就不能理解附在抽象命题上的意义。例如,当你读到某种气体电池的电动势随着气体压力增加了多少大气压从而增加了多少伏时,这个命题意味着什么? 如果我们不求助于最变化多端和最先进的物理理论,我们就不能赋予它以任何意义。我们曾经说过,压力是一个由理论力学引进来的定量符号,是科学必须处理的最难以把握的概念之一。为了理解"电动势"这个词,我们必须依靠由欧姆和基尔霍夫创立起来的电动力学理论。伏特是实际电磁单位制中电动势的单位;这一单位的定义是根据由安培、冯·诺伊曼和韦伯所建立的电磁感应方程作出的。没有一个用来陈述这一实验结果的词汇,是直接描述可见的和有形的客体的;其中每个观念都具有一种抽象的和符号的意义,这种意义只有通过冗长而复杂的理论媒介才能与具体的实在联系起来。

在对实验结果的陈述中,类似于我们刚才所回顾的那种实验情况,一个人若不懂得物理学,对于他,这一陈述只能是一些僵硬的字母,他只能简单地把它看做是一些技术词汇的排列。也许有人会说,尽管外行人无法理解实验报告,而对于那些直接观测到事实的实验家来说却是清楚的。这种说法也是错误的。

我站在一条正在航行的船上。我听到船长一边瞭望一边大声命令道:"全体预备,起帆!解缆"。作为一个对航海事务一无所知的人,我不理解这些话的意思,但是我见到船上的人各就各位,抓住一条特殊的绳索,有规则地拽着它们。船长的命令对于他们来说是针对有很特别、很具体的目标的,他们心里明白该进行哪些操作。这在外行人看来乃是专业语言训练的结果。

物理学家的语言则完全不同。假定对一个物理学家说出下列的话："如果我们把压力增加到某个大气压,我们就能把电池的电动势增大到某某伏特"。的确,只要一个初通物理理论的新手,他就能把这句话翻译成事实,就能做实验并将实验结果这样表达出来。但是值得注意的是,他可以用无限多种不同的方式做到这一点。他可以通过把水银倒入试管中而增加压力,或者通过提高水槽充水的程度,通过控制水压机,或者通过把压缩机的活塞泵入水中来增加压力。他可以用开口的压力计,或者封口的压力计,或者用金属压力计来测量这一压力。为了测量电动势的变化,他可以有效地使用所有已知型式的静电计,电流计、电功率计和电压计。仪器的每一种新组合都将给他提供观测的新事实;他将可以改变仪器的使用方式,使最初的实验者不加怀疑,并且看到这位实验者从未看到过的现象。无论怎样,所有这些不同的操作,尽管原来的操作者没有看到与先前相似的操作,然而它们并不是真正不同的实验;它们只是同一实验的不同操作形式罢了;由此而实际产生的事实,尽管可能与以前的不相似,但对这些事实的感觉仍可以用如下单独一个命题来表达:当压力增加了多少个大气压时,某个电池的电动势就增加了多少伏特。

所以,事情很清楚,物理学家用以表达其实验结果的语言,不是一种类似于在各种艺术和贸易中所使用的专业术语。后一种语言类似于初学者能把它翻译成事实的专门语言,其不同点只在于,一种专门语言的给定一句话表达的是对某些非常特殊的对象所进行的特殊操作,而物理学家语言的一句话可以用无限多种不同的方式翻译成事实。

彭加勒曾提出过一个我们现在正在反对的观点,[1]他反对我们和爱德华·勒鲁瓦一起坚持这样的观点:理论解释在陈述实验事实中起了相当重要的作用。按照彭加勒,物理理论应该只是一种词汇,容许我们把具体的事实翻译成简单的和方便的约定语言。他说道,"科学事实无非只是一种用方便的语言陈述出来的无理性的事实"。[2] 他又接着说,"科学家在事实上所能创造的一切,就是他用来陈述事实的语言"。[3]

当我观察电流计时并且问一个外行的来访者:"正在通过它的是电流吗?"他走过去察看一下电线,以便看看是否有什么东西通过它。但是,如果我向懂得我的语言的助手提出同样的问题,他就会意识到,这意思就是,那个点[4]是否移动了位置?于是他会去察看刻度盘。

"在陈述无理性事实和陈述科学事实之间有什么差别吗?这与用法语陈述无理性事实和用德语陈述同一事实之间有着同样的差别一样。科学的陈述是把无理性的陈述翻译成与日常法语或日常德语有区别的语言,这主要是因为这种语言只是供少数人使用的。"[5]

下述这种说法是不正确的:"有电流在"这几个字只是表达这

---

[1] 亨利·彭加勒:《论物理理论的客观价值》,载《形而上学与伦理学学刊》,1902年第10期,第263页。
[2] 同上,第272页。
[3] 同上,第273页。
[4] 这就是我们称做光线的小圆点,一个与电流计的磁铁相联系的镜子把它反射到刻度尺上。
[5] 亨利·彭加勒:《论物理理论的客观价值》,第270页。

样一个事实的一种约定方式,这事实就是电流计的小磁针发生了偏转。实际上,对"有电流吗?"这个问题,我的助手会很好地回答:"有电流,不过磁针没有偏转;电流计出毛病了"。为什么尽管电流计上没有读数,他却说有电流呢?因为他看到与电流计放在同一线圈中的伏特计有气泡被释放出来了;或者串联在同一导线上的白炽灯亮了;或者被这条导线缠绕的线圈逐渐变热了;或者导体的裂缝处产生了火花;因为,根据已有的理论,上述每一个事实就像电流计的指针发生了偏转一样,也可以翻译成"有电流在"。所以,这几个字并不是用专业的和约定的语言来表达某个具体事实;作为一个符号公式,它对物理理论的门外汉是没有意义的;但是对一个懂得这些理论的人来说,它可以用无限多种不同的方式翻译成具体的事实,因为所有这些根本不同的事实都能接受同一种理论解释。

彭加勒知道,这个反对意见能够使之成为他所维护的学说;① 下面就是他对他的学说的说明以及对反对意见的回答:"然而,让我们不要走得太快。为了测量电流,我可以选用各种类型的电流计或者只用一只电功率计。然后当我说'在这一回路中有多少安培的电流'时,那就意味着,'如果我把电功率计与这一回路相联接,我将看到光点到达刻度 b'。并且它还意味着许多其他事情,因为电流本身不仅可以显示机械效应,而且也可以显示化学效应、

---

① 关于这一点没有任何可惊讶的事情,因为我们看到,自 1894 年以来,上述理论已被我们用实际上相同的术语发表过了,而彭加勒的文章却发表在 1902 年。若把这两篇文章加以比较,读者就会看到,在这一讨论中彭加勒正在反对我们站在勒鲁瓦的立场上考察事物。

热效应和光效应等等。"

"所以,你就有了一个与大量绝对不同的无理性事实相一致的陈述。为什么?因为我接受了一条定律,根据这条定律,每次既可以产生某种机械效应,也可以产生某种化学效应。很多以前的实验从来没有向我们证明这条定律是错的,于是我就认识到,我能够用同一个命题来表达两个彼此经常有关联的事实。"①

所以,彭加勒认识到,"某条导线带有多少安培的电流"这句话表示的并不是单独一个事实,而是表示了无数个可能的事实,并且他是根据不同实验定律之间的恒定关系而认识到这一点的。但是这些关系是否就确切地是人们称之为"电流的理论"呢?正是因为假定这个理论的结构有"在这一线路中有多少安培的电流"这句话,就可能包含着许多不同的意义。科学家的作用不只是局限于创造一种精确的和清晰的语言用来表示具体事实;而是在创造这种语言时,预先就假定要创造一种物理理论。

在抽象符号和具体事实之间,可以有对应的关系,但不可能完全对称;抽象的符号不能是具体事实的适当表达,具体的事实也不能是抽象符号的精确体现;物理学家用来表达他在实验过程中已经观测到的具体事实的那些抽象的符号公式,并不能完全等同于这些事实或者忠实地说出这些观测。

这种在真实观测到的实际事实和理论事实(即物理学家所陈述的抽象符号公式)之间的不对称性,向我们揭示出了,当一些很不同的具体事实由于一种理论解释而相互融合构成一个相同的实

---

① 彭加勒:《论物理理论的客观价值》,第 270 页。

验时,或者被表达为单独一个符号命题时:同一个理论事实可以对应于无数个不同的实际事实。

这同一种不对称性也可以清楚地翻译成另一种结论:同一个实际事实可以对应于无数个逻辑上不相容的理论事实;一般来说,同一群具体事实可以使之不对应于单独一个符号判断,而是对应于无数个彼此不同的并且在逻辑上互相矛盾的判断。

一位实验家作了某些观测;他把它们翻译成如下陈述:增加100个大气压的压力就可以使一给定气体电池的电动势增加0.0845伏。他也可以这样说:这个压力的增加引起电动势增加了0.0844伏,或者说压力使电动势增加了0.0846伏。物理学家怎样能把这些不同的命题等同起来呢?对于数学家来说它们是相互矛盾的;如果数字是845,它就不是、也不能是844或846。

当物理学家宣布这三个判断在他眼里是一回事时,他的意思就是:当我们接受了电势差为0.0845伏时,他依靠已有的理论计算出了在电池所提供的电流流进仪器时,电流计的指针将产生偏差。事实上,这就是他的感官将恰当观测到的现象,并且他发现,这个偏离会达到一定的数值。如果他根据给定的电池电动势差0.0844伏或者0.0846伏重复进行同样的计算,他又会发现磁针偏差具有其他数值;但是由此而计算出来的三个偏差差别极小,以致无法在刻度盘上明显地辨认出来。这就是为什么物理学家要把0.0845伏、0.0844伏和0.0846伏这三个数值看做是同一个电动势差的测量值,而数学家则认为它们是不相容的。

在精确的和严格的理论事实与我们的感觉在每一件事情上所揭示出来的模糊的和轮廓不清的实际事实之间,是不能相当的。

这就是为什么同一个实际事实可以与无数个理论事实相对应的原因。我们在上一章中曾坚持主张这种不对称性及其结论,这已足以使得我们在这一章中没有必要再讨论这个问题了。

因此,单独一个理论事实可以翻译成无数个根本不同的实际事实;而单独一个实际事实又对应有无数个不相容的理论事实。这种双重的观测以令人非常惊讶的方式呈现出一个我们想要证明的真理:在实验过程中实际观测到的现象和物理学家所表述的结果之间,穿插着一个非常复杂的思维过程,其中,用抽象的符号判断代替了对具体事实的叙述。

三、只有对现象作理论解释才可能使仪器成为有用的

物理学家运用智力操作对他所实际观测到的现象按照已有的理论来解释;这种智力操作的重要性不仅在实验结果所采取的形式中可以明显地看到,而且就在实验家所使用的手段中也明显地表现了出来。

如果我们不能用一种数学所采取的抽象和图解式的描述,来代替具体的包括仪器在内的对象,如果我们不能把意味着吸收了理论的演绎和演算提供给这种抽象的结合,那么,在物理实验室中使用这些仪器实际上将是不可能的。

初看起来,这个论断可能会使读者感到惊讶。

许多人都使用放大镜这类物理仪器。然而,为了使用它,人们不需要把这块凸面的、磨光的、发亮的和沉重的用铜或用角质物镶

第四章　物理实验

好的镜子换成一对球面的,具有一定折射率的镜子,虽然只有这种构形才适合屈光学中的数学推理,他们不需要事先研究屈光学或者知道放大镜的理论。他们所需要做的只是首先用自己的眼睛去看一个对象,然后再用放大镜去看同一个对象,目的是要感觉到,这个对象在上述两种情况下具有相同的外形,只是第二种情况下比第一种情况下显得要大一些;因此,如果放大镜使他们看到了一个用肉眼不能感觉到的对象,那么,从常识就足以产生一个完全自发的概括,使得他们能够断言这个对象由于放大镜的放大作用而成为可见的了,但它不是由透头所创造的或使之变了形的。因此这种对常识的自发判断足以使人们认为在观测过程中使用放大镜是合理的;这些观测结果根本与屈光学理论无关。

我们选择的这个例子是从物理学中一种最简单、最原始的仪器借用来的。然而,我们是否真的可以不需要借助任何屈光学理论而使用这种仪器呢?通过放大镜看到的对象,其周边似乎被彩虹的颜色所环绕;它是否就是色散理论所告诉我们的,把这些颜色看成是由仪器造成的,并且当我们描述所观测的对象时就不考虑这些颜色了呢?当它不再只是一个简单的放大镜而是一个大功率的显微镜时,这样的评论该有多么重要啊!如果我们只是对所观测的对象赋予由仪器显示出来的形状和颜色的特性,或者如果我们根据光学理论所作的讨论并没有让我们能把现象的作用和实在的作用区分开来,那么,有时我们就会犯下何等不可思议的错误啊!

诚然,即便用这种显微镜只是想对很小的具体对象作出纯粹定性的描述,我们也仍然与物理学家所使用的仪器相距甚远;依靠这些仪器组合起来的实验,其目的不是终止对真实事实的叙述,也不是终止对具体对象的描述,而是对理论所创造的某些符号作出定量评估。

例如,现在有一个称为正切电流计的仪器。被绝缘绸布裹着的铜线绕在圆形的框架上;在框架的中央有一个用丝线悬挂着的小磁铁棒;小铁棒的下端连着一根铝指针,它可以左右旋转,外围有一个刻度盘。这就使得人们能精确地报告小铁棒转动所指的方向。当铜线的两端与一个电池的两极相连接时,磁针就会发生偏转,其偏转角可以在刻度盘上读出来;例如,偏转角是30°。

仅仅感觉到这一事实并不意味着对物理理论的任何承诺,同样也不足以构成一个物理实验。事实上,物理学家的目的不是想要知道磁针受到多大的偏转,而是要测量通过铜线中的电流强度。

现在,为了计算这个与观测到的偏转角30°的数值相符合的电流强度数值,他必须把这个观察到的偏转值引入某个公式。这个公式是电磁定律的一个推论;任何人只要他不把拉普拉斯和安培的电磁学理论看做是正确的,那么,这个公式的应用以及对已知电流强度所作的计算就会是真正毫无意义的。

这个公式可以应用于所有可能的正切电流计,也适用于它所有的偏转以及所有的电流强度。为了得到我们想要测量的特定电流强度的值,我们不仅必须仅限于在这个公式引入刚刚观测到的偏转角30°这一特定数值,而且还要指明这个公式不是应用于任何其他一种正切电流计,而只是应用于我们所用的这台特定的正切电流计。我们如何做到这种特殊的应用呢?必须让公式中的某些字母代表仪器的一些特征常数:电流在其中通过的圆形电流的半径,磁针的磁力矩,仪器所在处磁场的大小和方向。这些字母用适合于所用的仪器和仪器所在实验室的数值来代替。

那么,当我们表达在某个实验室里使用了某种仪器这个事实时,这种表达方式预先假定了什么呢？这里假定了,我们已用一个完全由其半径确定的圆的圆周线或几何线来代替了其中已引入电流的具有一定厚度的铜线;又假定了我们用一条无限小的、可以绕着垂直轴无摩擦地转动并且具有一定的磁矩的水平轴,来代替了一块具有一定大小和形状并用丝线悬挂着的磁铁;还假定了,我们用一个由具有一定方向和强度的磁场所完全确定的某个空间,来代替了在其中进行实验的实验室。

因此,只要它是一个简单地看一下磁偏转读数的问题,那我们所做的就是接触和查看一堆铜线、铁丝、铝针、放大镜和丝线,这些东西都堆放在某个位于波尔多科学工厂大楼第一层的实验室中的一张桌子上,边上还放着三个标准化的螺钉。但是,当我们解释所得到的读数并应用正切电流计的公式来完成这一实验时,我们就离开了这个实验室了,一个不懂物理学的访问者可能进入那里,这样,这台仪器就可能被一个完全不懂电磁学的人来考察;我们已经代之以一系列的东西:磁场、磁轴、磁矩,一定强度的环形电流,也就是说,代之以只有物理理论才能给予意义的一群符号,而这对于那些不懂电磁学的人来说乃是无法理解的。

因此,当物理学家在做一个实验时,对于他正在工作的仪器,在他心中有两种非常不同的描述:一种是他实际操作的具体仪器的形象;另一种是同一仪器的图解式的模型,它是借助于理论所提供的符号而建构起来的;并且正是根据这种理想化和符号化的仪器上,他来进行推理,同时把物理定律和公式应用于其上。

当我们说我们通过适当的校正消除了误差根源而增加了实验的精确性时,这些原理使得我们能确定什么是我们所一致理解的东西。事实上,我们将看到,这些校正无非是由实验的理论解释而带来的改进。

随着物理学的不断进步,我们看到,物理学家使其与同一具体事实相关联的那一群抽象判断的不确定性在不断减少;实验结果的近似程度不断改善,这不仅是因为制造商提供了更加精密的仪器,而且是因为物理理论提供了越来越令人满意的规则,去建立事实与用以描述它们的图解或观念之间的对应关系。的确,精确性不断地在增加,是由于仪器的复杂性在增加了,并受惠于观测,同时我们既观测到主要的事实,也观测到一系列次要的事实,并且也是由于使原始经验资料越来越数量化以及越来越细致地变换和组合的需要;我们根据实验的直接数据所作的变换乃是我们所做的修正。

如果物理实验纯粹是对事实的观测,那么,所谓进行修正就是荒谬可笑的了,因为去告诉一位已经做了认真、仔细和谨慎观测的人说:"你已经看到的东西不是你应该看到的东西;让我做些计算来教你应当观测到什么",这会是滑稽可笑的了。

另一方面,只要人们记住物理实验不只是对一群事实的观测,而且还包括借助来自物理理论的规则,把这些事实转变成符号语言,那么,修正的逻辑作用便能很容易理解了。事实上,这样做的结果是物理学家不断地比较两种仪器,即比较他实际操作的仪器和他赖以进行推理的理想的和符号化的仪器;例如,气压计一词对于雷诺特来说指的是两种基本不同但又不可分离的事情：一方面，它是一系列玻璃试管，固定地相互联接着，支撑在莱西·亨利四世塔的墙上，并且装满了非常重的化学家称之为水银的金属液体；另一方面，它又是力学中称之为理想液体的圆柱状的理性产物，圆柱的每一点上都具有一定的密度和温度，由某个关于压缩和膨胀的方程来确定。正是靠了这两种气压计中的第一种，雷诺特实验室的助手才能对准其高差计的目镜，但是当这位伟大物理学家应用流体静力学的定律时，他使用的是第二种仪器。

　　图解式的仪器并不、也不可能与实际仪器完全等价，但是我们可以设想给它一个多少完备的形象，那是可能的；我们可以想象物理学家根据图解式的仪器进行推理，显然这种仪器是太简单而又太脱离实际了，所以，他在推理以后，将寻找一个更精致又与实际更相似的图式来代替它。这种从某一种图解式仪器向另一种能使具体仪器更好地符号化的图解式仪器的转换，本质上就是物理学所指修正一词的操作。

　　雷诺特的助手告诉他气压计的水银柱高度；雷诺特对它作了修正；那么，这是否意味着雷诺特怀疑他的助手看得不仔细而搞错了读数呢？不是，他完全相信他的助手所作的观测；如果他不相信，他就不能修正实验，而只能重做一遍实验。所以，如果雷诺特用另一高度来替换他的助手所确定的高度，这正是思维操作的力量，目的是要减少两种气压计之间的不对称性，一种是只存在于他的推理之中并被用于计算的理想的、符号化的气压计；另一种是他所面对的真实的由玻璃和水银组成的气压计，他的助手正是从这上面得到读数的。雷诺特可以用理想的气压计来描述这真实的气压计,构成一种不可压缩的流体,这种流体各处都具有相同的温度,并且在它的自由表面的每一点上都经受一个与高度无关的大气压;在这种过分简化的图式和真实情况之间会有很大的差别,以致实验是不够精确的。于是,他可以设想一个新的理想气压计,它比原来的复杂些,但能更好地描述真实和具体的仪器;他用可压缩的流体来构造这种新气压计,并且让各点的温度逐点变化;他也可以让气压随着水银柱在大气中的升高而变化。所有这些对原来图式的改进构成了如此多的修正:对于水银可压缩性的修正,对于水银柱不等温的修正,对于气压计高度的拉普拉斯式修正;所有这些修正都将增加实验的精确性。

物理学家通过修正而使观测到的事实的理论描述复杂化,以便使得这种描述更加接近于把握实在;这有点类似于艺术家,当他完成了一幅画的草图以后,他总要作进一步细致的描绘,以便能在平面上更好地画出模型的轮廓。

不论是谁,如果在物理实验中只看到对事实的观测,他就不会理解修正在这些实验中所起的作用;他甚至也不能理解实验所涉及到的"系统误差"这个词的含义是什么。

让造成系统误差的原因保留在实验中,就是取消作出可能的修正以使实验的精确性增加;它意味着我们只满足于很简单的理论图像,尽管我们可以用更加复杂的、能更好地描述实在的图像来代替它;它意味着我们只满足于草图,尽管我们有可能创作一幅精美的画。

在雷诺特关于气体可压缩性的实验中,他允许造成系统误差的原因存在,是因为他当时还没有觉察到并且一直没有被指出来:

他忽略了在一定压力下重量对气体的作用。当我们批评雷诺特没有考虑到这种作用并且未能作出这一修正时,我们指的又是什么呢？我们是否是指,当他观测发生在他面前的现象时他的感觉欺骗了他呢？完全不是。我们批评他是因为他把一定压力下的气体描述成一种均匀流体,因而对这些事实给出了过于简化的理论图像,但如果他能把这种气体看做一种其压力随高度按某个定律而改变的流体,那么,他就会获得一个新的抽象图像,它比他原来的更复杂,但却能更忠实地再现真理。

四、论对物理实验的批评,它在哪些方面不同于对普通证明的考察

由于物理实验不单纯是对事实的观测,而完全是另外一回事,我们不难设想,实验结果的确定性完全属于另外一个层次,而不仅仅是涉及由感官单纯观测的事实。同样可以理解的是,这些不同种类的确定性应该通过完全不同的方法来认识。

若有一个诚实的见证人,在主观上尽力做到不混淆并发挥知觉想像力的作用,并且知道如何很好地运用他所使用的语言来清楚地表达他的思想,当他说他已经观测到一个事实时,该事实是确实的：如果我向你宣称,在某某天某某时候我在某条街上看到一匹白色的马,除非你有理由怀疑我说谎或者产生了幻觉,否则你就应该相信,在那一天那个时候确有一匹白马在那条街上。

这种信任与物理学家作为一个实验结果而陈述的命题不是同一回事；如果物理学家把自己局限在仅仅叙述他所看到的事实,即

局限在用自己的眼睛所看到的这种严格意义上的事实,那么,他的证明就应该按照确定一个人的证明可信度的常规来进行检查;如果这位物理学家被认为是值得信任的——一般情况会如此,——我认为他的证明就应该作为真理的表达而被接受下来。

但是,需要再一次指出的是,这位物理学家作为实验结果所做的陈述,不是对观测到的事实的叙述,而是解释,并把这些事实转换成理想的、抽象的和符号化的世界,这个世界是由他所确认的理论创造出来的。

所以,当我们让物理学家的证明服从那些用来确定见证人可信度的规则之后,我们还要作一点批评,作一点最容易的批评,以确定他的实验的价值。

首先,我们必须非常仔细地考察一下物理学家认为已确立的理论以及他用来解释他所考察到的事实的理论。对我们来说,如果不懂得这些理论,就不可能理解他给他自己的陈述所赋予的意义;我们面前的这位物理学家,作为一个见证人,就会面临着一种不理解见证者语言的判断。

如果这位物理学家所承认的理论也是我们所接受的理论,如果我们同意遵循同样的规则来解释同样的现象,那么,我们说的就是同样的语言并能相互理解。但是,事情并不总是如此。当我们讨论不属于我们学派的物理学家的实验时,情况就不是如此了;特别是当我们所讨论的物理学家的实验与我们相距 50 年,100 年甚至 200 年时,情况就更不是如此了。这时我们必须设法在我们所研究的作者的理论观念和我们自己的理论观念之间建立起一种对应关系,并且借助我们所使用的符号来重新解释他根据他所用的符号所解释过的东西。如果我们成功地做到了这一点,讨论他的实验才有可能;这个实验将是我们使用不适合于我们的语言而作出的一例证明,但这种语言也是我们所具有的一种词汇;我们能够把它翻译出来并研究它。

例如,牛顿曾经做过一些关于光环颜色的实验;他曾用他自己所创立的光学理论,即发射论来解释这些观测现象;他在解释它们时,给每种颜色的光的微粒指定一个"一阵容易反射"和"一阵容易穿透"之间的距离。后来,当杨和菲涅尔用光的波动论来代替光的发射论时,他们就有可能使新理论的某些要素对应于旧理论的某些要素;特别是,他们看到了那种一阵容易反射和一阵容易穿透之间的距离就相当于他们称之为波长的四分之一。正是由于他们的这些观测,使牛顿的实验结果能够被翻译成波动的语言;牛顿所得到的数值乘以 4 就可得到各种颜色光的波长。

与此相似,毕奥关于光的偏振问题曾做过许多详细的实验,并用发射说解释了它们;菲涅尔能够把它们翻译成波动论的语言,并用它们来检验波动论。

相反,如果我们关于我们正在讨论其实验的物理学家的理论观念不能获得足够的信息,如果我们不能在他所采用的符号和我们所接受的理论所提供的符号之间建立起一种对应关系,那么,物理学家藉以翻译其实验结果的命题对于我们来说就分不清是真的还是假的了;它们只是一些没有意义的僵硬的字母;它们在我们眼里就像伊特拉斯坎人或者莱古里安人的铭文在碑文研究家眼里一样:文件是用不能翻译的语言写出的。过去时代的物理学家所积累的多少观测事实因此而永远失去! 这些观测者忽视了告诉我们他们所用来解释事实的方法,因而不可能把他们的解释转变成我们的理论。他们把他们的思想封闭在一种我们没有钥匙打开的符号箱中。

也许这些初始的原理看来是朴素的,有人会对我们坚持维护它们感到吃惊;然而,如果这些规则是平凡的,那么,没有它们仍然是更加平凡的。不论那里有多少科学讨论,其中每个论战者都想要在对事实占有压倒一切的证明下压垮他的对手!每个人都可为其对手的论据提供出矛盾的观测。这种矛盾并不存在于实在中,实在总是自洽的,矛盾只存在于论战者用来表达这一实在的理论中。在我们前辈的文章中,有多少命题被认为具有重大的错误啊!如果我们真的想要在给出这些命题的理论中探讨它们的真正含义,如果我们不厌其烦地把它们翻译成我们今天所欣赏的理论语言,我们或许就应把它们当作伟大的真理加以纪念了。

假定我们已经看出了实验家所接受的理论和我们认为是准确的理论之间具有一致性。但是,在我们能够立即接受他据以陈述实验结果所做的判断之前,依然存在着许多不足:我们这时必须研究他在解释观测事实的过程中是否正确地应用了我们共同的理论所一般提供的规则;有时我们还注意到,实验家并没有满足所有合法的要求;当他应用他的理论时,他也许已在推理或计算中犯下了错误;因而,推理需要重做或者计算需要再做一遍;实验结果也必须加以修改,已得到的数据需要用新的数据来替换。

我们所做的实验始终是连续并行地使用两类仪器,即研究者所操作的真实仪器和据以进行推理的理想的、图解式的仪器。这两类仪器的比较必须由我们重新开始,为了做好这一比较工作,我们必须确切了解两方面。我们对第二种仪器可以有充分的知识，因为它是由数学符号和公式来确定的。但是对第一种仪器情况不是如此；我们不得不从实验家给我们所提供的描述中尽可能准确地形成一种关于仪器的观念。这样的描述是充分的吗？它是否向我们提供了所有对我们可能有用的信息呢？被研究物体的状态，它们的化学纯度，它们所处的环境，它们所可能经历到的干扰，一千次中只要有一次事故就可能对实验结果产生影响，所有这一切是否都已经仔细和认真地作确定了，而没有留下什么应当考虑的东西呢？

一旦我们对所有这些问题都作了回答，我们就能够研究图解式仪器在什么范围内可以提供与具体仪器相似的图像；我们就能够发现，我们是否可以通过使理想仪器的定义复杂化而获得更加接近真实的相似性；我们就能够回答引起系统误差的所有重要原因是否都已被消除，所有必要的修正是否都已做了。

即便我们假设，实验家为了解释他的观测而使用了我们与他共同接受的理论，他在解释过程中已能正确地运用这些理论所规定的规则，他已仔细地研究并描述了他所用的仪器，并且已消除了造成系统误差的原因或者修正了误差带来的后果——这一切都依然不足以成为接受他的实验结果的充分理由。我们曾经说过，理论用来联系观测事实的抽象的和数学的命题，并没有被完全确定下来；有无数不同的命题可以与同样的事实相对应，有无数不同数值评估可以与相同的测量相对应。我们用来表达实验结果的抽象数学命题的不确定程度，就是我们所说的这个实验的近似程度。我们必须知道我们正在研究的实验所具有的近似程度；如果实验家已经指出它了,我们就必须检验他借以对之作出评估的程序。如果他还没有指出,我们就必须根据我们自己的分析来确定它。这是一个多么复杂又极其细致的运作啊!对于一个实验精确度的评估,首先需要的是我们对观测者感官的敏锐性作出判断。天文学家试图用个人误差的数学形式来确定这种信息,但它很少具有几何学和谐一致的特征,因为它受个人的好恶所支配。其次,这种评估要求,我们要估计我们无法校正的系统误差;但是,在尽可能完全地列举出这些误差的原因之后,我们并不能保证已经枚举无遗了,因为具体实在的复杂性超出了我们的眼界。在偶然误差之外的,全都是没有怀疑原因的系统误差——对确定误差条件的无知,使我们不能去校正这些误差。数学家们在这种无知所许可的范围内乘机杜撰出关于这些误差的许多假说,使得他们能够根据某些数学运算来减弱误差所造成的结果,但是,关于可能误差理论的价值就在于这些假说的有效性;我们又如何知道这些假说是有价值的呢?因为除非我们知道这些误差的原因,否则我们根本就不知道这些假说所涉及的是些什么误差。

所以,对实验近似程度的评估是一件非常复杂的工作。在这件工作中往往很难维持任何逻辑程序;这时推理应该让位于稀少而罕见的品质,它是一类我们称之为实验感觉的本能或鉴别力,只有深刻的思维才有资格佩戴的这种徽章,而几何思维则无此荣耀。

对支配物理实验的研究及其采纳或拒斥规则的单纯描述,足以明显地确立以下的基本真理:物理学中的实验结果并不像通过一个具有健全身心的人的单纯观看或触摸这些非科学方法所确定的事实那样具有同样程度的确定性;由于缺少自我证明和受到那些日常证明可以免除的论争,物理实验的这种确定性始终保持着从属于由整个理论体系所激励的信任。

五、物理实验要比非科学地确立的事实具有更小的确定性,但是更精确、更详细

　　成熟的科学家都相信,科学实验的结果不同于普通观测,它具有较高程度的确定性。他们错了,因为对物理实验的说明并没有比较容易检验的、普通的、非科学的证明所具有的那种直接确定性。虽然前者比后者的确定性较小,但物理实验却以数字表达以及使我们了解细节的精确性而领先于普通的非科学证明,这使我们认识到:物理实验的结果具有真正的和基本的优越性。

　　普通的证明,它报告的是通过常识程序而不是通过科学方法所建立的事实。所以这种证明只能在牺牲细节或精密性的条件下是确定的,而且还得把事实当做一个总体,或在其最显著的方面才能是确定的。在某个城市的某条街上,靠近某个时候,我看到了一匹白马:这就是我以确定性所肯定的东西。也许,除了其他细节之外,我还能够在一般陈述上增加某些引起我注意的特点,诸如马的特殊姿态,色彩斑斓的马鞍等,但这并不会给我带来任何进一步的问题;我的记忆会被干扰,我的答案也模糊了;若进一步追问下去,我很快就会告诉你:"我不知道"。除了极少的例外,普通证明只能在较小精确性和较少分析的程度上提供保证,它只能停留在最笼统的和最浅显的思考上。

对物理实验的说明便完全不同了:它并不满足于只让我们知道总体的现象;它要求分析它,从而告诉我们最微小的细节和最详密的特点,并能准确地注意到每个细节和特点的品位和相对重要性;它要求给予我们足够的信息,使得不论何时只要我们愿意,我们就能根据报告准确地复制这个现象,或者至少在理论上相当的现象。这个要求将超出科学实验所具有的能力,它也超出普通观测的能力,所以,科学实验在装备上并不比普通观察更好。构成和围绕多个现象细节的数目和琐事对记忆来说是太多了,又穷于描述,以致只能为想像力规定一个方向。尤其是,如果某位物理学家没有卓越的分类和表述手段,没有一种非常清楚精确的符号描述手段、即数学理论来为他服务,如果他又没有为了注意每个特点的相对重要性而以数值评估(即测量)来提供进行判断所需要的精确而简洁的方法,情况就更是如此。如果某个人打赌不用任何理论语言就可以描绘当今的物理实验,例如,如果他试图详述雷诺特关于气体可压缩性的实验,而不用任何雷诺特所提到的依靠物理理论抽象的和符号的表达,即不用像压力、温度、密度、重力强度、透镜的光轴等这些词汇,他就会发现,对这些实验的说明只会提供一幅最为混乱、最为复杂和最难以理解的画面。

所以,如果说理论解释从物理实验的结果中消除了普通观测资料所具有的直接确定性,那么,另一方面,正是由于理论解释才使得科学实验能比常识更深入对现象作详细的分析,并对这些现象作出描述,其精确性则远远超出日常语言的准确性。

第五章　物理定律

一、物理定律是符号关系

就像常识定律是基于人的自然手段对事实所做的观测一样，物理定律是基于物理实验的结果。当然，将一个事实的非科学的确定与物理实验的结果区分开来的深刻差别，也将把常识定律与物理定律区分开来；因此，我们关于物理实验所说的一切几乎都可以推广到科学所陈述的定律。

让我们来考虑一个最简单也是最确定的常识定律：所有的人都是会死的。这个定律显然与两个抽象的概念相关，即在一般意义上的抽象的人的观念（而不是这个或那个特定人的具体观念），以及抽象的关于死的观念（而不是这种或那种死亡形式的具体观念）；实际上，也只有在这种条件下，即有关的概念都是抽象的，这个定律才可能是普遍的。但是，这些抽象的东西绝不是理论的符号，因为它们仅仅是从定律所适用的各个特定情况中抽取出来的共同的东西。因此，在我们应用定律的每个特定情况下，我们将发现这些抽象的观念得以实现的具体对象；每当我们想要断言所有人都是会死的，我们就会发现自己是用某个个别人把人的普遍观念具体化了，用某种特定形式的死来暗示着关于死的普遍观念。

让我们再来看看另外一个定律,它是米尔豪德解释我们早先表达过的这些观念时所引用过的一个例子。① 这是一条关于物理学领域里所属物体的定律,但它已有物理定律所具有的形式,尽管当时这个知识部门还未取得理性科学的地位,而只是作为依附于常识的知识而存在。

下面就是这个定律:我们在听到雷声之前先看到闪电。这一陈述把雷声和闪电紧密联系在一起的观念是抽象的和普遍的观念,但是这些抽象观念是那么自然而然地从特定的事例中推引出来,以致在每一次电闪中,我们都感受到一道闪光和一声轰鸣,而使我们直接认识到我们关于闪电和雷声观念的具体形式。

然而,这还不是真正的物理定律。让我们取一条物理定律,即马略特定律②来看看。我们暂且不考虑它的准确性,而只考察它的表述形式。在恒温下,一定质量的气体所占据的体积与它们所受的压力成反比;这就是马略特定律的陈述。它所引进的术语,像质量、温度和压力等观念,仍然是抽象的观念。但这些观念不仅仅是抽象的,它们还是符号式的,这些符号只有依靠物理理论才具有其意义。让我们考虑一种真实的具体的气体来应用马略特定律;我们不再考虑某一具体的温度来代表温度这个普遍观念,而是讨论一种有点是温暖的气体;我们也不再用某一特定的压力来代表压力这个普遍观念,而是考虑一个以某种方式承受一定重量的气泵。无疑,某一确定的温度对应于这种有点温暖的气体,而且有一

---

① G.米尔豪德:《理性科学》载《形而上学与伦理学评论》,1896年第4期,第280页;重印于《理性》(巴黎,1898),第44页。
② 英译者注:波义耳定律。

定的压力对应于施加在气泵上的作用力,但是这种对应关系只是一种用来表示和代替事物的符号的对应关系,或者是用符号表示的实在之间的关系。这种对应关系绝不是直接给定的;它是借助仪器和测量的帮助建立起来的,并且这常常是一个非常长、非常复杂的过程。为了给这个有点温暖的气体规定一个确定的温度,我们必须求助于温度计;为了估计气泵所施加的压力大小,我们必须使用气压计,而温度计和气压计的使用,就像我们在上一章所看到的那样,则意味着物理理论的应用。

涉及常识定律的抽象术语一般不会超出具体观测到的对象,从具体到抽象的过渡是在一种必然而自发的过程中完成的,以致它仍是下意识的;只要有某个人或某种形式的死亡存在,我们就能够把它们与人这个普遍观念和死这个普遍观念直接联系起来。可以说,这种本能的和未经思考的过程产生了一些未经分析的普遍观念,即可以说是笼统采取的抽象观念。无疑,思想家会分析这些普遍的和抽象的观念,他会提问人是什么,死又是什么,并且寻求透彻理解这些词汇的深刻完整的含义。这种探求会使得他能更好地理解一个定律,但是要理解这个定律并不一定要这样做;为了理解这个定律,知道有关术语的明显含义就足够了,这对我们来说是显然的,不论我们是否是哲学家。

另一方面,与物理定律所联系的符号术语不是一种从具体实在中自发发生的抽象东西;它们是由缓慢的、复杂的和自觉工作,即由已详尽阐述的物理理论的长期劳动而产生出来的抽象东西。如果我们没有做这项工作,或者我们不知道物理理论,我们就不能理解这个定律或去应用它。

按照我们采纳的理论不同,表示物理定律的词汇本身也会改变其意义,结果,这条定律可能被一位承认某一理论的物理学家所接受,但却为另一位承认别的理论的物理学家所拒绝。

让我们找两个人,一个是农民,他从来没有分析过人的概念或死的概念;另一个是形而上学家,他一生都在分析它们;再看两位哲学家,他们虽然做过分析却采纳了不同的和不一致的人的概念和死的概念;对于上述所有人来说,"所有人都会死的"这个定律是同样清楚和真实的。同样,"我们听到雷声之前先看见闪电"这个定律,对于完全懂得火花放电定律的物理学家来说也是同样清楚和确定的,就像对于一个罗马平民,他在一道闪电中看到了天使丘比特发怒一样的清楚和确实。

另一方面,让我们来考虑如下的物理定律:"所有气体都以同样方式收缩和膨胀";然后,让我们问问不同的物理学家,碘蒸气是否违反这条定律。第一位物理学家赞成这样的理论,根据这些理论,碘蒸气是单一的气体,并从前面的定律中推出结论:碘蒸气的密度相对于空气来说是恒定的。现在,实验表明这个密度依赖于温度和压力;所以,我们的物理学家得出结论,碘蒸气不遵守上述的定律。第二位物理学家认为,碘蒸气不是单一的气体,而是两种气体的混合,它们是彼此的聚合物并且能够相互转换;结果,上面提到的定律并不要求碘蒸气的密度相对于空气是恒定的,而是要求这一密度按照某种由吉布斯所建立的公式随着温度和压力而变化。实际上,这个公式代表着实验所确定的结果;所以,我们的第二位物理家得出结论说,所有气体都以同样方式收缩和膨胀这样陈述的规则,对碘蒸气也不例外。这样,我们这两位物理学家对于以同样形式说出的定律就有着完全不同的看法:一位根据某一事实发现了它有错误,另一位则发现它被那个事实本身所证实。这是因为他们各自所承认的不同理论并不能惟一地确定"单一气体"这个词的含义,所以,虽然他们二人谈论的是同一句话,但所指的却是两个完全不同的命题;为了把他们的命题与实在做比较,每个人都作出不同的计算,从而对某一位来说是证实了该定律,而对另一位来说虽根据同样的事实却作出了矛盾的判断。这就清楚地证明了下述真理:物理定律是一种符号关系,这种符号关系应用于具体的实在时,要求知道并接受整个一群的定律。

二、恰当地说,物理定律既非真,也非假,而是近似的

常识定律仅仅是一种普遍的判断;这一判断既可真也可假。例如,拿日常观测所揭示的一条定律为例:在巴黎,太阳每天从东方升起,直升到中天,然后西行并在西方落下。这是一条没有任何条件和限制的真定律。另一方面,再看看下面这一陈述:月亮总是圆的。这就是一条假的定律。如果常识定律的真理性有问题,我们能够用是或否来对此问题作出回答。

对于完全成熟并以数学命题的形式陈述出来的物理学定律,情况就不是这样:物理定律总是符号的。而恰当地说,符号并不是既可真也可假的;我们不如说它是一种被适当挑选出来的东西,来代它所描述的实在,是以多少是精确的、或详或简的方式对实在所作的描绘。但是,把"真理"和"错误"这些词应用于符号时,就不

再有任何意义了;所以,对关注词汇的严格意义的逻辑学家来说,当人们问到物理学是真还是假的时,他将不得不作出回答:"我不理解你的问题"。我们对这个回答的评论是,它似乎是自相矛盾的,但对想要知道物理学是什么的人来说,理解这一点却是必要的。

作为物理学实践的实验方法并不能使给定一个事实对应于惟一的符号判断,而是对应于无数不同的符号判断;符号的不确定程度就是有关实验的近似程度。我们可以举出一系列类似的事实:为这些事实找到一条定律对于物理学家意味着找到一个公式,该公式包含着其中各个事实的符号表示。因此,对应于各个事实的符号的不确定性,就遗留下了把这些符号联合起来的公式的不确定性;我们可以让无限多个不同的公式或不同的物理定律与同一群事实相对应。为了使这些定律中的各个定律能被人们所接受,与各个事实相对应的,不应该是这一事实对应这个符号,而是对应无限多个能代表该事实的许多符号中的某个符号;这就是我们说物理定律仅仅是近似的真正含义。

例如,让我们想象,我们并不满足于由常识定律所提供的信息,常识定律告诉我们,在巴黎,每天太阳从东方升起,慢慢升到天空中,又慢慢西下,最后在西边降落;假若我们专门谈物理学,想要有一条从巴黎看到的太阳运动的精确定律,这条定律能向巴黎的观测者指出每个时刻太阳在天空中的确切位置。为了解决这个问题,物理学不打算使用我们感觉到的实在,说太阳正像我们所看到的那样照耀在天空,而是使用一些符号,通过它们用理论来描述这些实在:真实的太阳,尽管它的表面是不规则的,尽管它有许多隆起的地方,在有关太阳的理论中都被用一种几何学上完美的圆球来代表,它处于这个理想球体的中心位置,这才是这些理论想要确定的;或者不如说,如果天文折射不使射线偏离,如果每天的光行差不改变天体的明显位置,那么理论就会寻求确定这一点所占据的位置。所以,正是一个符号被用来代替提供给我们观测到的惟一可感知的实在,用来代替我们的透镜可能看到的闪光圆盘。为了使这个符号与实在相对应,我们必须作出复杂的测量,必须使太阳的边缘与一个装有显微镜透镜的叉线相吻合。我们必须在刻度盘上得到许多读数,并对这些读数作出不同的校正;我们还必须作出大量的复杂计算,这些计算的合法性取决于我们已接受的理论,取决于光行差理论和大气折射理论。

符号上称为太阳中心的那个点,还不是从我们的公式中求得的点;公式只告诉我们这个点的坐标,例如,它的经度和纬度,如果不知道宇宙结构学的定律,坐标的含义就无法理解,而坐标值指出的也不是天空中你能用手指指出的那一点,或者用望远镜就能够看到的那一点,除非借助于一群初始的确定值:如空间子午线的确定,子午线几何坐标的确定,等等。

现在,假设我们对光行差和折射已经作了校正,我们能否给太阳中心单独一个经度数值和单独一个纬度数值,使它对应于太阳圆盘的确定位置呢? 实际上是不能的。因为用来观测太阳的仪器的光学能力是有限的;实验所要求的不同操作和不同读数都具有有限的灵敏度。如果让太阳圆盘处在一个位置上,使它与下一个位置的距离足够的小,我们就无法感觉得到二者的偏差。若是承认我们无法知道天球上一个固定点的坐标大于 $1'$ 的精确度,那么为了确定太阳在给定时刻的位置,知道太阳中心的经纬度的近似程度达到 1′ 也就足够了。因此,为了描述太阳的路径,尽管它在每一时刻只占据一个位置,但除了在给定的时刻两个可接受的经度值或两个可接受的纬度值相差不大于 1′ 的情况之外,我们在每一瞬间所能给出的就不只是一个经度值和一个纬度值,而是各有无限多个数值。

我们现在继续寻求太阳运动的定律,那就是说,有两个公式可以让我们分别算出太阳中心在一个周期中每一瞬间的经度值和纬度值。为了把经度的轨迹描述成时间的函数,我们可以采用不止一个公式,而是可以采用无数不同的公式,只要对于给定的时刻,所有这些公式提供给我们的经度数值的偏差小于 1′。这不是很明显的吗?对于纬度不是也同样明显的吗?这时,我们就能够用无数不同的定律同样好地来描述我们对太阳轨迹所做的种种观测;这些不同的定律可以用代数学认为是不相容的方程来表达,也就是用这样一些方程来表达:如果这些方程中有一个被证明了,其他的方程就不能得到证明。它们各自的轨迹是天球上不同的曲线,如果说同一点同时可以描出两条这样的曲线,那将是荒谬的;可是,对于物理学家来说,所有这些定律都是同样可以接受的,因为它们都可以比我们用仪器所能观测到的更为近似地确定太阳的位置。物理学家没有权利说,这些定律中的任何一个是真的,而排斥其他的定律。

毫无疑问,物理学家有权在这些定律中间作出选择,通常他也会去作选择;但是,引导他作选择的动机不会是同样的,或者不会以同样迫切的需要去强使他作选择,正如迫使他优先选择真理而不选择错误的那些动机也是不尽相同的那样。

他将选择某一个公式,是因为它比别的公式更简单;我们心灵的弱点强制我们极为看重这种考虑。曾有一个时期,物理学家以为造物主的智慧也沾染了同样的弱点,那时,要求这些自然定律具有简单性被奉为一种无可争辩的信条,在此信条下,任何用过分复杂的代数方程表示出来的实验定律都遭拒斥,那时,简单性似乎给予定律一种确定性和范围,超出了提供它的实验方法所具有的确定性和范围。正是那位拉普拉斯,当他谈到惠更斯所发现的双折射定律时说道:"直到现在,这个定律还只是观测的结果,只是在最精确的实验所具有的误差范围内近似于真理。现在,它所依据的作用定律的简单性,应当使我们把它看成是一条严格的定律"。[①] 那个时代已经不复存在了。我们不再受所谓简单公式给我们带来的那种魅力的骗了;我们再也不把这种魅力当做具有更大确定性的证据了。

当一个定律是从物理学家所承认的理论中推导出来时,他就会特别喜欢这个定律,而不喜欢另外的定律;例如,他将要求用万有引力理论来决定,在所有能描述太阳运动的公式中,他应该优先选用哪一个。但是,物理理论只是对以实验为依据的近似定律加以分类并把它们集合起来的手段。因此理论并不能修正这些实验定律的性质,也不能给它们挂上绝对真理的桂冠。

因此,每个物理定律都是近似的定律。所以,在一位严格的逻辑学家看来,物理定律既不能是真的也不能是假的;任何用同样近

[①] P.S.拉普拉斯:《世界体系的说明》,第 I 部,第 IV 卷,第 XVIII 章,"论分子的吸引"。

似程度描述同样实验的其他定律,都可以只提出第一个定律是真的定律,或者更精确地说是可接受的定律。

三、因为每个物理定律都是近似的,所以它是暂时的和相对的

定律的特征就在于它是固定的和绝对的。一个命题之成为定律,只是因为它有一次是真的,就永远是真的,而且如果对这个人是真的,那么对别的人也同样是真的。我们说一个定律是暂时的,说它可以被这个人所接受而被另外的人所拒绝,这不是会有矛盾吗?既有矛盾也没有矛盾。说它有矛盾,的确,如果我们的"定律"是指常识所揭示的那些定律,是在"定律"这个单词的固有意义上我们能称为真的那些定律;这些定律就不可能今天是真的,明天便成了假的,就不能对你是真的而对我是假的了。说它没有矛盾,我们说的"定律"就是指物理学以数学形式来陈述的那些定律。这些定律总是暂时的;这不是说,我们对这句话必须理解为一个物理定律在某个时候是真的,然后又是假的,而是说它从来都没有或者是真的,或者是假的。它是暂时的,因为它只是以近似地描述它所应用的事实,这种近似程度对今天的物理学家作出判断已经足够了,但是总有一天,这样的判断就不再令人满意了。这样的定律总是相对的;但这不是因为它对这位物理学家来说是真的而对另一位物理学家来说又是假的,而是因为它所达到的近似程度对第一位物理学家来说想要使用它已经足够了,而对第二位物理学家想要使用它时就不够了。

我们已经注意到,近似程度并不是某种固定的东西;它随着仪器的不断完善而逐渐增加,同时也随着造成误差的原因可以更加严格地被避免或者可以更加精确地加以校正而使得我们能够对它们作出更好的估计,因而近似程度不断增加。随着实验方法逐渐改进,我们减小了抽象符号与物理实验中的具体事实产生对应关系的不确定性;在一个时期也许可以认为是适当地描述了一个确定具体事实的许多符号判断,在另一个时期就不再被认为是能足够精确地表示这个事实了。例如,一个世纪的天文学家们为了描述太阳在给定时刻的中心位置,认为所有的经度值彼此相差不大于 $1'$,而所有的纬度值则被限定在同一间隔内。下一世纪的天文学家则将具有更大光学功率的望远镜,更完善的刻度盘,更精密的观测方法;这时他们将要求太阳中心在给定时刻的经度和纬度各自不同的确定数值相差约在 $10''$ 之内;这样他们的前辈所乐意接受的无限多个确定值就会被他们所拒绝。

随着实验结果的不确定性变得越来越小,用来概括这些结果的公式的不确定程度也就变得越来越受到更多的限制。前一个世纪会把任何一组能在 $1'$ 的误差范围内给出太阳中心在各个时刻坐标值的公式看成是这个恒星运动的定律;而下一世纪对任何关于太阳运动的定律就要加上一个条件:太阳中心坐标值的误差必须在 $10''$ 的范围之内;因此第一个世纪所接受的无数个定律就会被第二个世纪所拒绝。

物理定律的这种暂时性,每当我们阅读这门科学的历史时就弄明白了。例如,对杜隆、阿拉果、马略特(波义耳)定律而言,它是关于气体可压缩性定律的一种可接受的形式,这是因为它所描述的实验事实的偏离差,保持在小于他们所用观测方法可能有的误差范围之内。当雷诺特改进了仪器和实验方法时,这个定律就不得不被拒绝了;这时马略特定律与观测结果的偏差已经远远大于新仪器所产生的不确定性了。

现在,假定有两位当代的物理学家,第一位是在雷诺特所处的条件下,而第二位则还是在杜隆和阿拉果工作过的条件下进行研究。第一位具有非常精密的仪器,计划要作非常准确的观测;第二位则只有很简陋的仪器,加之,他正在作的研究不要求精密的近似。这样,马略特定律将会被后者所接受而被前者所拒绝。

不仅如此,我们可以看到同一个物理定律被同一位物理学家在同一工作过程中所同时接受和拒绝。如果一个物理定律可以说是真的或假的,那就会是奇怪的自相矛盾;同一命题会同时被证实和否定,这就会构成形式上的矛盾。

例如,雷诺特正在研究气体的可压缩性,目的是要发现一种更加近似的公式来代替马略特定律。在他的实验过程中,他需要知道他的气压计中的水银柱所达到一定高度时的大气压;他运用拉普拉斯公式来获得这一压力,而拉普拉斯公式又依赖于马略特定律的应用。这里不存在什么自相矛盾的问题。雷诺特知道,这种特殊应用马略特定律所引入的误差要比他所用实验方法的不确定性小得多。

任何物理定律都是近似的,它完全受科学的进步所支配,由于实验精确性的不断增加,这种进步将会使得这个定律的近似度不能令人满意:定律本质上是暂时的。对其近似值的估计因不同的物理学家而不同,这要看他们所用的观测手段如何,要看他们的研究所要求的准确性如何。所以,定律在本质上是相对的。

四、因为每个物理定律都是符号的,所以它是暂时的

物理定律是暂时的,不仅因为它是近似的,而且也因为它是符号的。总存在着这样的情况:与定律有关的那些符号不能再以令人满意的方式来描述实在。

为了研究某种气体,例如氧气,物理学家已经创造出了一种描述它的图式,能用数学推理和代数演算来把握。他把这种气体设想为一种力学所研究的理想流体:它有一定的密度,并具有一定的温度和承受一定的压力。在密度、温度和压力这三个要素之间,他建立了某种可用一个确定的方程表达的关系:这就是关于氧气的可压缩性和膨胀定律。这个定律是确定的吗?

假设物理学家把一定量的氧气放在一个充满电荷的电容器两极板之间;假设他要确定氧气的密度、温度和压力;这三个要素的数值将不再能证明氧气的可压缩性和膨胀的定律。这位物理学家发现这个定律有错误他会感到吃惊吗? 一点也不。他了解那种错误的关系仅仅是符号的关系,而与他所处理的真实具体的气体没有关系,它只与某种逻辑的产物有关,与某种由它的密度、温度和压力所表征的图解式的气体有关,而这种解图式无疑是太简单和太不完备了,以至不能用来描述目前给定条件下真实气体的特性。因而它要寻求使这种图式完善起来,使其更能体现实在:他不再满足于用氧气的密度、温度和压力来描述它了。他在建构的新图式

中引入了气体所处的电场强度;他把这个更完善的符号拿来作新的研究,并且获得了具有电介质极化特征的氧气可压缩性定律。这是一个比较复杂的定律;它把以前的定律作为一种特例包括在内,但它具有更大的综合性,并在原来的定律失效的情况下得到证实。

这个新定律是确定的吗?

试考虑这个定律所适用的一种气体,把它放在一块电磁铁的两极之间;你将看到个定律最终被证明是假的。不要以为这种假的新证明会使物理学家烦恼;他知道他所处理的乃是一种符号关系,并且他所创造的这个符号虽然在某些情况下给出了关于实在的可信图像,但它不能在所有情况下都如此。因此,他并不为此而感到沮丧,他会重新构造一种图式,据此来描绘实验中的气体。为了用这种简略图式来描述事实,他就赋予这种气体以种种新的特性:这气体不仅具有一定的密度、一定的温度和一定的介电能力、承受一定的压力,并被置于给定强度的电场中;此外,他还为它规定了一定的磁化系数;他考虑到气体所在的磁场,并且把所有这些要素用一组公式联结起来,他就获得了一个关于被极化和被磁化气体的可压缩性和膨胀的定律,这是一个比他最初得到的定律更加复杂和更具有综合性的定律,是一个在无数个以前会被证为伪的场合而现在将得到证实的定律;可是它依然是一个暂时性的定律。总有一天物理学家会发现新的条件,在这些条件下它转而成为假的;到了那一天他又不得不重新构造所研究气体的符号描述,增加新的要素,并提出一个更具有综合性的定律。物理学所铸造的数学符号应用于实在时,就像用钢盔裹在骑士的身上一样,钢盔越是复杂,那坚硬的金属似乎就越是服帖;像壳层一样用来遮盖多重盔甲保证了铁片与它所保护的肢体之间保持更紧密的接触;但是,不论做成这一盔甲用了多少铁片,盔甲永远不会与穿着它的身体准确地吻合。

我知道反对这一点的人要说什么。我将被告知,最初所表述的可压缩性和膨胀定律从来也不与后来的实验相冲突;当所有的电磁作用都被取消时,氧气还是根据那个定律被压缩和膨胀;物理学家后来的探索告诉我们的只是,这个定律的有效性不受影响,适当的做法是把它与电离气体的可压缩性定律和磁化气体的可压缩性定律结合起来。

这些如此转弯抹角地对待事物的人应该认识到,如果不仔细的话,原来的定律就可能导致严重的错误,因为它所支配的领域不得不受下列双重的限制:所研究气体消除了所有的电作用,也消除了所有的磁作用。现在,这种限制的必要性当初并没有出现,但是在我们所提到的实验中必须要考虑它。这些限制是否是应当强加于定律陈述上的惟一限制呢?未来所做的实验会不会指出与原来一样必要的其他限制呢?物理学家是否敢于对此作出判断,并断言目前的陈述不是暂时的而是最终的呢?

所以,物理定律的暂时性就在于,与它们有关的符号太简单了,无法完备地描述实在。总是存在这样一些特殊情况,其中,符号不再能够描述具体的事物,不再能够精确地预言现象;这时定律的陈述就必须伴随以某些限制,允许人们消除这些情况。正是由于物理学的进步带来了关于这些限制的知识,人们永远不能肯定,我们具有关于这些限制的完备的细目表,有了这张细目表也无法肯定以后就不会再受到什么增补或修改。

由于这种不断修改的工作,使物理定律越来越适当地免受实验的反驳,这在科学发展中起着本质的作用,以致允许我们在某种程度上进一步坚持这种修改的重要性,让我们再在第二个例子中研究它的过程。

设在一容器中装了一些水。万有引力定律告诉我们作用于水中每个粒子上的力是多大,这个力就是粒子的重量。力学则告诉我们水将具有什么形状:不管容器有什么样的性质和形状,水总应当以一个平面为界。若是仔细观察水的界面就会发现:离容器的边缘具有一定距离的地方它是水平的,而在靠近玻璃容器壁的邻近处它就不是这样了,它会沿着器壁向上升;特别是在一个很细的试管中的水,它会爬到很高,完全变成一个凹面。这里你发现万有引力定律失效了。为了避免毛细管现象驳倒引力定律,我们需要对它作出修正:我们不要再把与距离平方成反比的公式看做是准确的公式,而要看做是近似的公式;我们将不得不假定,这个公式能以令人满意的精确性表明两个具有一定距离的物质粒子之间的吸引,但假定当问题是要表达彼此靠得很近的两个要素之间的相互作用时,它就变成很不正确了;我们将不得不把一个补充项引入方程,当方程变得复杂时,补充项就能使它们描述更为广泛的一类现象,并且还允许它们把天体运动和毛细管作用包括在同一定律之下。

这个定律要比牛顿定律更具有综合性,但仍不能回避所有的矛盾。在一个液体物质的两个不同点上,让我们插进一条与电池两极相连的金属线:这里你会看到毛细管作用定律与观察不一致。

为了消除这种不一致,我们需要再次探讨毛细管作用的公式,通过考虑液体粒子所携带的电荷和这些电离粒子之间的作用力,来修改它和完善它,这样,这种物理实在和物理定律之间的斗争将无限地继续下去;对于物理学所表述的任何定律来说,现实早晚要提出对事实的尖锐反驳,但是,战不败的物理学又会修改、修正和完善这条被反驳的定律,以便用更具有综合性的定律来代替它,在这个综合性更大的定律中,实验所提出的例外又将依次找到它的规则。

物理学通过这种不停的斗争和这种连续地补充定律的工作而取得进步,为的是把种种例外都包括在内。正是由于重力定律与一块毛皮摩擦过的橡胶相矛盾,物理学才创造了静电学定律;正是由于一块磁铁违反这些同样的重力定律而吸起铁块,物理学才建立了磁学定律;正是由于奥斯特发现了静电学和磁学的一个例外,而使安培发明了电动力学和电磁学的定律。物理学没有几何学那样进步,后者的进步是把新的、最终的和无可争辩的命题加到已有的最终的无可争辩的命题上去;物理学的进步则是由于实验不断引起了新的不一致,从而打断了定律和事实之间的联系,是由于物理学家不断地改正和修正定律,使它们能够更令人可信地描述事实。

五、物理定律比常识定律更详尽

通常的非科学的经验,容许我们表述的是普遍判断,其意义是直接的。我们面对其中的一个判断可以问:"它是真的吗?"回答通常是容易的;在任何情况下,回答都是肯定的,即是或否。一个定律如果被人认为是真的,它在所有时刻和对所有人就都是真的;它是不变的和绝对的。

建立在物理学实验基础之上的科学定律,则是一些符号关系,其意义对于任何不懂物理理论的人来说则是难于理解的。由于它们是符号,它们就永不是真的或假的。就像它们所依赖的物理实验一样,它们都是近似的。一个定律的近似程度,尽管今天令人满意,而将来随着实验方法的进步就会变得不令人满意了;尽管今天它满足物理学家的需要,但总有一天它会让物理学家感到不满足,所以物理定律总是暂时的和相对的。它的暂时性还在于,它不是联系着实在,而是联系着符号,正因为这样,总存在这样的情况,那时符号不再与实在相对应;物理定律不可能维持不变,只能不断地加以变动和更改。

因此,物理定律的有效性问题本身是以一种完全不同的方式提出来的,它比常识定律的确定性问题要更加复杂和更加精细无比。人们也许被诱惑作出这样奇怪的结论,即认为物理定律的知识所构成的知识程度要低于常识定律的简单知识。我们可以满意地对那些根据前面的讨论推出这种荒谬结论的人作出回答,对于物理定律重申我们在关于科学实验那一章所说的话:物理定律所具有的确定性要比起常识定律更不直接得多,更难于估计得多,但在它的预言之细致和精确程度上却大大超过后者。

试举一个常识定律"在巴黎,太阳每天从东方升起,接着升到天空,然后又西下,最后降落在西方"为例。若把它与告诉我们太阳中心在大约一秒中的每一瞬间的坐标公式作比较,你就会信服后一命题的准确性了。

只有通过牺牲常识定律所具有的某种固定的和绝对的确定性,物理定律才能获得这种详尽的细节。在精确性和确定性之间有一种平衡:要增加这一方面就一定要牺牲另一方面。一位矿工向我们展示一块石头,并且毫不犹豫和无保留地告诉我们,这石头里面含有金子;但是,化学家则向我们展示了一块闪亮的锭块,并告诉我们说:"这是纯金"。但又不得不加上一点保留:"或许近乎是纯金";他不能保证这锭块不包含任何一点细微的杂质。

一个人可以发誓要说真理,但是他并没有能力保证他说出的全都是真理而没有任何错误。"真理是如此微妙的一点,以至我们的仪器笨拙到了难以精确地触到它。当这些仪器触到这一点时,仪器又冲撞了它,并影响其周围,所以与其说是真的不如说是假的"。[①]

---

① B.巴斯卡尔:《思想》,哈维编,第Ⅲ条,第3号。

第六章 物理理论和实验

一、理论的实验检验在物理学中并不像在生理学中那样具有相同的逻辑简单性

物理理论的惟一目的是给实验定律提供描述和分类；允许我们判断一个物理理论并宣告它是好还是坏的惟一检验方法，是在这个理论的推论和它必须描述和分类的实验定律之间作出比较。既然我们已经详细分析了物理实验和物理定律的特征，那么我们就能够确立一些原则，来支配实验和理论之间的比较；我们能够知道如何识别一个理论是否为事实所证实还是被它所削弱。

当许多哲学家谈论实验科学时，他们所考虑的仅仅是那些仍然接近其原始形态的科学，例如生理学或化学的某些分支，在这些科学中，实验家直接根据事实进行推理，他们使用的方法不过是更加令人倾心的常识，而在这里，数学理论还没有引进它的符号描述。在这样的科学中，理论推演出来的结论与实验事实之间的比较遵守非常简单的规则。这些规则已由克劳德·伯尔纳以特别有力的方式表述出来了，他把这些规则浓缩为单独一个原则如下：

"实验者应当怀疑，避免成见，并且始终保持思想的自由。"

"致力于研究自然现象的科学家应当具备的第一个条件就是保持思想的完全自由,这种自由是以哲学的怀疑精神为依据的。"①

如果理论提示我们要做实验,那么,最好是这样:"……我们可以遵循我们的判断和思想,自由发挥我们的想像力,只要我们的全部想法仅仅是为进行新的实验而提供借口,这些实验可以为我们提供试验事实或者是未曾料到的和富有成果的事实"。② 实验一旦完成,就确立了明确的结果,如果理论接受这些结果,以便对它们进行推广,进行整理,并从中引出新的实验课题,那么最好仍是这样:"……如果一个人吃透了实验方法的原则,他就会无所畏惧;因为只要观念是正确的,它就会继续得到发展;而当它是错误的观念时,实验就会去纠正它"。③ 但是只要实验在继续进行,理论就应当一直在等待,严格按照命令呆在实验室门外;他应当保持沉默,让科学家直接面对事实而不去打扰他;让科学家们不带任何偏见地去观察事实,同样审慎、公正地去收集事实,无论这些事实是证实了理论的预见,还是与其相抵触。观测者给予我们的实验报告应当忠实的,而且是对现象的严格准确的复制,并且不应当让我们还去猜测科学家相信或者怀疑什么体系。

"那些过分相信自己的理论或自己观念的人,不仅不善于作出发现,而且他们的观测也非常蹩脚。他们不可避免地带着先入

---

① 克劳德·伯尔纳:《实验医学导论》(巴黎,1865)第63页〔英译者注:由 H. C. 格林尼译为英文〔纽约:亨利·塞曼,1949〕)。
② 同上,第64页。
③ 同上,第70页。

之见去进行观测,而且,当他们开始进行实验时,他们想要在其结果中看到的只是能证实他们理论的东西。这样一来,他们就会曲解观测,并且时常忽视非常重要的事实,因为这些事实与他们的目标相反。这就是使我们在别处说过的:我们决不应当为证实我们的想法去做实验,而仅仅是为了检验它们才去进行实验。……但是,那些过分相信自己理论的人自然就不会十分相信别人的理论。因此,那些指责别人理论的人的主导思想,就是对别人的理论加以挑剔并力图驳倒他们。对科学来说也有同样的障碍。他们做实验仅仅是为了摧毁一个理论,而不是为了探索真理。他们也进行一些拙劣的观测,因为他们只采纳那些适合于他们自己的实验结果,而忽略了那些与之无关的材料,并且小心翼翼地避免可能走向他们想要反对的观点的方向。这样一来,人们就会被两条平行路径引导到同一结果,即既歪曲了科学又歪曲了事实。"

"所有这些得出的结论是:当我们面对实验决策时,必须忘掉个人的观点,也必须忘掉他人的观点;……我们必须按照其本来的面貌接受实验的结果,连同所有未曾预料到的和偶然的结果一起接受下来。"①

例如,有一位生理学家,他承认脊髓神经的前根控制着运动神经纤维,而后根则控制感觉神经纤维。他接受这一理论使他设想了一个实验:如果他切断某条前根,他就应该能抑制身体某一部分的运动而不致破坏它的感觉能力;在他切断这条前根之后,当他观测他的操作结果并提出报告时,他必须把他的有关脊髓神经生理

---

① 克劳德·伯尔纳:《实验医学导论》,第67页。

学的全部观念置于不顾;他的报告必定是对事实的一种粗略描述。不许他忽视或不提及与他的预料相反的任何运动或颤动,或者把这种运动归结为某个次要的原因,除非某个专门的实验给这个原因提供证据;如果他不想被指责为背弃科学,他就必须把他的理论演绎结果与他的实验所表明的确定事实绝对分开或者严格加以区分。

这一规则决不是容易遵守的,它要求科学家在面对别人的观点时绝对超脱他自己的思想,并且对别人的观点毫无敌意;他既不应当默许自负,也不应当纵容忌妒。正像培根所说的,他绝不应流露出人类激情的眼神。按照克劳德·伯尔纳的看法,构成实验方法惟一原则的思想自由,不仅依赖于智力的条件,而且也依赖于道义上的条件,这些条件将使思想自由原则实践得更出色,更值得称道。

但是,如果实验方法就像刚才描述的那样难以实践,那么对它的逻辑分析却非常简单。不过当受到事实检验的理论不再是生理学理论,而是物理学理论时,情况就不同了。事实上,在物理学中,不可能把我们想要检验的理论拒之于实验室门外,因为没有理论就不可能校准哪怕是单个仪器或者解释一个读数。我们曾经看到,在物理学家的头脑中永远存在着两类装置:一类是物理学家操作的玻璃和金属的具体装置;另一类是图解式的、抽象的装置,理论则用这种抽象装置来代替具体装置,并依靠它来进行推理。由于这两种观念在他的智力中不可分离地联系在一起,每一种观念必然要求另一种观念同时起作用;要是物理学家不把图解式装置的观念同具体装置联结起来竟能构想出具体装置,那么法国人便无需把一种观念与它的法语表达能力联系起来就能理解这个观念了。这种根本不可能有的事,当阻止人们把物理理论和适合于检验这些理论的实验程序割裂开来时,便以一种奇特的方式使这一检验复杂化了,并且使我们不得不审慎地考察这一检验的逻辑意义。

当然,不只是物理学家在进行实验或报告实验结果时要诉诸理论。化学家、生理学家在使用物理仪器时,例如使用温度计、压力计、量热计、电流计以及旋光糖量计时,就意味着承认为这些仪器的使用提供根据的理论的正确性,意味着赋予温度、压力、热量、电流强度和偏振光这些抽象概念以意义的那些理论的正确性,借助于这些理论,这些仪器具体指示的读数才得以说明。但是,我们所用的理论和使用的仪器属于物理学的范围;化学家和生理学家在使用这些仪器的同时也接受了这些理论,否则仪器的读数就会没有意义,这表明他们相信物理学家,认为他们是确实可靠的。另一方面,物理学家也不得不相信他自己的理论观点或他的同行物理学家的观点。从逻辑的观点来看,差别是微不足道的;和物理学家一样,对化学家和生理学家来说,对实验结果的陈述,通常意味着相信整个一系列理论。

二、物理学实验决不能否定一个孤立的假说,而只能否定整个一系列理论

物理学家,当其进行一个实验或者提出某一实验报告时,就意味着他承认了整个一系列理论的正确性。让我们接受这个原则,

并且看看当我们企图估计一个物理实验的作用及其逻辑含义时,我们能够从这个原则中推演出什么结论来。

为了避免混乱,我们将区分两类实验:应用性实验,这是我们首先就要提到的;检验性实验,这是我们主要关心的。

假定你面临着一个实际要解决的物理学问题;为了得到一定的结果,你要利用物理学家已经获得的知识;你想点亮一盏白炽灯;公认的理论会向你指明解决这个问题的方法;但是要利用这些方法你必须获得某些信息;我假定,你应当确定你所用的发电机组的电动势;你测量这个电动势:这就是我所说的应用性实验。这类实验的目的不是要发现已被公认的理论是否正确;它只是想要利用这些理论。为了进行这种实验,你得使用同样被这些理论认可的仪器;在这个程序中,没有任何与逻辑相冲突的东西。

但是,应用性实验并非是物理学家必须做的惟一实验;只有借助这类实验,科学才能帮助实践,然而科学不能通过它们使自身得到创新和发展;除了应用性实验之外,我们还要做检验性实验。

假定一位物理学家怀疑某个定律;他又进而怀疑某个理论观点。那么,他将如何辨明这些怀疑是合理的呢?又怎样论证这个定律是不正确的呢?从这个被质疑的命题中,他推导出一个实验事实的预言;他引进那些应当产生这一事实的条件;如果这个预见的事实没有产生,那么作为这个预言基础的命题就无可挽回地被宣告无效。

冯·诺伊曼假定,在偏振光中,振动平行于偏振面,而许多物理学家都怀疑这个命题。维纳是怎样为了宣告诺伊曼的命题无效而把这种怀疑转为确定无疑的呢？他从这个命题推演出下列结果：假如我们引出一束以45°角从玻璃板上反射出来的光线，使其与一束垂直于入射面的偏振入射光线发生干涉，那就应当出现平行于反射面的明暗相间的干涉带；他提供了这些干涉带应当产生的条件，并且指出所预言的现象并没有出现，由此他断定诺伊曼的命题是假的，这就是说，在偏振光中，振动不平行于偏振面。

这种论证模式看来与数学家通常使用的归谬法的证明是同样令人信服、同样无可辩驳的；而且，这种论证模仿了归谬法，在某一场合下实验矛盾所起的作用与另一场合下逻辑矛盾所起的作用是完全相同的。

事实上，实验方法的论证价值远不是那么严格、那么绝对的：实验方法据以起作用的条件，要比我们刚刚说过的那些假定的条件复杂得多；对实验结果的估计也更棘手，更需小心谨慎。

设有一位物理学家决定要论证一个命题的不正确性；为了从这个命题推出对现象的预言，并设计一个实验来说表明这一现象是否会产生，为了解释这一实验的结果并确定所预言的现象不会产生，他并不限制自己仅仅使用所讨论的命题；他还使用他认为是无可争议而被他接受的整个一系列理论。对现象的预言（它若不产生，争论便会停止）不是从那个自身是否受到挑战的命题中推导出来的，而是从一个与整个一系列理论都不相容的命题推导出来的；如果所预言的现象没有产生，那就不仅是这个被质疑的命题有毛病，而且物理学家所使用的整个理论框架也成了问题。实验告诉我们的惟一东西，就是在那些用来预言现象并确定其是否会产生的诸命题中，至少有一个命题是错的；但是它恰好没有告诉我们这个错误究竟出在哪里。物理学家可以声称,这个错误恰好包含在他想要驳斥的那个命题中,但是他能肯定这个错误就不会出在别的命题中吗?假如他能肯定这一点,那就意味着他承认他所用的所有其他命题都是正确的了,而且也就是承认他的结论有效性如同他所信任的有效性一样大。

让我们举一个例子,这就是曾克尔所设想并由维纳来实现的实验。为了预言在某些情况下干涉带的形成并且证明这些干涉带没有出现,维纳并不单纯地使用诺伊曼的著名命题,即维纳想要加以驳斥的命题;他不只是承认,在偏振光中振动是与偏振面平行的;而是,他除此之外还使用了一般公认的光学中所包含的那些命题、定律和假设:他承认,光是由简单的周期性振动形成的,这些振动与光线垂直,在每一点上振动的平均动能乃是光强的量度,光线对涂在照相底片上的胶状物的完全或不完全的侵蚀可以指明光强的大小。通过这些命题以及其他许多难于在此列举的命题与诺伊曼的命题相结合,维纳就能提出一个预见并且确定了一个与之不相符的实验。假如维纳把这一结果惟一地归因于诺伊曼的命题,又假如它要独自对这个已经证明为否定结果的错误负责,那么,维纳正是把他所援引的所有其他命题看做是无可怀疑的。但是,这种自信并不能作为逻辑上必然的东西来看待;没有什么东西能够阻止我们认为诺伊曼的命题是正确的,能够阻止我们把实验矛盾的责任转嫁到公认的光学的某些其他命题上;正如彭加勒指出的,如果我们换个角度,放弃把平均动能作为光强的量度这个假设,在这种情况下,我们就能轻易地从维纳实验的囚笼中把诺伊曼的假说拯救出来;我们可以在与实验不发生矛盾的条件下,让振动平行于偏振面,只要我们通过使振动变形的介质的平均势能来度量光强就能做到这一点。

这些原则如此重要,以致把它们应用于另一个例子也是有效的。让我们再挑选一个被认为在光学中最有决定意义之一的实验来讨论。

我们知道,牛顿提出了发射论来说明光学现象。发射论假定光是由太阳和其他光源以极大速度抛出的极细小的粒子形成的;这些粒子穿过所有透明的物体;由于粒子通过介质的不同部分运动,它们受到吸引和排斥;当作用粒子分开的距离很小时,这些作用非常强,而当吸引和排斥在其间起作用的大量粒子彼此相距甚远时,这些作用便为零。这些基本假设连同其他一些我们略而不提的假设一起,最终形成了光的反射和折射的完整理论;这里特别指的是下面这一命题:光从一种介质进入另一种介质的折射指数等于光粒子在它所穿透的介质中的速度除以这些粒子在离开后介质中的速度。

这正是阿拉果所选择的命题,用来证明发射论与事实相矛盾。继这一命题而来的第二个命题是:光在水中比在空气中传播得更快。而阿拉果已经指出了一个合适的程序,来比较光在空气中和在水中的速度;事实上,这个程序是不能用的,但是傅科用一种方法修改了实验,使其能够实施;傅科发现光在水中传播得比在空气中慢。由此我们可以和傅科一起断定,发射体系与事实是不相容的。

我是说发射体系而不是发射假说;事实上,实验所表明的、沾染了错误的,乃是被牛顿而后又被拉普拉斯和毕奥所接受的整个一系列命题,即整个理论从中推出折射指数和不同介质中光速之间关系的理论。但是,在把这个体系作为整体宣布它沾染了错误而对其加以谴责的时候,实验并没有告诉我们错在什么地方。是错在光是由发光体以极大速度抛出的粒子所组成的这一基本假说呢？还是错在与光微粒在介质中运动时所经受的各种作用有关的某一其他假设呢？对此我们一无所知。正像阿拉果似乎已经想到的,人们会轻率地相信傅科实验所一劳永逸地否决的,乃是发射说本身,亦即否决了把光线比作一大群微粒的假说。假如物理学家对这件事看得相当重要,那么他们无疑会在这个假设的基础上成功地建立起一个与傅科实验相一致的光学体系。

总之,物理学家决不能让一个孤立的假说受到实验检验,而只能让整个一系列假说受到这种检验;当实验与物理学家的预言不一致时,他知道这一系列假说中至少有一个是不可接受的,应当加以修改;但是,实验并没有指出哪一个假说应当加以改变。

我们已经远离了那些不熟悉实验方法的实际作用的人们所任意把握的实验方法的概念。人们通常认为,物理学中使用的每一个假说都可以孤立地加以采用,接受实验的检验,然后,当许多不同的检验确立了它的有效性时,才给予它在物理学体系中以一定的地位。实际上,情况并非如此。物理学不是一架任人拆开的机器;我们不能孤立地试验它的各个部分,而且也不能等到对这些部分的牢固性经过仔细检查之后再来调整它。物理科学是一个体系,必须看做一个整体;它是一个有机体,其中单独一个部分不能发挥作用,仅当那些与它相距遥远的部分也发挥了作用时,它才能发挥作用；其中有些部分所起的作用要比其余部分更大一些,但是所有的部分都是在一定程度上发挥作用。如果这个有机体出了点毛病,如果它的机能方面感到不适,物理学家就不得不通过它对整个体系的影响来查出哪个器官需要加以治疗和修整,而不能把这个器官孤立起来,把它拆开来加以检查。钟表匠把你给他的一只已经停摆的钟表拆下它的全部齿轮,并逐一进行检查,直到他找出那个有缺陷或损坏了的部件。而医生对他面前的病人就不能把病人分解开来以便确定他的诊断;他只能通过检查那些影响整个身体的失调部分去推测失调的部位和原因。此刻,参与补救一个蹩脚理论的物理学家就像一位医生,而不是像一个钟表匠。

三、"判决性实验"在物理学中是不可能有的

让我们进一步强调这个论点,因为我们正在谈论的是物理学中所使用实验方法的基本特征之一。

归谬法看来只是一种反驳手段,其实它可以成为一种论证的方法:为了证明一个命题的真理性,归谬法只要使任何一个承认给定命题的矛盾的人陷入一个荒谬推论的困境就行了。我们知道希腊几何学家大量运用这种论证模式达到了何等普遍的程度。

那些把实验矛盾比作归谬法的人以为,在物理学中,我们可以使用与欧几里得在几何学中如此频繁使用的方法相类似的论证路线。你想要从一系列现象得出一个理论上确定的和无可辩驳的解释吗?首先,让我们列举出能对这一系列现象作出说明的所有假说;然后除了一个以外,通过实验矛盾排除掉所有其余的假说;未

被排除的这个就不再是假说,而是变成了一种确定性。

例如,假定我们面对的只有两个假说。我们要找出这样的实验条件,使其中一个假说能预言一种现象产生,而另一个假说则预言会产生完全不同的结果;实现这些条件后,就观测所发生的现象;根据你所得到的是第一个还是第二个所预言的现象,你就可以决定废弃第二个或是第一个假说;那个没有废弃的假说从此就成为无可怀疑的了;争论将就此中止,而科学将获得一条新的真理。这是一种实验检验,《新工具》的作者把它称为"交叉事实",这种交叉的说法是从十字路口指示不同道路的交叉路标借用来的表达形式。

我们面前有两种关于光的本性的假说;对牛顿、拉普拉斯或毕奥来说,光是由抛射体组成的,它们具有极大的速度;但是对惠更斯、杨或菲涅尔来说,光则是由振动在以太中传播而形成的波所组成的。这就是我们所能看到的仅有的两种可能的假说:要么运动是被它所激发的并且仍然附属于它的物体所携带而去,要么运动就是从一个物体传到另一个物体。让我们采取第一种假说,它断言光在水中比在空气中传播得更快;但是如果我们遵照第二种假说,它就断言光在空气中比在水中传播得更快。让我们安装好博科的仪器,开动旋转平面镜;我们看到在我们面前形成了两个发光点,一个是无色的,另一个呈绿色。假如绿色光带位于无色光带的左边,那就意味着光在水中比在空气中传得更快,波的假说是错误的。如果相反,绿色光带位于无色光带的右边,那就意味着光在空气中传播得比水中更快,发射假说就要被否决。我们通过用来检查两个发光点的放大镜去查看,并且看到绿色光点位于无色光点的右边；争论结束了，光不是一个物体，而是振动在以太中传播形成的波动；发射假说的时代已成为过去；波动假说已是无可怀疑的了，判决性实验使它成为科学信条的一页新篇章。

我们在上一段中所说的表明，我们认为傅科实验有如此简单的含义和如此决定性的意义是多么错误；因为傅科实验不是在两个假说即发射说和波动说之间鲜明地作出裁决，我们倒不如说它是在两组理论之间作出决定，其中每一组理论都必须看做是一个整体，即是两个完整的体系：牛顿的光学和惠更斯的光学。

但是，让我们暂且承认，由于严格的逻辑，各个体系中的每件事都不得不是必然的，只有一个假说例外；因此让我们承认，当事实宣告这两个体系中有一个不适用时，它就同时一劳永逸地否决了这个体系所包含的那个惟一令人怀疑的假设。难道由此可以得出，我们能够在"判决性实验"中找到一种无可辩驳的程序，来把我们面前的两个假说中的一个变为已经得到证明了的真理吗？在两个矛盾的几何定理之间，没有为第三种判断留下余地；假如其中一个为假，另一个就必然为真。难道在物理学中两个假说总得陷于这种严格的两端论吗？我们总能敢于断言说没有别的假设是可以想象的吗？光可能是一大群抛射体或者它是一种振动在介质中传播引起的波动，难道它根本就不允许是别的什么东西吗？当阿拉果表述这一尖锐的二中择一时的情况时无疑是这样想的：光在水中比在空气中运动得更快吗？"光是物体，假如情况相反，光便是波动"。但是，我们很难采取这种断然态度；事实上，麦克斯韦指出，我们也许正好完全可以把光看做是在电介质中传播的周期性电振荡。

与几何学家使用的归谬法不同,实验矛盾没有力量把一个物理假说转变成一个无可辩驳的真理;为了赋予它这种力量,人们就必须完全列举出可能覆盖一系列确定现象的各种假说;但是物理学家决不会肯定他已完全列举了所有可以设想的假设。物理理论的真理性不是像掷钱币那样要正面或反面来决定的。

四、对牛顿方法的批评。
第一个例子:天体力学

试图通过实验矛盾来建构一条模仿归谬法的论证路线,是一种幻觉;但是几何学家熟知除了归谬法之外获得确定性的其他方法;对几何学家来说,一个命题的真理性是靠其自身确立而不是靠对矛盾命题的反驳的这种直接论证方法,似乎是最完备的论证。如果物理理论想模仿直接论证,则在这种尝试中它或许会交到更多的好运。

物理理论从假说出发并展开其结论,这些假说这时就要逐一受到检验;除非假说表现出实验方法能赋予一个抽象的普遍命题以全部确定性,否则就没有一个假设非得让人们接受;这就是说,每个假说必然要么是仅仅通过使用所谓归纳和概括这两种智力操作从观测得出的定律,要么就是从这些定律中在数学上演绎出来的推论。在这些假说基础上建立起来的理论这时就不会表现出任何独断的或令人怀疑的东西了;这样的理论是完全值得信任的,这种信任是由理论具有的适合于我们表述自然定律的能力所赋予的。

当牛顿在他《原理》的"总释"中如此有力地将其归纳不是从实验中抽引出来的任何假说拒之于自然哲学之外时,当他断言在一门健全的物理学中,每一个命题都应当从现象中抽引出来并且应当通过归纳概括出来时,他心目中所想的正是这种物理理论。

我们刚才所描述的这种理想方法因而应当被命名为牛顿方法。此外,当牛顿建立他的万有引力体系,因而给他的箴言增添上最动人的范例时,他不就是遵循这种方法的吗?他的引力理论不正是完全从开普勒通过观测所揭示出来的定律中,从疑难的推理转换而得出并且其推论又由归纳概括出来的定律中推导出来的吗?

开普勒的这个第一定律是,"从太阳到行星的径向扫过的面积与人们观测到的行星运动所经历的时间成正比",实际上这个定律告诉牛顿,每颗行星都永远受到一个指向太阳的力的作用。

开普勒第二定律是,"每颗行星的轨道都是椭圆,太阳处在这些椭圆的一个焦点上",这个定律教导牛顿,吸引一颗已知行星的力是随着这颗行星与太阳的距离而改变的,并且这个力与这个距离的平方成反比。

开普勒第三定律是,"各行星绕太阳旋转的周期的平方与它们轨道长轴的立方成正比",这一定律向牛顿指出,如果不同的行星处于离太阳相同的距离,那么它们受到与太阳有关的引力与各自的质量成正比。

由开普勒确立并由几何推理变换了的这些实验定律产生出表现在太阳施加于行星的作用中的全部特性。牛顿运用归纳法推广了所得的结果;他让这个结果表达成一个定律,根据这一定律,物质的任何部分都作用于它的其他任何部分,而且牛顿把这个伟大原理表述如下:"任何两个物体都以一种力互相吸引,这个力与它们质量的乘积成正比,与它们之间距离的平方成反比"。万有引力原理被发现了,这里没有使用任何虚构的假说,而是借助于牛顿略述其梗概的归纳法得到的。

让我们再来更加周密地考察一下牛顿方法的这种应用;让我们看看稍微严密的逻辑分析是否还完整地保留着严密性和简单性的外表,而这种非常概括的说明正应归功于这种严密性和简单性。

为了保证这一讨论达到它所需要的全部清晰性,让我们首先回忆下述原理,这个原理是那些研究力学的人们都熟悉的:在我们指定了假想的固定参考点而把所有的物体运动与它联系起来之前,我们是不能谈论给定条件下吸引物体的力的;当我们改变了这个参考点或比较物时,代表着被观测物体周围的其他物体对它产生影响的力,就按照力学所精确陈述的规则改变其方向和量值。

接下来让我们看看牛顿的推理。

牛顿首先把太阳作为固定的参照点;他考虑了由于太阳的存在而影响各个行星的运动;他承认开普勒定律是支配这些运动的定律,并且推导出下述命题:如果太阳是参考点,所有的力都参考它来加以比较,那么每颗行星都受到一个指向太阳的力,这个力与行星的质量成正比,与行星到太阳的距离平方成反比。既然太阳被取作参考点,它就不受任何力的作用。

牛顿以类似的方式研究了卫星的运动,他为每颗卫星选择了它所伴随的行星作为固定的参考点;地球是月球的参考点,木星是绕其运动的众多卫星的参考点。支配这些卫星运动的定律恰好可以认为与开普勒定律相似,由此能够表述以下命题:如果我们把一颗被卫星所伴随的行星取作固定的参考点,这颗卫星就受到一个指向行星的力,这个力随着距离的平方而成反比地变化。如果像木星的情况那样,这颗行星有几颗卫星,这些卫星到行星的距离如果都相同,那么,行星施加给这些卫星的力就跟它们各自的质量成正比。行星本身并不受卫星的作用。

这些以非常精确的形式表达出的命题,就是开普勒的行星运动定律及其对卫星运动的推广所允许我们表述的命题。牛顿用另一个命题取代了这些命题,它可以陈述如下:任何两个天体,无论它们是什么,都在联结两天体的直线方向上彼此施加一吸引力,这个力与它们质量的乘积成正比,而与它们距离的平方成反比。这个陈述预先假定了全部运动和力都是相对于同一个参考点而言的;这个参考点是个理想的参考标准,几何学家可以恰当地想象它,但是它却没有以精确而具体的方式表征出任何物体在天空的位置。

这个万有引力原理是否仅仅是从开普勒定律及其对卫星运动的推广所提供的两个陈述中概括出来的呢?归纳法能从这两个陈述中推导出万有引力原理吗?根本不可能。事实上,这个原理不仅与那两个陈述不同,比它们更普遍,而且与它们相矛盾。学习力学的学生,接受万有引力原理的力学家,把太阳作为参考点,就能够计算各行星与太阳之间作用力的大小和方向,而且如果他这样做了,他就会发现,这些力不是我们第一个陈述所要求的。他也能够确定木星和它的卫星之间每个力的大小和方向,这时我们认为所有的运动都是相对于那个假定为固定参考点的行星而言的;如果他这样做了,就会发现,这些力也不是我们第二个陈述所要求的。

万有引力原理决不是可以由开普勒的观测定律通过概括和归纳推导出来的,在形式上它与这些定律是相矛盾的。如果牛顿理论是正确的,开普勒定律就必然是错的。

基于观测天体运动而建立的开普勒定律,并没有把它们直接的实验确定性转移到万有引力原理上去,因为如果相反,我们承认开普勒定律是绝对正确的,那么,我们就不得不拒绝牛顿的天体力学借以建立的命题。物理学家如果不愿坚持开普勒定律,而主张为万有引力理论辩护,他就会发现他不得不首先要解决这些定律中的一个困难:他必须证明,与开普勒定律的正确性不相容的引力理论使行星和卫星的运动遵循另外一些定律,而这些定律与布拉赫、开普勒和他们的同辈人所能够觉察到开普勒轨道与牛顿轨道之间有偏差的第一批定律没有什么重大差别。这个证明是下面情况的推论:太阳的质量相对各行星的质量而言是非常之大,而行星的质量相对它的卫星的质量而言又是非常之大。

因此,如果牛顿理论的确定性不是渊源于开普勒定律的确定性,那么这个理论将如何证明自己的有效性呢?那就得用日臻完善的代数方法所具有的高度近似去计算那种在每一瞬间都会使每个天体偏离开普勒定律所指定轨道的摄动。然后将计算出来的摄动与通过最精确的仪器和最严格的方法观测到的摄动加以比较。这种比较将不仅与牛顿原理的这一或那一部分有关,而且同时涉及到这个原理的所有部分;进而也涉及到所有的动力学原理;此外,它还需要借助于所有的光学命题,借助于气体静力学和热的理论,所有这些对于为望远镜在其构造、调整和校正方面的属性提供根据,在为消除由于周年的或周日的光行差和大气折射而造成的误差进行解释,都是必不可少的。现在已不再是用观测一个个来证明定律的问题了,也不再是通过归纳和概括把每个定律提升到原理的高度这样的问题了;而是把整个一系列关于假说的推论和整个一系列事实加以比较的问题了。

现在,如果我们找出使牛顿方法在想象的、似乎是最适合应用的情况下陷于失败的原因,我们就会发现,那是由于理论物理学所使用的任何一个定律都具有双重特性:这种定律是用符号表示的,又是近似的。

毫无疑问,开普勒定律非常直接地建立在真正客观的天文观测的基础上;它们尽可能不用符号来表示。但是,这些定律以纯粹的实验形式提出万有引力原理依然是不适合的。为了能够从中获得这个原理,这些定律必须加以转换,并且必须认为太阳能吸引各个行星,具有能产生这些力的特征。

这时,这种新形式的开普勒定律便是一种符号式的了。只有动力学才能给"力"和"质量"这些词以适合于陈述它们的意义,也只有动力学才允许我们用新的符号公式来代替旧的实在论的公式,用有关"力"和"质量"的陈述代替有关轨道的定律。这种代替的合法性就意味着对动力学定律的充分信任。

为了替这种信任进行合理辩护,我们无需继续要求动力学定律在牛顿用符号翻译开普勒定律而使用它们时就不受怀疑了;不必继续要求动力学定律已充分接受了的经验验证,担保有理性的支持。事实上,动力学定律到那时为止经受的考验还是非常有限而且是极其粗糙的。甚至对这些定律的阐述也仍然是非常含糊和笼统的;只是在牛顿的《原理》中,这些定律才第一次以精确的方式被表述出来。正是事实与牛顿的劳作所孕育出来的天体力学之间的一致才使动力学的定律第一次得到令人信服的证实。

因此,把开普勒定律翻译为符号定律这种对理论惟一有用的形式,预先假定了物理学家对整个一系列假说的先验信奉。但是此外,由于开普勒定律仅仅是近似的定律,动力学可以把它们转换成为无限多个不同的符号形式。在这些无限多个不同形式中,有一种而且仅有一种形式与牛顿的原理相一致。第谷的观测由开普勒如此巧妙地归结为定律,这些观测允许理论家选择这种形式,但是并不强制理论家非这样做不可,因为还存在着其他无限多个形式可供他选择。

因此,理论家不能为了替他的这种选择辩护而满足于祈求开普勒定律。如果他想要证明他所采纳的原则真正是对天体运动进行自然分类的原则,那他就必须证明,观测到的摄动与预先计算出的摄动相符合;他还必须证明他如何能从天王星的运行演绎出一颗新行星的存在及其位置,并且在他的望远镜终端发现指定方向上的海王星。

五、对牛顿方法的批评(续)。
第二个例子:电动力学

牛顿之后,除安培外,还没有人更清楚地宣称,所有物理理论都应当是仅仅通过归纳法从经验推导出来的;没有一本著作比安培的《电动力学现象的数学理论——惟一从经验中推导出来的》（Théorie mathematique des phénoménes étctrodynamiques uniquement déduite de l'expérience）更紧密地仿效牛顿的《自然哲学的数学原理》了。

"科学史上以牛顿著作为标志的这个时代，不仅是人们关于伟大自然现象原因的已经作出的最重要的发现之一，而且也是人类心智在以研究这些现象为对象的科学中开辟了一条新路线的时代。"

这就是安培在他的《数学理论》一书中开宗明义的几句话，他继续写道："牛顿从不认为"万有引力定律"之所以能被发现是由于我们多少是从似乎当然的抽象思考出发的。他确定了一个事实，即这个定律必定是从所观测事实中演绎出来的，或者不如说是从开普勒那一类的经验定律中演绎出来的，这类经验定律只是从大量事实中概括得出的结果"。

"为了观测事实，首先要尽可能改变它们的条件，与此同时要进行精确的测量，以便从中演绎出仅以经验为基础的普遍定律，并从这些定律（他们独立于关于产生这些现象的力的本性的任何假说）中推导出这些力的数学值，即推导出表示这些力的公式，这就是牛顿所遵循的路线。这条路线已普遍为法国的科学家所接受，这些科学家为最近一个时期物理学的巨大进展作出了贡献，而且这条路线指引了我在电动力学现象方面的全部研究。为了建立关于这些现象的定律，我只考虑经验，并且我从它们之中演绎出只能描述作为现象原因的力的公式；我不研究可能产生这些力的原因本身，我完全相信任何这类研究应该只以有关定律的实验知识为先导,以惟一从这些定律演绎出来的、确定基本力的数值的实验知识为先导。"

人们既不需要非常仔细地考察,也不需要极大地敏锐就能认识到《电动力学的数学理论》没有以任何方式按照安培所描述的方法继续做下去,而且我们看到它并没有"惟一地从经验推导出来"(uniquement déduite de l'expérience)。采用原始的处于自然状态的经验事实是不可能用来作数学推理的,为了满足数学推理的要求,它们必须加以转换并表达为符号形式。安培确实做了这种转换。他不满足于单纯地把电流在其中流动的金属装置简化为简单的几何图形;这种同化的工作做得这样的自然,以致不会引起任何认真的怀疑。他也不仅仅满足于使用从力学中借来的力的概念和构成这门科学的各种定理;在他写这本书的时候,这些定理可能被认为是无可怀疑的。除了这一切之外,他还求助于整个一系列全新的假说,这些假说是全然没有理由的,有时甚至是相当令人吃惊的。起初,在这些假说中值得一提的是智力操作,借助这种操作,安培把电流分解成无限小的电流元,实际上只要电流存在它就不可能被分解为这些最小单元的;接着就作这样的推测:所有真实的电动力学作用都被分解成假想的作用,这些作用由电流对产生,电流对就是一对电流元,每次作用只涉及一对电流元;接着假定,两个电流元的相互作用可归结为作用于联结两个电流元直线方向上的元素的两个力,这两个力的大小相等,方向相反;然后假定,把两个电流元之间的距离简单地引入到与某种力成反比的它们的相互作用的公式中。

这些形形色色的假设本身是如此不自明,又如此不必要,以致其中的若干假说已受到了安培后继者们的批评或拒绝。同样能够从符号上转换电动力学基本实验的其他假说已由别的物理学家提出来了,但是其中没有一个人在做这种转换时不表述某个新的假设而能获得成功的,如果有人声称可以这样做,那会是愚蠢的。

引导物理学家在把实验事实引入推理之前,用符号转换这些实验事实的必要性表明了,安培引进的纯归纳路线是行不通的;对他来说,这条路线也是不能使用的,因为每一条观测定律都不是准确的,而只是近似的。

安培的实验具有最明显的近似性。他把观测到的实验事实用符号转换成为适合于他理论成功的形式,但是他也可以很容易地趁机利用观测的不确定性,以便给出完全不同的转换!让我们听听威廉·韦伯是怎么说的:

"在安培的研究报告的标题中,极其明确地表示出来的一点就是他的电动力学现象的数学理论是仅仅从实验中推导出来的;的确,我们在他的书中发现了在细节上加以说明的简单而又灵巧的方法,这种方法使他达到了他的目标。在这里我们发现,他以合乎需要的精确性和预期的范围对他的实验全部作了说明,他从实验推演出理论,并且描述了他所使用的仪器。但是,在这些基础性的实验中,就像我们在这里说到的那样,没有充分指出实验的普遍意义,没有充分描写进行实验时所使用的仪器,也没有充分说明产生预期结果的一般方法;深入研究实验本身的细节,说明实验怎样可以经常被重复,实验条件怎样变更以及这种变更会产生什么影响,所有这些都是不可缺少的;总之,要对所有的条件作一概要整理,使读者能根据结果的可靠性和确定性的程度来进行判断。安培并没有给出这些有关他实验的精确细节,而且他对电动力学基本定律的论证也有待于进行这种必不可少的补充。两条导线相互吸引的事实一再得到证实,而且已无可争辩;但是这些证实总是在一定条件下完成的,决不可能作定量的测量,即使能作某些测量,它们也远远达不到考虑这些被论证的现象的定律时所要求的精确度。

"安培不止一次地在不存在任何电动力学作用的情况下与测量给予他的结果等于零的情况下得出了同样的结论,而且用这样的手段,他以超人的洞察力和甚至是非凡的技巧成功地收集了建立和论证他的理论所必需的数据;但是这些反面的实验,我们在没有直接正面的测量时必定以它们为满足",各种无源的阻抗,所有的摩擦和误差的全部原因在其中都恰好有助于产生我们想要观测到的效果的那些实验,"不可能具有那些正面测量所具有的全部价值或论证力,特别是当正面测量用真实测量的程序与在真实测量的条件下做不到时,情况更是如此,再者,用安培使用过的仪器是不可能做到正面测量的。"①

如此不精确的实验给物理学家留下在以下两者之间进行选择的问题:一边是无限多个同样可能的符号转换,另一边是确定不了如何对它们作出选择;只有凭直觉,凭我们对所要建立的理论形式的猜测,来指导这种选择。这种直觉的作用在安培的工作中格外重要;它充分地贯穿在这位伟大几何学家的著作中,以便让人看

---

① 威廉·韦伯:《电动力学的测定》(Electrodynamishe Maassbestimmungen)(莱比锡,1846)。译为法文后收入《物理学学术论文集》(法国物理学会)第3卷:电动力学的学术论文集。

出，他关于电动力学的基本公式是通过一种预见被相当完善地建立起来的；也让人认识到，他的实验是由他作为事后的想法想出来的，并且这些实验十分有目的地结合在一起，以至于他能按照牛顿的方法说明他靠一系列假设而构造出来的理论。

另外，安培过分坦率，以致不能非常博学地掩饰在他的阐述中那些人为的东西，这种人为的东西正好完全是从他的实验中推演出来的；在《电动力学现象的数学理论》一书的结尾处，他写下了如下几行："在结束这篇研究报告的时候，我认为我应当说明的是我还没有时间去构造在第一版的插图 4 和第二版的插图 20 中所描绘的仪器。这些实验是打算去做但还没有做的"。现在我们正在谈论的两套装置中的第一套装置，其目标是使四个均衡的基本案例中的最后一个案例成立，这四个案例就像是安培构造的大厦中的支柱：它借助于实验（这套装置正是为这个实验设计的）使我们有可能确定按电动力学作用的距离的乘方。实际上安培的电动力学理论远不是完全从实验推导出来的，实验在这一理论的形式中所起的作用是十分软弱无力的：它仅仅是唤醒这位天才物理学家的直觉的、一个偶发事件，其余的都是由他的直觉来完成的。

正是经过威廉·韦伯的研究，安培的非常直观的理论才第一次得以与事实进行详细的比较；但是这一比较没有以牛顿方法作指南。韦伯从整个安培理论中推演出能够加以计算的某些结果；推演出静力学的和动力学的定理，甚至还有光学的某些命题，这使他能够设想出一种仪器——电测力计，运用这一仪器上述这些结果便可以得到精确的测量；计算得出的预期与测量结果的一致这时已不再是证实安培理论的这个或那个孤立的命题，而是证实了电动力学的、力学的和光学的整个一系列假说,因为只有援引这些假说,韦伯的每个实验才能得到解释。

因此,牛顿的失败之处也正是安培的失足之处。这是因为对物理学家来说,有两个无法避免的、巨石般的暗礁使得纯粹的归纳程序行不通。第一,没有一条实验定律,在它得到解释使之转变成符号定律之前就能适合理论家的要求;而这种解释意味着坚持整个一系列理论。第二,没有一条实验定律是准确的,它只是近似的,因而它允许有无限多个不同的符号转换方法;在所有这些转换中,物理学家必须选择一种能给他提供富有成效的假说的转换方法,而他的选择根本用不着受实验的指导。

对牛顿方法的这一批评,把我们带回到我们通过对实验矛盾的批评和对判决性实验的批评而已经得出的那些结论。这些结论值得给它们一个极明晰的表述如下:

如果要求理论物理学的每个假说同作为这门科学基础的其他假设分离开来,以便使它孤立地受观测的检验,那是追求一种幻想;因为物理学中无论什么实验的做成和对它进行解释都意味着是对整个一系列理论命题的坚持。

对物理学理论合乎逻辑的惟一的实验检验方法,就在于物理理论的整个体系与整个一系列实验定律相比较,并且判断后者是否能由前者以一种令人满意的方式加以描述。

六、与物理教学有关的推论

同我们竭尽全力加以确立的所有结果相反,人们通常认为,物理学的每个假说都可以同一系列假说分开,并且可以孤立地受实验的检验。当然,从这个错误的原理出发,会推演出关于物理学教学所用方法是假的推论。人们希望教授按一定的次序来整理物理学的全部假说,他举出第一个假说,说明它,陈述它的实验验证,而当这一验证被认为是充分的时候,就宣称这个假说被接受了。更有甚者,人们喜欢教授通过归纳概括纯粹的实验定律来表述这第一个假说;他又重复这一运作来对待第二个假说、第三个假说,如此等等,直到物理学的全部假说都被建立起来。物理学就像几何学一样来加以讲授:一个假说跟着另一个假说,就像一个定理跟着另一个定理一样;每个假设的实验检验取代了每个命题的论证;只有从事实中抽取出来或者直接由事实证明的东西,才会得到传授。

这是许多教师一直向往的理想,而且有人也许以为是他们已经达到的理想。要求教师们追求这种理想也不乏权威性的呼声。彭加勒说,"重要的不是过分增多假说,而是使假说一个接着一个,环环紧扣。如果我们在多重假说的基础上构建理论,而实验又否决该理论,那么在我们的前提中的哪个前提需要改变呢?我们不可能知道这一点。而另一方面,如果实验成功了,我们就会认为我们已同时证实了所有的假说吗?我们会认为我们用单独一个方程式已可确定几个未知数吗?"①

特别是牛顿表述了其规则的纯归纳法,被许多物理学家看做是使我们能够合理地阐释自然科学的惟一方法。高斯塔夫·罗宾说:"我们将要建立的科学不过是由经验所提示的简单归纳的结

---

① H.彭加勒:《科学与假设》,第179页。

合。至于这些归纳,我们常常把它们表述为容易得到并且易受直接证实的命题,但从不忽视这样的事实,即一个假说不能由它的推论来证实"。① 这就是向那些打算在中等学校中教物理的人们所推荐的(虽然不是规定的)牛顿的方法。他们被告知,"数学物理的程序对中等学校的教育是不适当的,因为这些程序是从假说出发的或者从先验地所下的定义出发的,以便从这些假说和定义中推演出将要经受实验检验的结论。这种方法也许对于专门研究数学的班级是适合的,但是把它应用到今日我们在力学、流体静力学和光学方面的基本课程就成问题了。让我们用归纳方法代替它吧!"②

我们以上所展开的论证更加充分地确立了下述真理:让物理学家遵循人们推荐给他的实际应用的归纳法,就像让数学家遵循完善的演绎法一样是行不通的,这种完善的演绎方法在于对每一件事都要加以定义和论证,这种探索问题的方法,虽然帕斯卡很久以前就彻底地并且严肃地清除了它,但某些几何学家似乎还是动情地依恋它。因此,很明显,主张用这种方法阐明一系列物理学原理的人,当然就暴露出了这一方法在某一点上是有漏洞的。

在这样暴露出来的引人注意的弱点中,最常见的同时也是最严重的弱点是"假想实验",因为它把错误的观念积淀在学生的头脑中。当物理学家被迫援引一个并非真正从事实中抽取出来或者通过归纳法得到的原理,并且更加不情愿地把它作为一个公设提

---

① G. 罗宾:《科学著作,普通热力学》(巴黎,1901)导言,第 12 页。
② 中等学校教育总检查长 M. 朱巴特的一次演讲的笔记,"中等教育",1903 年 4 月 15 日。

供给这个原理时,他们发明了一种想象的实验,这种实验如果能成功地做出来,那它就有可能引出人们希望证实的那个原理。

援引这种假想实验就是提出一个待做的实验代替已做过的实验;这就是说,不是通过已观测到的事实而是通过预言其存在的事实来证明一个原理,而这种预言没有别的基础,而是基于对所谓的实验所支持的原理的信任。这种论证方法使信赖它的人陷入了一种恶性循环;而那种尚未真正弄清所引用的实验是没有做过的实验就讲授它的人,表明自己是在干一件不诚实的事。

物理学家描写的假想实验,如果我们试图去做它,那也时常不会产生任何精确的结果;它产生的非常模糊和粗糙的结果确实能符合自称有正当理由的命题;但是它们符合的命题正好又是某些差别很大的命题;因此这种实验的论证价值很低,因而要特别的谨慎。为了保证电动力学作用按照距离的平方反比关系发生,安培想象出来但是并未实行的实验,给我们提供了这种假想实验的一个明显的例子。

但是事情还有更糟糕的。通常的情况是所援引的假想实验不仅没有实现,而且是不可能实现的;它预先假定了自然界中遇见不到的物体和从未观测过的物理属性的存在。因此,高斯塔夫·罗宾为了给化学力学原理以他所希望的纯归纳的阐释,他随意创造了他称之谓证明物(corps témoins)这样的东西,正是由于这些证明物的存在才具有激发或者停止化学反应的能力。[①] 而观测从没有让化学家看到过这样的物体。

---

① G. 罗宾,见前引书,第 ii 页。

这种没有实行的实验,即不会被严格实行的实验,以及绝对不能实行的实验,并没有穷尽那些在自称要遵循实验方法的物理学家的著作中所设想的各种各样的假想实验;还应当指出的是一种比其他形式更加不合逻辑的形式,那就是荒谬实验。这种荒谬实验要求证明这样一个命题:如果它被认为是对实验事实所作陈述的话,那么,它是矛盾的。

最敏锐的物理学家并不总是知道如何警惕荒谬实验对他们阐释的干扰。让我们举出伯特兰的几句话为例:"如果我们承认电荷是由物体表面所携带是一个实验事实,并且承认自由电荷对导体各点的作用应该等于零乃是一个必然的原理,只要严格满足这两个条件,我们就能从中推导出电的吸引和排斥力与距离的平方成反比"。①

让我们取一个命题:"当导体中建立了电的平衡时,导体内部不存在电荷",并且我们询问:是否有可能把这个命题看做是一个实验事实的陈述。让我们权衡一下出现在这一陈述中的那些单词的确切意思,特别是内部这个词的意思。就我们必须在这个命题中给这个单词的意思而言,一块荷电的铜的内部一点就是在这块铜之内取一点。接着而来的是我们怎么能够确定这一点存在还是不存在任何电荷? 这就必须在那里放一个检验物体并且必须事先取走那里的铜,但是这样一来,这个点就不再是在铜块内部而会在这块铜的外边了。我们要是把我们的命题当作观测结果就不能不陷入逻辑矛盾。

---

① J. 伯特兰:《电的数学理论教程》(巴黎,1890),第 71 页。

因此,我们要求证明这个命题所用的实验的含意是什么呢?的确,有些东西跟我们要把它说出来的东西是有很大差别的。我们在一块导体内部挖一个洞,并且注意到这个洞壁上没有荷电。这一观测证明没有什么东西涉及到导体内部较深各点上是否有电荷存在的问题。为了使这个被注意到的实验定律转化为被陈述的定律,我们使用了内部这个词。由于担心把静电学建立在公设的基础之上,我们才把它建立在一个双关语上。

假如我们简单地翻翻物理学的论文和手册,我们就能收集到随便多少个假想实验;我们会发现在那里有丰富的例子说明这种实验所能采取的各种不同形式,从纯粹实行不了的实验直到荒谬实验。让我们别在这种有点吹毛求疵的工作上浪费时间。我们所说的一切足以担保下面的结论是正当的:用牛顿所定义的那种纯归纳法进行物理教学是一种幻想。无论是谁宣称要去掌握这种海市蜃楼式的幻景,那都是一种自欺或欺骗学生的行为。他正在作为已经见到的事实教给学生的,其实不过是预言的事实;作为精确观测的,其实是粗糙的报告;作为能够实行的程序,其实只是理想的实验;作为实验定律的,其实只是其用语不能当作真实而无矛盾的命题。他所阐述的物理学是虚假的,已被证伪了的。

要让物理教师放弃这种从虚假观念出发的理想归纳法,让他拒绝关于实验科学的这种想象教学方法。因为这种方法掩饰并歪曲了实验科学的基本特点。假如对物理学中并不最关键的实验的解释预先假定要应用一整套理论,又假如对这一实验的描写本身需要大量的抽象符号表示,这些抽象符号表示的意义和与事实的对应仅仅是由理论来指明的,那么,物理学家在试图把理论结构与具体实在进行最微细的比较之前就得决心展开一长列的假说和演绎,事实上,这样做是必不可少的;此外,在描述那些能证实已经发展起来的理论的实验时,物理学家也总是不得不指望新的理论到来。例如,在他不仅发展了一系列关于普通力学的命题,而且也为天体力学奠定了基础之前,他不能指望对动力学原理进行最微小的实验证实;而且在报告观测已证实了这套理论的时候,他也不得不假定那些单独为使用天文仪器提供根据的光学定律是已知的。

因此,要让教师首先去发展科学的基本理论;无疑地,在提出这些理论所赖以建立的假说时,对他来说,准备接受这些假说是必要的;对他来说,指出常识性的资料,指出通过正常的观测或简单的实验或者通过导致表述这些假说的那些难得的分析而收集到的事实,所有这些都是有益的。对于这一点,我们将在下一章中还要转回来加以讨论。但是我们必须大声宣布,这些事实对于提出假说是足够的了,但是对于证实这些假说却是不够的。只有在他建立了一个精致的学说并构造了一个完备的理论之后,他才能把这个理论的推论同实验进行比较。

教育应当使学生把握这个基本的真理:实验证实不是理论的基础而是它的顶峰。物理学的进步不会按照几何学的方式:几何学是通过不断提出新的定理而成长起来的,这些定理一劳永逸地得到了证明,并且添加到已证明的那些定理中去;而物理学的发展是一种符号的描绘,它在不断地改进中得到越来越大的综合性和统一性,而这个综合性和统一性的整体又给出了一幅越来越类似于实验事实整体画面,这个画面的每个细节要是从整体中割裂开来或把它孤立起来,就会失去全部意义而且不再代表任何东西了。

对于那些尚未理解这个真理的学生来说,物理学所呈现出的是一幅极端混乱的景象:靠不住的循环推理和以假定为论据的狡辩。如果他有一副很严密的头脑,他将以反感来抵制这些无穷的逻辑挑衅;如果他的头脑不太严密,他就会背诵此处这些含义不精确的词汇,背诵对尚未实行的和不能实行的实验的这些描述,并且背诵用变戏法时蒙骗众人的手法来进行推理的路线。于是在这种不加思考的记忆活动中,他失去了他通常所具有的、仅剩的那点正确的感觉和批判的头脑。

另一方面,那些清楚地懂得了我们刚刚系统表述过的这些思想的学生,不仅仅懂得他们已学过的物理学的某些命题,他们能做得更多;他们会理解实验科学的本质及其真正的方法。[①]

七、与物理理论的数学发展有关的推论

通过以上讨论,物理理论的确切本质和它同实验的关系的实质越来越清楚和精确地显现出来了。

用来构造这个理论的材料,一方面是用于描写物理世界的各种量和质的数学符号,另一方面是充当原理的一般公设。借助于这些材料,理论建造起一个逻辑结构;在制定这个结构的方

[①] 这种讲授物理学的方法,对青年人的头脑来说是很难接受的,这一点无疑被作为反对这种教学方法的理由;答案很简单:不要向那些还没有准备接受物理学的人教授物理学。德塞维耐夫人在谈论幼儿时常说,"在你给他们吃卡车司机的食物之前,得先弄清他们是否有卡车司机的胃口"。

案时,必然因此而一丝不苟地尊重逻辑对所有演绎推理所要求的定律,也要一丝不苟地尊重任何数学运算中代数所规定的法则。

理论中所用的数学符号只在十分确定的条件下才有意义;定义这些符号就是列举出这些条件。理论被禁止在这些条件之外来使用这些符号。例如,按照定义绝对温度只能是正的,按照定义物体的质量是不可变的;理论在其公式中绝不会给绝对温度以零或负值,在其计算中也绝不会使给定物体的质量发生变化。

理论原则上是以公设为根据的,也就是说,是以理论所适合的方式得到充分陈述的命题为根据的,只要在同一公设的术语之间或者是在两个不同的公设之间不存在矛盾就可以了。但是这些公设一旦制定下来,就必须以忠诚严肃的态度保卫它们。例如能量守恒原理如果用来作为理论体系的基础,那么,理论就必须禁止任何与这个原理不一致的断言。

这些规则对于正在被构造的物理理论有极其重要的影响;单独一次违反规则就会使这个体系不合逻辑,因而迫使我们推翻这一体系,重建另一个体系。但是这些规则是加于理论的惟一限制。在物理理论发展的过程中,物理理论可以自由地选择任何它所满意的路线,只要它避免任何逻辑矛盾;特别是它可以自由到不顾及实验事实。

当理论已达到了完备发展的地步时,情况就不再是如此了。当逻辑结构已达到它的顶点时,把从一长列演绎中作为结论得出的一系列数学命题同一系列实验事实相比较,就成为必不可少的了;通过使用选定的测量程序,我们必须确信,这一系列实验事实在这一系列数学命题中可以找到自己充分相似的形象和极其精确而完整的符号。如果理论结论和实验事实间的这种一致没有表现出令人满意的近似性,尽管这个理论可以有严格的逻辑结构,它也依然应当遭到拒绝,因为它与被观测事实相矛盾,因为它在物理上上是虚假的。

因为只有事实的检验才能给理论以物理上的有效性,所以理论结论与实验真理间的比较是必不可少的。但是,这种由事实所作的检验应当惟一地指向理论结论,因为只有后者才表现为实在的映象;用来作为理论出发点的公设和我们从公设到结论所使用的中间步骤并没有必要要受到这种检验。

我们在前面几页已经非常详尽地分析了那些人的错误:他们声称物理学的基本公设之一要通过一种诸如判决性实验的程序直接经受事实的检验;我们还特别地分析了另一些人的错误:他们作为原理加以接受的仅仅是"归纳法的惟一作用在于把大量实验的真实结果提升为普遍规律,而不是把它们变成解释"。①

还有一种与此非常接近的错误,那就是它要求由数学家所实行的、把公设和结论联系起来的所有运算都应当有物理意义,这个错误还在于,希望"只讨论可实行的运算",并且"只引入容易影响实验的量值"。②

按照这个要求,物理学家在他的公式中引入的任何量值都应当通过测量过程与物体的属性联系起来;对这些量值实行的任何

---

① G. 罗宾,见前引书,第 14 页。
② 同前引书。

代数运算都应当通过使用这些测量过程翻译成具体的语言;这样一翻译,它就应当代表一个真实的或可能的事实。

这种要求,即当其涉及理论结果的最后公式时要有合法性,如果被应用于确定从公设过渡到结论的中间阶段的公式和运算,那就没有什么正当的理由了。

让我们举一个例子。

吉布斯研究了理想混合气体离解成它的组成部分的理论,其组分也被看做理想气体。他得到了一个公式,能表示这一体系内部化学平衡的规律。我提议讨论这个公式。为了这一目的,我让这一混合气体的压力保持恒定,并考虑公式中出现的绝对温度,使它从 0 变化到 $+\infty$。

如果我们希望这一数学运算具有物理意义,我们就会面临一大堆障碍和困难。没有一个温度计能显示某一界限以下的温度,也没有一个温度计能测定足够高的温度;我们称之为"绝对温度"的这个符号,不能通过我们安排的测量手段被翻译为具有具体意义的某种东西,它的数值只能保持在某一最小值和某一最大值之间。而且在温度足够低时,热力学称之为"理想气体"的这另一个符号甚至不再是任何真实气体的近似映象了。

如果我们注意到我们已经表述过的意见,这些困难和其他许多在此不便一一列举的困难就会消失。在理论的建构中,我们刚才所讨论的仅仅是一个中间步骤,没有什么理由要寻找其中的物理意义。只有当这一讨论把我们引导到一系列命题,我们将不得不把这些命题付诸事实检验的时候;那时我们才能在绝对温度可以翻译为温度计上具体的读数并且理想气体的观念可近似地体现我们所观测到的流体这个限度内,探讨我们讨论的结论是否同实验结果相一致的问题。

公设依靠数学运算产生其推论,由于要求数学运算总是要有物理意义,这就使我们在数学家面前设置了不合理的障碍并削弱了他的进步。罗宾甚至对使用微分学也发生了怀疑;如果罗宾教授一心想要不断地并且审慎地满足这种要求,那他实际上就不能展开任何运算;按他的思路,理论的演绎一开始就会被阻断。物理学方法更准确的观念以及在那些必须接受事实检验的命题与随意可以免除这一检验的命题之间比较严格的分界线,将恢复数学家的全部自由,并允许他使用全部的代数方法以利于物理理论的最重大的发展。

八、物理理论的某些公设不能受实验反驳吗?

我们顺利地认识了一个正确的原理,它能解决由于我们应用了错误的原理而遇到的错综复杂的困难。

因此,如果我们已发表的意见是正确的,即在整体理论和整体实验事实之间必须建立比较的话,那么我们就应当依据这个原理去考察这些难解之处是如何消失的。在这些难点之中,我们由于下面的想法而迷失了方向:我们要使每个理论假说孤立地经受事实的检验。

在那些目的是要消除悖论的主张中,我们认为最重要的是一个近来常被表述和讨论的那个主张,它最初是由米尔豪德在关于化学的"纯净物体"①中加以陈述的,它已被彭加勒在力学原理方面详细地并且有力地加以发展了;②勒鲁瓦也极清晰地表述了它。③

这种主张如下:物理理论的某些基本假说是不能与任何实验发生矛盾的,因为它们实际上乃是定义,并且在物理学家的习惯中,某些措词只有通过这些基本假说才能具有意义。

让我们采用勒鲁瓦所引的一个例子:

当一个重物自由下落时,它下落的加速度是恒定的。这个定律会与实验相矛盾吗?不,因为它本身就定义了"自由落体"所指的是什么。当我们研究一个重物下落时,如果我们发现这个物体没有以匀加速下落,我们就应该得出结论,并非所陈述的这个定律是假的,而是这个物体没有做自由下落,有某种原因干扰了它的运动,而且通过观测到的事实与所陈述定律的偏差可以发现这个原因并分析它的结果。

因此勒鲁瓦得出结论,"严格说来定律是可证实的……,因为它们本质上就是我们借以判断现象和方法的标准本身,这些方法是为了审查这些定律而必然要使用的,对定律所进行的这种审查其精确性能够超过任何指定的界限"。

---

① G. 米尔豪德:"理性科学",《形而上学和道德评论》第Ⅳ卷(1896),第280页。重刊于《理性》杂志(巴黎1898),第45页。
② H. 彭加勒:"力学原理"国际哲学大会丛书,Ⅲ:《科学的逻辑和历史》,(巴黎1901),第457页。"物理理论的客观标准",《形而上学和道德评论》第Ⅹ卷(1902),第263页;《科学与假设》,第110页。
③ E. 勒鲁瓦:《新实证主义》,《形而上学和道德评论》第Ⅸ卷(1901),第143—144页。

让我们用前面已确定的原理再来更详细地研究一下在落体定律和实验之间进行的是怎样的一种比较。

日常的观测使我们熟悉了关于运动的整个范畴，我们把它们集合在一起冠以重物运动的名称；其中之一就是重物在它没有受到任何障碍物阻碍时的下落运动。其结果就是那些只诉诸常识而不懂物理理论概念的人们认为"物体的自由下落"这些词具有意义。

另一方面，为了对有关运动定律加以分类，物理学家创造了一个理论即重力理论，它是理性力学的重要应用。在这个想用符号表示实在的理论中，也有"重物的自由下落"这个问题，并且作为支持这整个理论框架的假说的一个推论，自由下落必然是匀加速运动。

"重物自由下落"这些词现在有了两种不同的意义。对不了解物理理论的人来说，它们有真实的意义，它们所指的就是常识所说的那些意思；而对物理学家来说，它们具有符号的意义，也就是指"匀加速运动"。假如第二种意义不代表第一种意义，假如常识所说的自由下落也不是指匀加速运动或者接近匀加速运动，那么理论就不会实现它的目标，因为正如我们已经说过的，常识的观测根本上是缺乏精确性的。

这两种意义的一致（没有这种一致理论就无需加以进一步检验早被抛弃了）最终达到了这样的结果：常识所说的接近自由的下落，也就是其加速度接近恒定的下落。但是，注意到这种粗略近似的一致并没有使我们感到满意；我们希望推进并超过常识所能要求的精度。借助我们已描绘过的理论，我们装配了一种装置，能够以灵敏的准确度使我们识别出一个物体的下落是不是匀加速的;这个装置告诉我们,在常识看来是自由下落的某种下落运动,它的加速度是有点可变的。在我们的理论中,给"自由下落"这个词以符号意义的那个命题,并没有非常准确地描述出我们所观测到的真实具体的下落运动的性质。

于是在我们面前有两种可供我们选择其一的方案。

第一个方案是,我们可以宣布,当我们把所研究的下落运动看做是自由下落并且要求这些词的理论定义与我们的观测相一致时,我们是正确的。在这种情况下,既然我们的理论定义没有满足这个要求,它就必须被抛弃;我们必须根据新的假说构造另一种力学,在这种力学中,"自由下落"这个词不再表示"匀加速运动",而是表示"其加速度是随某个定律而变的下落"。

第二种可供我们选择的方案是,我们可以宣称在我们观测到的具体的下落运动与我们的理论所定义的符号的自由下落之间确立一种关系时,我们是错了,因为符号的自由下落使得具体下落运动的形式过分简单,因为正如我们的实验所报告的那样,为了适当地描述下落运动,理论家应当放弃重物自由下落的设想,应该从重物被某种像空气阻力之类的障碍所干扰这一方面加以考虑,在使用适当的假说描绘这些干扰作用时,他可以设计一种比重物更加复杂理论框架,但它更易于再现实验的细节;简言之,按照我们前面已确定的语言(第Ⅳ章 第3节),我们可以借助适当的"校正"来消除像空气阻力这类影响我们实验的"误差原因"。

勒鲁瓦主张,我们宁可选择第二种而不要第一种方案,在这一点上他肯定是对的。确定这一选择的理由是容易了解的。如果采纳第一种选择,我们将不得不彻底破坏一个非常庞大的理论体系,这个体系以最令人满意的方式描述了一系列范围很广而又极其复杂的实验定律。另一方面,第二种选择不会使我们失去物理理论业已涵盖的领域中的任何东西;此外,它已在如此大量的事例中获得成功,以致我们能够加倍指望新的成功。但是在我们给予落体定律以这样的信任时,我们发现没有什么类似于从数学定义本身抽引出来的那种确定无疑的东西,就好像我们怀疑圆周上各点到圆心的距离全都相等会是愚蠢的那是确定无疑的一样。

这里我们不过是特别应用了本章第2节所确立的原理。构成一个实验的具体事实和理论用于代替这一实验的符号描述之间的不一致证明了这样一点,即这种符号的某个部分不得不被抛弃。但是实验并没有告诉我们,应该抛弃的是哪一部分;这是有待于我们的智慧加以猜测的重任。于是在成为这种符号的组成部分的理论要素中,总有若干个要素是某个时代的物理学家同意不加检验就可采用的,并且认为它们是无可怀疑的。因此希望修改这种符号的物理学家肯定愿意把这种修改指向其他要素而不是刚刚提到的那些要素。

但是,推动物理学家行动的并不是逻辑的必然性。他要是不按逻辑行事,这对他将是棘手的和无兴趣的,不过这并不是要他去做逻辑上荒谬的事情;尽管他不循着数学家的脚步走,也不会发疯到足以与自己的定义相抵触的地步。不仅如此,也许有一天,通过别的活动,通过拒绝援引错误的原因并拒绝依靠修正错误来达到重建理论体系与事实之间的一致,进而通过在那些众口一致地声称是不可触及的命题中毅然进行改造,他就会完成一项天才的工作,这项工作将为理论开辟新的历程。

的确,我们必须防止我们自己永远相信那些有正确理由的假设,这些假设已成为公认的约定,而且它们的确定性似乎通过使实验后退到更加可疑的假定上而突破实验矛盾。物理学的历史告诉我们,人们的思想经常会被引导去彻底推翻这些原理——尽管这些原理几个世纪以来已被公认为不可侵犯的公理,同时也会被引导去根据新的假设重建物理理论。

例如,几百年来,是否存在过比光在均匀介质中沿直线传播这个原理更清楚、更确实的原理呢?这个假说确实不仅支持着以前的光学,反射光学和屈光学,它的优美的几何推导随意描述了数量巨大的事实,而且它已成了所谓直线的物理定义。任何一个想要画出一条直线的人,像要修直一块木头的木匠,要对直他的视线的测量员和通过照准仪上的小孔找到一个方向的大地测量员和借助于望远镜的光轴确定恒星位置的天文学家,他们所求助的都是这个假说。然而这一天终于到来了,这时物理学家不再把格里马蒂观测到的衍射效应归因于某个误差原因,同时他们决心抛弃光的直线传播定律,并且给光学以全新的基础;这一勇敢的转变是物理理论获得惊人进步的信号。

九、关于其陈述没有实验意义的假说

这个例子以及其他我们可以从科学史中再找到的例子表明,我们关于今天被公认的假说说出以下的话是非常轻率的:"我们肯定决不会由于一个新的实验而导致抛弃已被公认的假说,无论这个实验多么精确"。可是到目前为止,彭加勒还毫不犹豫地就力学原理发表这样的说法。①

在已有的、证明这些力学原理不能因实验反驳而遭否定的理由上,彭加勒又加上了一条似乎更加令人信服的理由:这些原理不仅没有被实验所驳倒,因为它们是被普遍承认的、用来发现我们理论中由这些反驳所指出的弱点的规则,而且它们也是不可能被实验驳倒的,因为想要主张把这些原理同事实来进行比较的操作将是毫无意义的。

让我们举例来加以说明。

惯性原理告诉我们,不受任何其他物体作用的质点做匀速直线运动。现在,我们只能观测到相对运动;因此我们不能给惯性原理以实验意义,除非我们假定选择某一点或某个几何实体作为固定参考点,质点相对于这一点做相对运动。这个固定的参考架乃是惯性定律陈述的缺一不可的部分,因为如果我们遗漏了它,这一陈述就没有意义。有多少不同的参考架,就有多少不同惯性定律。当我们说一个孤立点的运动假定从地球上看来是直线的和匀速的,我们正在讲的是一个惯性定律;而当我们重复同一句话时指的是相对于太阳的运动,这时我们讲的是另一个惯性定律;如果我们选择全体恒星作为参考系,我们讲的又是另一个惯性定律了。但是,有一点是肯定的,那就是从第一个参考系看来质点的运动无论是什么,我们总能够有无限多个方法选择第二个参考系,使得从这

---

① H. 彭加勒:"力学原理"国际哲学大会丛书Ⅲ:《科学的逻辑和历史》,第475、491页。

后一个参考系看来,我们质点的运动表现为匀速直线运动。因此,我们不能企图用实验来证实惯性定律;当我们所指的运动对一个参考系说来惯性定律是假的时,则当我们选用另一类对照的术语时,我们总能自由地选择第二个参考系使得惯性定律变为真的。如果取地球作为参考系来陈述的惯性定律与观测相矛盾,我们就用相对于太阳运动而陈述的惯性定律来代替它。如果后者又与观测相抵触,我们就取固定的恒星系作为参考系所陈述的惯性定律来代替太阳作为参考系的陈述,如此等等。要堵住这样的漏洞是不可能的。

彭加勒所详细分析的作用和反作用相等的原理①为与之类似的说法提供了余地。这个原理可以陈述如下:"一个孤立系统的引力中心只能有一个匀速直线运动"。

这就是我们提出由实验加以证实的原理。"我们能作出这种证实吗?这一证实的必要条件是孤立系统的存在。现在这些系统并不存在;惟一存在的孤立系统就是整个宇宙"。

"但是我们能够观测到的只是相对运动;因此宇宙中心的绝对运动将永远是未知的。我们决不可能知道它是不是在做匀速直线运动,况且这个问题本身是没有意义的。因此我们无论观测到什么事实,我们总可以自由地假定我们的原理是真的。"

于是力学中的许多原理都有这种形式,以致有人要是自问"这个原理是否同实验一致?"那将是荒唐可笑的。这种奇怪的性

---

① H.彭加勒:"力学原理"国际哲学大会丛书Ⅲ:《科学的逻辑和历史》,第472以下各页。

质不是力学原理所独有的,它也是我们物理学或化学的某些基本假说的特征。①

例如化学理论完全是以"倍比定律"为基础的;下面就是这个定律的准确陈述:

简单物 A、B 和 C 可以按各种比例结合成不同的化合物 M、M′,……。组成化合物 M 的物体 A,B 和 C 的各自的质量分别为三个数 a,b 和 c。于是组成化合物 M′ 的元素 A、B 和 C 各自的质量将分别是数 xa,yb 和 zc(x,y,z 是三个整数)。

这个定律或许是受到实验的检验了吗?化学分析使我们得到物体 M′ 的化学成分不是精确的而是具有某种近似的结果。所得结果的不确定性可能是极其微小的;但决不严格等于零。现在元素 A、B 和 C 无论以何种关系结合在化合物 M′ 中,我们总能以接近于你所满意的近似程度,通过三个产物 xa,yb 和 zc 的相互关系来描述这些关系,这里的 x、y 和 z 是整数;换句话说,由化合物 M′ 的化学分析给出的结果无论是什么,我们总可以肯定地找到三个整数 x、y 和 z,有了它们,倍比定律可以按照比实验更大的精确性得到证实。因此没有任何化学分析真能表明倍比定律是错的,无论这个分析是多么精细。

同样,全部结晶学完全是以"有理指数定律"为基础的。这个定律可以简洁地表述如下:

由一个晶体的三个平面构成一个三面体,第四个平面在离顶

---

① P. 迪昂:《化学的混合和化合》,《论一种观念的进化》(巴黎,1902)第 159—161 页。

点的某一距离之处切割这个三面体的三条边,它们以三个给定的数,互成比例,这三个数就是晶体的参数。另外的任一平面,无论是什么样的平面都行,在离顶点的某一距离处切割这些相同的边,它们是以 xa,yb 和 zc 互成比例的,这里 x、y 和 z 是三个整数,即晶体新平面的指数。

最好的量角器也只能以一定的近似程度来确定晶体表面的方向;这一表面在基础三面体的边上形成的三线段之间的关系总能以一定误差确立起来;然而现在,这个误差无论多么小,我们总能选择三个数 x、y 和 z,使这三个线段的相互关系能通过三个数 xa、yb 和 zc 的相互关系以最小的误差来代表;那些声称用量角器证明了有理指数定律的结晶学家,其实没有理解他们所使用的这些单词的真实意义。

倍比定律和有理指数定律都是数学陈述,它们已失去了全部的物理意义。一个数学陈述,仅当我们引入"接近"或"近似"这些单词而使它保留有一定意义时,它才有物理意义。这跟我们刚刚提到的那些陈述的情况不同。它们的目的其实是断定某些关系是可通约的数。要是它们被迫宣布这些关系不过是近似可通约的,它们就会蜕化成为老生常谈,因为任何不可通约的关系无论如何总还是近似地可通约的;它甚至可以在你所满意的限度内成为可通约的。

因此,希望某些力学原理直接受到实验检验,这是愚蠢可笑的;让倍比定律或有理指数定律受这种直接的检验也是愚蠢可笑的。

由此可否得出结论说,不受直接实验反驳的那些假说就是不怕受实验的反驳呢？是否可以认为，无论观测会使我们发现了什么，这些假说都会保证依然不变呢？若妄称是这样，那将是一个严重的错误。

孤立地看，这些不同的假说没有什么实验意义；它们要么被实验所证实，要么与实验相矛盾，这是不成问题的。但是，这些假说是作为重要的基础而参与理性力学、化学和结晶学的某些理论的结构中的。这些理论的目的是要描述实验定律；它们本质上是想要同事实进行比较的体系。

而这种比较可能在某一天非常清楚地向我们表明：我们的某一描述很难适合它应当描写的实在，对这一体系进行校正并使之复杂化并没有在这一体系与事实之间产生足够的一致，长期以来人们都不加怀疑地予以承认的理论就要被抛弃，而应当在完全不同的或新的假说之上构造出完全不同的理论。在那一天，我们不顾直接的实验反驳而孤立地采纳的某个假说，就会和它所支持的系统一起土崩瓦解，这种情况是在这整个系统的推论基础上由实在所造成的矛盾重压下发生的。①

老实说，这些本身没有物理意义的假说也像其他假说一样经受了同样严格的实验检验。无论这些假说的本质是什么，我们在本章的开头已经认识到，它决不是孤立地与实验矛盾的；实验矛盾

---

① 1900 年在巴黎举行的国际哲学会上，彭加勒阐发了这个结论："这就说明了什么样的实验能够启示(或提出)力学原理，但是决不能推翻这些原理"。与这个结论相反，哈达马德提出了不同的意见，下面便是其中的话："而且，与迪昂的看法一致，我们试图从实验上加以证实的不是一个孤立的力学假说，而是整群我们能够尝试着从实验上加以证实的假说"。《形而上学和道德评论》Ⅷ(1900)，第 559 页。

总是指向构成一个理论的整个一群假说,而不可能只是指定这组假说中的哪一个命题应当被抛弃。

因此,如果我们认为某些物理理论是以那些自身没有任何物理意义的假说为基础的话,那么,那些看来似乎自相矛盾的情况就不存在了。

十、良好的鉴别力是那些应被抛弃的假说的法官

当一个理论的某些结论受到实验矛盾的打击时,我们知道这个理论应当加以修改,但是实验没有告诉我们必须改变的是什么。这就给物理学家留下了一个任务,要找出损害整个体系的弱点之所在。没有绝对的原则能指导这一探讨,不同的物理学家可以按非常不同的方式处理这个问题,而无权指责彼此不合逻辑。例如,一位物理学家可能被迫保护某些基本假说,同时他试图通过使这些假说在其中应用的体系复杂化以重建理论推论和事实之间的协调一致,或通过援引各种误差原因和多次校正以达到这种重建。而另一位物理学家则蔑视这些复杂的、人为的程序,他可能决定改变支持整个体系的某一个基本假定。前一位物理学家无权预先指责后一位物理学家冒失,后者也无权把第一位物理学家的胆小视为愚蠢。他们遵循的方法只有通过实验才能证明是否适当,而如果他们两人都成功地满足了实验的要求,每人在逻辑上都允许宣布自己对他已完成的工作感到满意。

这并不意味着我们不能很适当地偏爱两人中某一位的工作,

不是偏向另一人的工作。纯逻辑不是我们进行裁决的惟一规则；没有受到矛盾原理锤打的某些意见，无论如何都是完全不可能合理的。这些并非出自逻辑但仍可直接指导我们进行选择的动因，这些"理性并不知道的理由"以及这些对充分的"有策略的头脑"而不是对"几何学的头脑"来说的理由，便是我们可以恰当地称之为良好鉴别力的内容。

现在，这种良好的鉴别力就可以允许我们在两个物理学家中进行抉择。这种抉择可以是：我们不赞成第二位物理学家的匆忙行为，因为他推翻了大量的原理和和谐地构造出来的理论，而其实只要在细节上稍加修改，就足以使这些理论与事实相一致。另一方面，这种抉择也许是：我们可能发现第一位物理学家在任何情况下都孩子般地并且不讲道理地顽固坚持原有的理论，花极大的代价不断地进行修补，用许多缠绕起来的绳索去维持被虫蛀过的支柱所支撑着的摇摇欲坠的大厦，然而清除了这些支柱，就有可能建造起一个简单、精致而又坚固的体系。

但是良好鉴别力的这些理由并不自以为具有与逻辑学所具有的相同的不可改变的严格性。其中有些理由还是模糊的和不确定的；这些理由并不是以同样的清晰度同时向所有的心灵开放的。因此，旧体系的信奉者和新学说的效忠者之间的争吵可能是漫长的，每个阵营都宣称自己有良好的鉴别力，每一方都会发现对方的理由是不充分的。物理学的历史给我们提供了无数的例子，说明在所有领域中一直存在着这些争论。如果我们仅限于讨论固执和机灵这两点，那么毕奥正是固执地通过不断修正和附加假说的办法来坚持光学中的发射说，而菲涅尔则是机灵地以有利于波动说的新实验来反对这个学说。

在任何事件中,这种犹豫不决的状态不会永远继续下去。这一天总会来临,那时良好的鉴别力如此清楚地显示出有利于争论双方中的一方,另一方就放弃了斗争,即使纯逻辑并不妨碍他继续坚持自己的观点。在傅科的实验已经表明光在空气中比在水中传播得更快之后,毕奥就不再支持发射说了;严格地说,纯逻辑并没有迫使他放弃这一假说,因为傅科实验不是判决性的实验,阿拉果认为他看到了这一点,而毕奥由于长期抵制波动光学,因而缺乏这种良好的鉴别力。

既然逻辑并没有严格精确地确定不充足的假说什么时候应该让位于更富有成果的假设,既然知道这一时刻要依靠良好的鉴别力,物理学家就可以通过有意识地力图使自己的鉴别力更加清晰、更加留意来加快这一判决和加速科学的进步。没有什么比激情和兴趣更能扰乱这种良好鉴别力和干扰它的洞察力了。因此应该及早下决心做出这样的决定:幸运地重建一个物理理论,而不是自恃一种虚荣心,使物理学家过分地宽容自己的体系,过分苛刻地对待别人的体系。这样,我们就导致了克劳德·伯尔纳所如此清楚地表达过的一个结论:对假说的合理的实验批评乃是从属于某些道德条件的;为了正确地评估物理理论与事实的一致,仅仅做一个优秀的数学家和有熟练技巧的实验家是不够的;我们还必须是一个公正的、诚实的法官。

第七章 假说的选择

一、逻辑对选择假说提出的条件是什么

建立物理理论的各种方式,我们已经仔细分析过了;允许我们将理论结果与实验定律作比较的准则,我们也已特别严格地考证过了;现在我们可以直接回到理论基础本身上,看看它们应该是什么,了解一下它们都包含些什么内容。于是,我们要问一个问题:逻辑对于我们选择作为物理理论基础的假说,提出的条件是什么?

不过,上面讨论过的各种问题以及对这些问题的解决,可以说已经给我们作出了回答。

逻辑是否要求我们的假说必须是某个宇宙论体系的推论,或者至少要与这样一个体系的推论相吻合呢?决不是的。我们的物理理论并不因为有了解释而自夸;我们的假说不是一些关于物质东西的真正本性的假设。我们的理论把对实验定律的经济压缩和分类当作惟一的目的,这些理论是自主的,独立于任何形而上学体系。因此,我们在藉以建立理论的假说不需要借用这个或那个哲学学说的材料;它们并没有求诸一个形而上学学派的权威,也毫不畏惧来自它的批评。

逻辑要求我们的假说必须是一些用归纳法概括得出的简单实验定律吗？逻辑不能提出它不可能满足的要求。现在，我们已经看到，单凭纯粹的归纳方法建立一个理论是不可能的。牛顿和安培在这方面失败了，可是这两位数学家还自夸地声称，在他们的体系里不允许有什么不是完全由实验推论出来的东西。因此，我们不能因为一些物理学设定的基本原理不是由实验提供的，就拒绝承认它们。

逻辑是否坚持，除非在宣布假说可以接受之前使它们每个都依次经受关于其可靠性的彻底检验，否则就不能采纳？如果回答是肯定的，这会又是一个荒唐的要求。任何实验检验都要使物理学极其繁多的各个部分起作用，并求助于无数的假说；它从来不会把一个给定的假说与其他假说孤立起来加以检验。逻辑不能将每个假说一个个都依次召来，严格检验我们希望它起的作用，因为这种严格检验是不可能的。

那么，逻辑上影响我们去选择作为物理理论基础的假说的到底是些什么条件呢？这些条件共有三个。

首先，假说不是一个自相矛盾的命题，因为物理学家并不想胡说八道。

其次，支撑物理学的各种不同的假说必须不是互相矛盾的。的确，物理理论不能被分解为一些毫无联系、互不相容的模型；它的目的在于精心维护逻辑的统一性，因为我们无力证明其是否正确性的直觉（我们又不能对它视而不见）向我们表明，只有在此条件之上理论才能趋向它的理想形态，亦即趋向一种自然分类的形态。

第三,假说应该以这样的方式来选择:它们作为一个整体,用数学演绎法可以从中得出具有足够近似程度的、能描述全体实验规律的推论来。事实上,物理理论的真正目的不过是借助数学符号对实验者所建立的定律作纲要式的描述;任何理论,其推论之一如果与观测到的规律明显抵触,就应当毫不留情地予以舍弃。但要将一个孤立的理论推论同一个孤立的实验定律相比较是不可能的。这两个体系都必须当作整体来把握:整个理论描述体系是一方面,整个观测数据体系是另一方面。这样,就可以将它们相互加以比较并判断它们是否相似。

二、假说不是突然创造的产物,而是逐步演化的结果。从万有引力引出的一个例子

逻辑对支撑物理理论的假说所加诸的要求,可归结为上述三个条件。只要遵循这三条,理论家就享有完全的自由,他就可以按他喜欢的任何方式提出他所要建立的体系的基本原理。

这种自由会不会是所有烦恼事情中最令人为难的呢?

啊,好的!物理学家面临着不可胜数的和毫无规则的实验定律,其中还没有找到什么有效的东西对它们加以总结、分类和协调的,它们在他那里展现出来的数量要比一般人所能看到的多得多。他必须提出一些原理,这些原理的推论将会对这些数量惊人的观测材料作出简单、清楚而又有序的描述;但在他能够判断他的假说

的推论是否达到目的之前,在他能够认识到这些假说是否能产生出有关实验定律的合理分类和相似图景之前,他必须用自己的预先假定构筑整个体系;并且,当他求助逻辑在这一困难任务上给他以指导,指明哪个假说应该采纳,哪个假说应该抛弃时,他得到的仅仅是这样一个回避矛盾的指示,一个在他极端犹豫时令其恼火的指示。这种不受约束的自由对一个人来说有用处吗?不借助于任何一项规则,他的智力强有力到足以创造出一个物理理论吗?

肯定不。历史向我们表明,没有任何一种物理理论是凭空创造出来的。任何物理理论的形成都是以一系列的修正来进行的。这些修正几乎是从完全无形的最初的梗概开始,逐渐地把体系引向比较完备的状态;在每一次的修正中,物理学家的首创性都受到启迪,得以维持,并接受指点,有时甚至完全接受最为繁杂的环境的支配,受人的意见、也受事实教训的支配。物理理论不是突然创造的产物,它是进化的缓慢和渐进的结果。

当尖嘴几下子叩破了蛋壳,小鸡脱颖而出时,一个儿童也许会想象,这个坚硬的、静止不动的一团,就同他在小溪边上捡到的白色贝壳一样,已突然地产生了生命,创造了一只吱吱叫着跑开的小鸡;而就在他孩子般的想象看来是突然创造的地方,博物学家认识到的却是一个漫长进展的最后阶段;他想到了两个微小细胞核最初的融合,进一步又想到了细胞一个接一个的分裂、演变和再吸收,由此小鸡的躯体才得以长成。

普通的门外汉判断物理理论的产生就像小孩子判断一只小鸡的出生一样。他相信他称之为科学的这个精灵已用魔杖接触了某个天才人物的前额,于是理论立刻出现并得以完备,就像智慧女神雅典娜全副武装地从宙斯的前额诞生出来一样。他想,只要牛顿看见一个苹果掉落在果园里,他就能将下落物体的效应,地球、月亮以及行星和它们的卫星的运动,彗星的轨迹,海潮的涨落,都一古脑儿综合并归类为一个命题:任何两个物体之间的相互吸引力都同它们质量的乘积成正比,同它们之间距离的平方成反比。

对物理理论历史有着深刻洞察力的人知道,要找出万有引力学说的起源,必须考察希腊科学的各个体系;他们知道这种起源在其上千年进化过程中的缓慢变形;他们列举出每个世纪对于到牛顿时才取得其可行形式的这项工作的贡献;他们不会忘记牛顿在形成一个完整的体系之前他本人经历过的怀疑和摸索;而且,在万有引力的历史上,任何时候他们也没有觉察到与突然创造相类似的现象;没有任何一个例子表明人类的心灵不受任何动机的推动,不依靠过去的学说,不与现在实验相矛盾,就会使用逻辑所授予的它在形成假说时的全部自由。

我们在这里不能详细论述人类为作出万有引力这一不朽的发现而努力的历史;要这样做,一本书恐怕也不够。不过,我们至少要将它大致勾画出来,以便说明在它得到清晰而系统的阐述之前,这一基本假说经历了哪些变化。

在人类一开始想研究物理世界时,一系列现象由于它们的普遍性和重要性就吸引了人们的注意;重量必然成为物理学家最先加以考虑的对象。

让我们接着回顾一下古希腊哲学家对重和轻都说的是些什么,但让我们以亚里士多德教导的物理学作为我们希望加以考察的历史的起点。此外,让我们记住很久以前就勾画出的进化,但是我们仅考察为牛顿理论铺平了道路的东西,而系统地略去一切与此目的无关的东西。

在亚里士多德看来,所有的物体都是由四大元素(土、水、气、火)按不同比例组成的混合物;在这四大元素中,前三种是重的:土比水重,水又比气重;只有火是轻的。混合物由于组成它们的元素比例不同而或多或少是轻的或重的。

这意味着什么?一个重的物体被赋予了这样一种"实体的形式":它自身能移向一个数学点——宇宙的中心,任何时候它都不会停止这种移动;而为了阻止这种运动,在它下面就必须有一个固体支撑物或一种比它重的液体。较轻的液体不能阻止这种运动,因为重者的位置倾向于在轻者之下。相应地,轻的物体具有这样一种实体形式:它自身要从世界中心移动出来。

物体之所以具有这种实体形式,是因为每个物体都倾向于占有其"自然位置",这个位置随物体中重元素的增多而离世界中心更近,轻元素渗入混合物则使它远离世界中心。每一种元素都处于其自然位置上,这就会给世界带来一种秩序,在这种有秩序的世界中,每个元素都会达到其形式的完美性;因此,如果任何元素或任何混合物的实体形式被赋予称之为重或轻这些品质中的任何一个,其解释就是,世界的秩序由于"自然运动"回到了它的完美性,而每时每刻又有"剧烈的运动"暂时来干扰它。特别地,正是由于每个重物体有走向其自然位置和宇宙中心的趋势,这才解释了地球为何呈圆状,海洋表面为何呈完美的球面状。这幅图景,亚里士多德已对它粗略地作了数学论证,安德拉斯特斯,老普林尼,士麦那的特翁,辛普里丘以及圣托马斯·阿奎那等人继承并发展了这个学说。这样,遵照亚里士多德形而上学的伟大原理,重物体运动的动力因同时也就是它的目的因;并且这种目的因不同于宇宙中心所给予的强烈吸引,但是却符合每个物体所经历的自然趋势,即倾向于处在最有利于自我保存以及世界和谐布局的位置。

亚里士多德就是在这些假说的基础上建立了关于重量的理论。亚历山大学派的注释者们,阿拉伯人以及中世纪西方的哲学家们又把它加以发展并精确化了。朱丽叶斯·凯撒·斯凯里治详细阐述了这些假说①,约翰·B. 本尼蒂提又给了它一种特别清楚的表述形式,②伽利略在其早期著作中曾接受了它。③

而且,这个学说经过经院哲学家的沉思而得以精确化。重量不是物体要把自身整个放到宇宙中心的一种趋势,这种趋势是荒诞的不可能的,也不是把它的无论哪些点放到那里;每个重物中都有一个极其确定的点,想与宇宙中心接合,这个点就是物体的重心。这并不是指地球上随便哪个点,只有地球的重心才一定是世界的中心,这样才能保持地球的稳定。因此,两点之间的吸引同两极之间的作用相类似,而后者长期以来一直作为磁石特性的表现。

---

① 朱丽叶斯·凯撒·斯凯里治:《论外部的运动》卷XV:《论简单性反对卡达诺》(巴黎,1557年)问题Ⅳ。
② 约翰·B. 本尼蒂提:《相异的沉思录,关于使亚里士多德满意的东西的争论》(都灵,1585年),第XXXV章,第191页。
③ 《伽利略全集》卷Ⅰ,《论运动》(从国家版忠实地重印;佛罗伦萨,1890年),第252页,这部著作由伽利略于大约1500年写成,但只是在我们的时代才由安东尼奥·法瓦罗出版。

第七章 假说的选择

在辛普里丘注释亚里士多德的《论天》的一段话中，包含了这个学说的萌芽，这一学说在 14 世纪中叶由一位学者系统阐述过，他是阐明索尔邦的唯名论学派的，他就是萨克森的阿尔伯特。在萨克森的阿尔伯特之后，由于他的悉心传授，这个学说由上述学派的最有才能的学者加以确立并详细阐述。这些才华横溢的学者中有犹太人蒂孟、马西留斯、埃里的彼得和尼弗。①

在向列奥纳多·达·芬奇提供了几个他的最富有独创性的思想之后，②萨克森的阿尔伯特的学说的强大影响就扩展到超出了中世纪的范围了。对这一点，基多·乌巴多·德·蒙特有过明确的描述："当我们说一个重物由于自然倾向的缘故而希望将自己置于宇宙中心时，我们想要表达的事实是，这一重物自己的重心倾向于和宇宙中心联接"。③ 甚至在 17 世纪中期，萨克森的阿尔伯特的这个学说也统治了许多物理学家的头脑。不过，它也激起了争论，虽然这些争论对于不熟悉阿尔伯特学说的人来说显得有些令人费解，但费尔玛还是利用这些争论支持了自己的地压主张。④ 1636 年，费尔玛在给怀疑其论点的正统性的罗伯瓦尔的信中写道："首要的异议在于这一事实：您并不想准许两个同等重量的自由下落物体的连线中点趋向同世界中心接合。这一点在我看来，毫无疑问您是亵渎

---

① 这个学说的详尽的历史可参看我们的著作《静力学的起源》第 XV 章：《关于重力中心的性质的力学——从萨克森的阿尔伯特到托利拆里》。
② 参见 P. 迪昂：《萨克森的阿尔伯特与列奥纳多·达·芬奇》，《通报》（意大利语）V, (1905 年) 第 1, 133 页。
③ 蒙特的马基昂派异教徒基多·乌巴尔多：《著名学者对两部阿基米德的同等重要的著作的解说》（比萨，1588 年），第 10 页。
④ 见 P. 迪昂：《静力学的起源》，第 XVI 章《萨克森的阿尔伯特的理论与地球静止论者》。

了自然的灵光和第一原理"。① 萨克森的阿尔伯特所系统阐述过的理论一经置于一些不证自明的真理中时,它就完结了。

摧毁地心说体系的哥白尼革命,推翻了这种重量理论所赖以建立的根本基础。

地球,这个典型的重物,不再倾向于把自己放在宇宙中心了。物理学家都将重力理论置于新的假说基础之上;是什么思虑向他们提示了这些假说呢? 是基于类比的考虑。他们打算将重物向地球的坠落与铁朝向磁石的运动相比较。

而且,铁和它的矿石也同磁石有联系;这样,当它们被放到磁石的近旁时,宇宙的完美性就要求它们向磁石移动并与这个物体接合;这就是为什么它们的实体形式在磁石近旁会改变,为什么它们会获得促其移向磁石的"磁效应"。

这就是亚里士多德学派、特别是阿维罗伊和圣托马斯关于磁性作用问题的一致的教导。

这种作用在13世纪得到了更加详尽的研究;有人注意到,每个磁石都有两个极,并且注意到异性的两个极相吸;而同性的两极相斥。1269年,马里考特的彼得(其彼得·佩里格林的名字更为人所知)对磁性作用给出了在清晰程度和实验远见上都令人惊叹的描述。②

---

① 皮埃尔·德·费尔玛:《著作集》,由 P. 塔勒瑞与 C. 亨利费利编辑出版,第2卷,"书简",第31页。
② 马里考特的彼得·佩里格林给西格龙·德·傅考科特的信,"论磁力"(巴黎,1269年8月8日);由 G. 伽塞尔印于奥格斯堡,1558年。重印在《重版气象学和地磁学论著和图片集》G. 赫尔曼编,第10号:磁力的异常性(柏林:阿歇尔出版社,1896年)。

但是,这些新发现仅只是证实了亚里士多德的学说,使其精确化了。如果我们打破一块磁石,新出现的表面就具有不同性的磁极;这两个小磁块将具有这样的实体形式:它们彼此相向移动并趋向于重新接合。于是,我们可以说,磁性就是保持磁石整体性的一种趋势,或者说,当这块磁石被打破为两块时,磁性就是指它们各自要恢复为单个磁石,其磁极与原来磁石分布的两极相同。[1]

对重力也有类似的解释。地球上的元素由于被赋予了实体形式而使它们同地球保持接合,这些元素是地球的一部分,并且使地球保持球状。哥白尼的先辈列奥纳多·达·芬奇曾宣称[2],"地球不在太阳系的中心或是宇宙的中心,而是真正地位于伴随着它并与它结合的元素的中心"。地球上所有部分都趋向地球重心,据此,海洋表面也肯定是球形的,这种形状就是露珠中所体现的。

哥白尼在他的《天体运行论》这部著作第1卷的开头,几乎用了与列奥纳多·达·芬奇完全相同的术语,甚至用了相同的比喻来表达自己的观点[3]:"地球是球形的,因其所有的部分都朝向重力的中心"。水和陆地都趋向这一重心,这样就使水面呈球状部分;如果水体的量足够,就会形成一个完美的球形。还有,太阳、月亮和行星也呈现球形,对这些天体的解释同对地球的解释是相同的:

---

[1] 马里考特的彼得·佩里格林给西格龙·德·傅考科特的信,"论磁力"(巴黎,1269年8月8日);由 G. 伽塞尔印于奥格斯堡,1558年。重印在《重版气象学和地磁学论著和图片集》G. 赫尔曼编,第10号:磁力的异常性(柏林:阿歇尔出版社,1896年),第一部分,第Ⅸ章。

[2] 《列奥纳多·达·芬奇的手稿》,C. 纳维森·莫列编,学院图书馆手稿F,以下第41条思考。这个笔记本带有说明:"1506年9月12日开始于米兰"。

[3] 尼古拉·哥白尼:《天体运行论》6卷,(纽伦堡,1543年)第Ⅰ卷,第Ⅰ、Ⅱ、Ⅲ章。

"我认为,重力无非是一种由宇宙建筑师的神意赋予地球各部分的一定程度的自然倾向,目的是用重新接合成球形的方法恢复其协调性和整体性。说太阳、月亮及其他运动天体具有同样的属性也是可信的,因为正是这种属性的力量使它们保持着呈现给我们的圆形形状。"①

这个重量是宇宙的重量吗? 属于一个天体的物体会同时受这个天体重心和其他天体重心的吸引吗? 在哥白尼的著作中没有任何表明他承认有这种倾向的东西;他的门徒的所有著作也都表明,倾向天体中心的趋势,依他们的观点看来乃是这个天体各部分的恰如其分的特性。默山尼在1626年总结他们的教导时,在给出了"宇宙的中心就是这样一点:所有重物都以直线趋向此点,这一点也是天体的共同中心"这个定义之后,补充说道:"我们假设它,但不能证明它,因为,也许在形成宇宙的每个特殊体系里,或者换句话说,在各个巨大的天体中,也许会存在一个特殊的重心"。②

然而,在论述这一教导时,默山尼对万有引力假说表示了怀疑:"我们认为,所有的重物都向往宇宙的中心并以自然的运动成直线趋向于它。这是一个虽然根本得不到证明,但几乎人人都承认的命题;有谁知道从天体中分离出来的部分是否会在重力作用下倾向于这个天体并回到它上面,就像脱离地球并由它带走的石块会倾向再回到地球上一样呢? 有谁知道离月亮比离地球近的陆地上石块是否会不落向月亮而落向地球呢?"③在这最后一句话

---

① 尼古拉·哥白尼:《天体运行论》6卷,(纽伦堡,1543年)第Ⅰ卷,第Ⅸ章。
② 马林·默山尼:《数学纲要》(巴黎,Rob,斯特方尼,1626年)力学卷,第7页。
③ 同上,第8页。

中,正如我们将看到的,默山尼表明他自己受到了诱惑而去追随开普勒的学说,而不是哥白尼的学说。

伽利略更加忠实而准确地坚持了哥白尼关于每个天体所特有的引力理论。在著名的《关于两个主要世界体系的对话》这本书的《第一天》中,他以对话者塞维埃提的口气声称:"地球各部分的运动并不是要移向世界中心,而是要把它们重新接合为整体;这就是为什么它们具有朝向地球中心这一天然倾向的原因,正是由于这种倾向它们才协力形成并维持着地球……。"

"由于地球各部分全都共同协力形成它们所属的整体,结果就是它们以同等倾向收敛到各方面,并且为了尽可能多地相互接合,它们便采取球形的形状。因此,我们是否就不应该相信,如果组成世界的月亮、太阳和其他巨大天体全都具有相同的圆形,那么,除了它们所有的部分都具有协同一致的本能和天然的收敛性之外,就没有其他什么原因了吗?所以,当这些部分中有一个由于某些强烈作用而同其整体分开时,我们是否就没有理由相信它会由于其天然本能而自动回到整体上去呢?"

毫无疑问,这种学说与亚里士多德学说的分歧是深刻的。亚里士多德不遗余力地反对像恩培多克勒那样的古代自然哲学家的学说,他们看出了重量的同类共鸣性;亚里士多德在他的《论天》第四卷中宣称,重物下落并不是为了与地球成为一体,而是为了与宇宙的中心成为一体,如果把地球从它的位置上扯开,它就应当停留在月亮的轨道上,石块就不会将落向地球,而是落向世界中心了。

而且,哥白尼学派的人还尽力维护亚里士多德的所有学说;对他们说来,正如对这位斯塔吉拉人①一样,重力是重物内部所固有的一种倾向,而不是由外部物体所施加的强烈吸引力;对他们说来,正如对这位斯塔吉拉人一样,这种倾向要求有一个数学点,即地球的中心或所研究物体所属天体的中心;对他们说来,正如对这位斯塔吉拉人一样,这种所有部分都朝向一点的倾向乃是每个天体呈圆形的原因。

伽利略甚至走得更远,并将萨克森的阿尔伯特的教导推进到了哥白尼体系。在他著名的《论力学科学》中,他定义一个物体重心时说道:"因此,它是这样一个点,它趋向于同重物的宇宙中心——即地球中心——成为一体"。无疑是在上述思想的指导之下,他才系统地阐述了下面的原理:一群重物只有在这些重物的重心尽可能地接近地球中心时,才处于平衡状态。

然而,哥白尼物理学本质上是不承认每个组成部分都有朝向其天然位置运动的倾向,代替这一倾向的是同一整体的各个部分寻求重新组成该整体的天然倾向。大约就在哥白尼利用这一倾向说来说明每个天体所特有的引力的同时,弗拉卡斯特罗系统阐述了这种趋同性的一般理论:当同一整体的两部分被分开时,每一个都对另一个发出其实体形式的发散物,一种传播到其中空间的形式;由于接触到这种形式,每一部分都趋向另一部分,以致它们可以结合成单个整体;这样,同类物体之间的相互吸引就得到了解释,铁对磁石的趋同性就是这种解释的范例。②

---

① 指亚里士多德,因亚氏出生于斯塔吉拉。——译者
② 赫若里米·弗拉卡斯特罗:《论事物的同情和憎恶》1卷。重印于弗拉卡斯特罗《全集》(威尼斯,1555年)。

与弗拉卡斯特罗的例子相似,大多数医生和占星术士(很少有不同时兼此二职的)也心甘情愿地求助于这种趋同性。而且,我们将看到,医生和占星术士在万有引力学说的发展中所起的作用并不是微不足道的。

　　在促使这一趋同学说更广泛地发展方面,没有什么人能比得过威廉·吉尔伯特了。他写了一本在磁学理论方面相当权威的著作,把16世纪的科学工作推向了顶峰。他在那本书中表达了同哥白尼曾经宣称过的观点相似的关于引力的观念:"亚里士多德学派考虑的这种简单和直线下落的运动,即重物的运动,乃是相互分离的各部分由于组成它们的物质的推动而进行的旨在重新结合的运动;它以直线趋向地球,这些直线以最短路径指向地球中心。地球上相互隔离的各个磁性部分的运动,除了使它们重新组合成整体的运动之外,还有在它们之间起联合作用的运动,以及由于形式上的趋同性与和谐性使它们转向并指引它们趋向整体的运动"。① "这种仅仅趋向其本原的直线运动,并非仅为地球的各部分所特有,而且太阳的各部分,月亮的各部分以及其他天球的各部分也具有"。② 然而,这种相吸的特性,并不就是万有引力;它是每个天体所特有的一种特性,就像磁性之对地球或磁石一样:"现在,让我们指出这种结合以及这种激发了整个自然界的运动的原因来。……它是属于原初的主要星球的一种特殊的和特定的实体形式;它是它们均匀的和不朽部分的一种特有的实在和本质,这些

---

① 伦敦的医生,科尔克斯特里的威廉·吉尔伯特:《论磁力,磁体及论巨大的地球磁力,新的生理学》(伦敦,1600年),第225页。

② 同上,第227页。

部分我们可以称之为原初的、基本的、星状的形态部分;它不是亚里士多德的第一形式,而是星球赖以维持和配置其本性东西的那种特殊形式。每个星球中都有这样一种特殊的形式,在太阳、月亮和恒星中都有;地球的构成中也有一种我们称之为原动力的纯粹磁力。于是有一个属于地球的磁性,由于一种确实能激发我们好奇心的基本原由,它存在于地球的每个真实部分之中。……地球中有一种属于它的磁性活力,就像太阳和月亮中有一种实体形式一样;月亮根据自己的形态和自己所受的限制,以自己的方式安置那些可能会与它分开的零散部分;太阳的一块碎片有移向太阳的倾向,这是由于其天然倾向,也可以认为它是受了某种欲望的激发,就像磁石要移向地球或移向另一块磁石一样"。①

这些思想遍布在吉尔伯特所写的关于磁石的一本书中;在他去世后才由他的兄弟出版的一本关于世界体系的著作中,它们得到了充分的发展,占据了统治地位的重要性。② 这本著作的主要思想集中表现在下面这段话里:"地上的每件东西都要与地球重新结合;同样,与太阳同类的任何东西也倾向于移向太阳,所有与月亮同类的东西移向月亮,形成宇宙的其他物体也是如此。这一物体的各部分都附着在它的整体上,而不会自动地使自己离开整体;如果把它从整体分开,它不仅会尽力再回到整体,而且会受球体本性的召唤和诱惑。如果它不是这样,如果各个部分能使自己自动地分离出去,如果它们不再回到它们的起源处,那么整个世界

---

① 威廉·吉尔伯特:《论磁力,磁体及论巨大的地球磁力,新的生理学》,第65页。
② 列吉的医生,科尔克斯特里的威廉·吉尔伯特:《论我们的月下世界,新哲学》(阿姆斯特丹,1651年),吉尔伯特死于1603年。

就会很快陷入一片混乱。这不是一个要把各部分带向一定地点、一定的空间、一定的界限内的嗜好问题,而是一个朝向物体、朝向一个共同源泉、朝向生就它们的母地、朝向它们起源处的倾向问题,在此处所有这些部分将被结合起来,受到保护,并在那里保持静止,逃脱一切危险"。①

吉尔伯特的"磁力哲学"在物理学家中间造就了一大批行家;让我们仅仅提一下弗兰西斯·培根,②他的观点综合反映了他同时代科学家的学说,然后我们立刻转到万有引力的真正创造者——开普勒。

甚至在开普勒不止一次地宣称他仰慕吉尔伯特并支持其磁力哲学的时候,他就走到了前面并且改变了这个哲学的所有原理;他将天体各部分朝向其中心运动的倾向代之以它们相互吸引;他宣称,这种吸引,不管是存在于月亮的各部分中,还是存在于地球的各部分中,都是来自惟一的普遍本性;他将所有的与终极原因有关的考虑都撇到了一边,而将这一本性与每个天体形式的保持联系在一起。简短说来,他阔步向前,为后来的万有引力学说打通了所有的道路。

首先,开普勒拒绝承认任何对数学点——不管它是哥白尼想象的地球中心也好,还是亚里士多德想象的宇宙中心也好——的吸引力或排斥力:"火的作用不是为了限制世界的表面,而是为了逃离地球的中心(不是宇宙的中心);并且,在此限度内,这一中心

---

① 科尔克斯特里的威廉·吉尔伯特:《论我们的月下世界,新哲学》,第115页。
② 培根:《新工具》,第Ⅱ卷,第ⅩⅣⅢ章,第7,8,9条。

还不是一个点而仅是一个物体的中心,这一物体与火的热望膨胀开去的本性是不相容的。我还要说,火焰并不是逃离,而是由重空气托出的,就像一个充气的球胆会被水托住一样……如果我们将地球放到某个位置,使其静止,并使一个比它大一点的地球接近它,前者对于后者来说就成了一个重物并被后者所吸引,就像一块石头被地球所吸引一样。重力不是一块受到吸引的石头的主动作用,而是它的被动作用"。①

"一个数学点,不管它是世界的中心,还是其他的点,事实上都不能移动重物;它也不能成为这些重物朝向其移动的对象。那么,就让物理学家们去证明这种力量能够属于不是一个物体的点,而且它只能以完全相对的方式上加以设想的吧!"

"若使石块处于运动中,我们对其实体形式是不可能去寻找一个像世界中心这样的数学点,而不去考虑这一点处于其中的物体的。于是,就让物理学家们去证明天然的东西同根本不存在的东西有某种趋同性吧!"

"……这才是真正的引力学说:引力是有关物体之间的一种相互影响,这些物体倾向于自我联结并结合起来;磁力是一种具有相同秩序的性质;地球吸引石块,而不是石块趋向于地球。即使我们将地球的中心放到宇宙的中心,重物也不会被带向世界的这一中心,而是趋向于它们与之相关的圆球体的中心,即地球的中心。多亏了这种使之有生气的能力,这样,不管地球被推到哪里,它上

---

① 约翰·开普勒:《致赫尔瓦特的信》(1605年3月28日),重印于约翰·开普勒天文学《全集》,C. 弗里希编,第Ⅱ卷第87页。

面所携带的重物总是趋向它。如果地球不是球形的,各个方向上的重物就不会被直接推向地球,而是依其产生地点的不同被推向不同的点。如果我们在宇宙中的某些位置放上两块石头,使它们彼此接近而又不在与其有关物体的影响范围之内的话,这两块石头将以两块磁体所采取的方式相互靠近并在中间的一点相碰,相碰前经过的路径与各自的质量成反比。"[1]

这一"真正的引力学说"很快就在欧洲传播开了,并受到很多数学家的青睐。1626 年,默山尼在他的《数学纲要》中提到了这一学说。1636 年 8 月 16 日,埃提尼·帕斯卡尔和罗伯瓦尔给费尔玛写了一封以质疑萨克森的阿尔伯特的旧理论为主要目的的信,这位图鲁兹的数学家[2]小心翼翼地坚持着这个学说:"如果两个相等的重物由一条坚固而无重量的直线相连,并且在这种安排下让它们可以重新自由下落,那么,它们在连线的中点(古代人以为这就是重心)与重物的共同中心结合之前,是不会处于静止状态的"。他们以如下的话反对这一原理:"情况也许是这样,而且很可能是这样:重力是物体的一种相互吸引,或者是一种要结合在一起的天然愿望,就像我们在铁块和磁石的情况中所看到的一样清楚,如果磁石固定,未受固定的铁块就会移动并寻找磁石;如果铁块固定,磁石就会移向铁块;如果双方都未固定,它们将相应地互相吸引而靠近,因此,任何情况下都是两者较强的一方会采取较短的路

---

[1] 约翰·开普勒:《论火星运动注释》(布拉格,1609 年)重印于 J. 开普勒《全集》第Ⅳ卷,第 151 页。
[2] "这位图鲁兹的数学家",指费尔玛。——译者

难道地上物体除了具有使其回到原来被挪开的地面并构成其重力的力量之外,就没有其他的磁性了吗?

使海水上涨并产生潮汐的运动这样密切地与子午圈的月中天相关,以致人们在刚一完全准确地认识到这一规律时,就不得不将认为月亮是引起这一现象的原因;许多的观测者,如埃拉托斯特尼,塞伦克斯,希帕克,特别是波西东尼斯②都肯定,对有关这些规律的都具有足够知识的古代哲学家,如西塞罗,老普林尼,斯特拉波以及托勒密,不会不陈述潮汐现象依赖于月亮的运转。而且,这一依赖性很快就由阿拉伯天文学家阿布马萨于19世纪在他的《天文学导论》中以对各种潮汐变化的详细描述确定下来了。

那么,就是月亮使得海水上涨了。但是,月亮是以什么方式起这种作用的呢?

托勒密和阿布马萨毫不犹豫地求助于一种特殊的本性——月亮对海水的一种特殊影响。这种解释并不是为了迎合亚里士多德的真正门徒;不管关于这方面说过些什么,事实是,忠诚的亚里士多德派的学者们,不管是阿拉伯人还是西方经院哲学的大师们,都强烈反对乞求感官达不到的神秘力量来作解释:磁石对铁的作用大概是他们愿意接受的有关这些神秘本能中的惟一一个;他们根本不会承认天体可以施加不是来自其运动或其光线的任何影响。因此,由阿维森那、阿维罗伊、罗伯特·格罗斯特斯特、大阿尔伯特

---

① 皮埃尔·德·费尔玛:《著作集》,P. 塔勒瑞及 C. 亨利编,第Ⅱ卷,第35页。
② 见罗伯托·阿尔马基亚:《关于古代和中世纪时期的海洋学说》,"科学史国际大会文集"(罗马,1903年4月1—9日)XII,151。

和罗吉尔·培根探索到的关于海潮涨落的解释就是从月亮的光线、从这种光线可以产生的热、从这种热可能在大气中引起的流动以及这种流动在海水里可能产生的沸腾得来的。

这是一个非常不可靠的解释,明显的缺陷太多了,容易在前进过程中夭折。阿布马萨已观测到,在海洋潮汐过程中月光是微不足道的,因为潮汐在新月和满月的时候都可以发生,并且不管月亮在天顶还是在天底,潮汐都以同样方式发生。罗伯特为了消除这一最后缺陷而提出的有点孩子气的解释,尽管有罗吉尔·培根对它的热情支持,也没能驳倒阿布马萨的论点。从 13 世纪开始,包括圣托马斯在内的经院哲学家中的优秀分子,都承认了与光线说不同的星际影响的可能性;与此同时,艾弗尔涅的威廉在他的著作《论宇宙》中,将月亮对海水的作用同磁石对铁的作用作了比较。

潮汐的磁性吸引理论早已被伟大的物理学家们知道了,这些物理学家在 14 世纪中叶使索尔邦的唯名论学派名声大振。萨克森的阿尔伯特和犹太人蒂孟在他们的《关于亚里士多德〈论天〉的质疑》和《大气现象》中详细地阐述了这一理论,但他们又犹豫再三,不敢完全相信;他们太迷信阿布马萨反对意见的有效性了,以致不能无条件地默认大阿尔伯特和罗吉尔·培根的解释;而且,月亮施加给海洋的这一神秘的磁性吸引力也是同亚里士多德学派的唯理论不相容的。

另一方面,潮汐所表现的本性对那些在其中发现了天体对地上事物施加有影响的不可否认的证据的占星术士也是一种限制。在那些将天体在潮汐现象中所起的作用同它们在瘟疫中所起的作用(这种作用是他们归因于天体的)作比较的医生中间,这一假说也同样受欢迎;盖伦不就是将"粘液性疾病的危急时期"同月球的相位相联系吗?

15世纪末,米兰德拉的皮科毫不妥协地重新提起了亚里士多德学派阿维森那和阿维罗伊的论题:他否认天体除了它们的光线以外在尘世还能有什么起作用的能力;他将所有正统的占星术都当做迷惑人的东西;他抛弃了医学上的危急时期说并同时宣称潮汐的磁性理论是错误的。①

米兰德拉的皮科指向占星术士和医生们的挑战立刻得到了西那的一位医生卢修斯·贝兰蒂斯的反应,后者写成了一本曾多次重印的书。② 在考察米兰德拉的皮科关于潮汐都讲了些什么时,作者在该书第三卷中写了这样几句话:"当月亮吸引海水并使海水上涨时,起主要作用的光线不是月亮的光线,因为在天体会合时,就不会发生我们能够并且确实注意到的涨潮和落潮了;月亮吸引海洋就像磁石吸铁一样,是凭藉其产生影响的有效光线的。借助于这些光线我们便可以轻易地消除有关这个问题的所有异议"。

卢修斯·贝兰蒂斯的书无疑是恢复对潮汐磁力理论的支持的信号:在16世纪中叶,这一理论得到了普遍的接受。

卡达诺在他的七种简单运动的分类中,包括了"……一种新的、完全不同的本性,它是由事物的一种顺从构成的,事物的这种顺从就像水之于月亮、铁之于磁石(即所谓赫尔克勒斯之石)一样"。③

---

① 米兰德拉的乔万尼·皮科:《反对占星术家》(波洛那,1495年)。
② 卢修斯·贝兰蒂乌斯:《论占星术真理与对乔万尼·皮科反对占星家的争论的反应》(波洛耶,1495年;佛罗伦萨,1498年;威尼斯,1502年;巴塞尔,1504年)。
③ 《米兰的医生杰罗姆·卡达诺的特点为精细的和巧妙发明的书》,由理查·勒布兰从拉丁文译为法文(巴黎,1556年)第35页。

朱利叶斯·凯撒·斯凯里格采纳了相同的观点:"磁石使铁运动,而又不与铁接触;为什么海洋就不应当同样追随一个名声显赫的天体呢?"①

杜里特提到了卢修斯·贝兰蒂斯的观点,但没有采纳它:"作者向我们肯定什么月亮对海水的吸引不是靠其光线,而是靠其神秘特性的某些本性和力量,就像磁石之对铁所做的一样"。②

最后,吉尔伯特声称:"月亮并不是通过它的射线或光线对海洋起作用。那么,它到底是怎样起作用的呢?是通过两个物体的联合作用或协调作用,并用类比的方法来解释我的想法:是通过磁力的吸引"。③

而且,月亮对海水的这种作用属于那种同类东西的趋同性,哥白尼学派就是用这种趋同性找到了对重力的解释的。每个物体都有其实体形式,使自己倾向于同具有相同本性的另一物体相结合;因之,海水企图与月亮重新结合,就是合乎情理的了。对占星术士以及医生们来说,月亮是一个湿度特别大的天体。

托勒密在他的《四部著作》和阿布马萨在他的《大导论》中,将产生冷的性能归因于土星;将温和的气候归因于木星;将灼人的炎热归因于火星;将湿气归因于月亮。因此,月亮对海水的作用就是同一家庭中两个成员之间的协调,像阿拉伯作者所说的,是一种"家族的本性"。

---

① 朱利叶斯·凯撒·斯凯里格:《论外部运动……》问题 LII。
② 克劳德·杜里特:《论大洋与地中海以及地球上其他海洋的不同潮流、运动、涨潮和退潮的因果的真相》,(巴黎,1600 年),第 204 页。
③ 威廉·吉尔伯特:《我们的世界……》,第 307 页。

这些学说得到了中世纪和文艺复兴时代的医生和占星术士们的维护,卡达诺说:"我们不能怀疑天体所施加的影响;它是驾驭所有脆弱事物的一种神秘作用。不过,还有一些不值得尊敬的、野心勃勃的、比埃拉托斯特尼还不敬神的家伙,胆敢否认它……难道我们没有看见,地球上的实体中,有些很像以其本性施加其显著影响的磁石吗?……我们为什么不承认这种对永恒的、名声显赫的天体的作用呢?……据其大小和放射出的光的数量来看,太阳是所有东西的主要指挥官。同样道理,月亮其次,因为它给了我们一个除了太阳以外它是最大天体的形象,尽管实际并不如此。最重要的是,月亮控制着潮湿的事物,如鱼、水、动物的髓和脑,还控制着诸如有根植物,像大蒜和洋葱等特别含有湿气的东西"。①

即使像开普勒这样一个如此不遗余力地反对正统占星术的无理要求的人,也不怕写下这样的话:"经验证明,含有湿气的任何东西都随着月亮的升起而膨胀,随着月亮的下落而收缩"。②

开普勒自诩是第一个人推翻这种认为潮汐乃是海水力图迎合月亮情绪的见解。

他说:"月亮的湿度与这种现象的原因无关就像海水本身的涨落一样肯定。据我所知,迄今为止,我是第一个揭示(在《论火星的运动》导言中)出月亮引起海水涨落的原因的人。其原因在于:月亮的行为并不像一个湿的或有湿润功能的球体,而是像一个与地球物质有关的团块物;它用磁性作用吸引海水,并不是因为它

---

① G. 卡达诺:《论有差异的事物》8 卷(巴塞尔,1557 年)第 II 卷,第 XIII 章。
② 约翰·开普勒:《论星相学原理》(布拉格,1602 年),论题 XV,重印于 J. 开普勒《全集》,第 1 卷,第 422 页。

们表现情绪,而是因为它们被赋予了陆生的物质,这种物质使它们也具有重力"。①

确实,潮汐是有一种同类相聚的倾向,这并不是因为它们二者都含有水的本性,而是因为它们二者都含有组成我们星球的物质的本性。因此,月亮不仅对覆盖于地球表面的水本身施加引力,而且对固体部分以及整个地球也施加引力;反过来,地球也对月亮上的重物施加磁性吸引力。"如果月亮和地球不是由生命的力量或其他某些同效的力量使它们保持在各自的相应轨道上,地球就会朝月亮升上去,月亮便会朝地球落下来,直到这两个天体结合在一起。如果地球不再吸引覆盖于其上的水,海浪就会完全涌起并流向月球。"②

这些观点曾吸引了不止一个物理学家。1631年9月1日,默山尼在给让·雷伊的信中谈到:"我根本不怀疑,由站在月亮上的人扔出的石头会落回到月亮上,尽管这个人可能朝向我们这个方向;因为,石头落回到地球上,是由于它们离地球比离其他系统近"。③ 但让·雷伊并不特别喜欢这种开普勒式的看待事物的方式;1632年1月1日,他给默山尼回信写道:"你说,你根本不怀疑由站在月亮上的人向上扔出的石头会落回到所说的月亮上去,尽管此人面向我们。我在此中并未看出什么令人惊奇的事;如果必

---

① J. 开普勒:《对普鲁塔克论月球作用的说明》(法兰克福1634年)。重印于 J. 开普勒《全集》,第Ⅷ卷,第118页。
② J. 开普勒:《论火星的运动》(1609年),重印于 J. 开普勒《全集》,第Ⅲ卷,第151页。
③ 让·雷伊:《论医学博士……关于弯曲腓肋骨及测深锤当人们燃烧它时则增加重量的原因的研究的论文》(新版增加了默山尼与让·雷伊的通信;巴黎1777年),第109页。

须直率讲的话,我倒有一个相反的观点,因为我预先假定你所说的是从我们这里拿去的石头(因为,在月亮上也许就根本没有石头)。而这样的石头只具有被推向其中心,即地球中心的倾向;它们会随那个将它们扔出(只要他是我们地球上的生灵,他就会这样做)的人一同向我们移来,这就证明了如下所述的真理性:Nescio qua natale solum dulcedine cunctos allicit(家乡对我们每个人都是妩媚而有吸引力的)。并且,如果它们碰巧受到了月亮像受磁石一样的吸引(这是值得怀疑的,地球也同样),在那种情况下你就赋予了地球和月亮相同的磁性能力,能吸引相同的物体,并且由于互相吸引,它们就共同会聚于后者之上,或者更好一点,因为它们愿意相互结合,正如我看到的在水盆里游动的两个磁球一样,互相靠近。因为,在太远的距离外是没有什么反对根据的;月亮对地球施加的影响以及地球必然对月亮施加的影响——因为依照你的观点,地球对月亮来说也是一颗卫星——这些影响使得我们能够看清,它们中的每一个都在另一个的活动范围之内"。[①]

笛卡尔提出的也是这个反对意见;对默山尼关于"一个物体当其离地球中心更近时是更重还是更轻"的问题,笛卡尔应用了下面的论据来回答,这些论据十分恰当地证明了离地球远的物体比离地球近的物体更轻一些:"本身不发光的行星,比如月亮,金星,水星,等等,似乎都是一些与地球物质相同的天体……;看来,这些行星会因此变重而落向地球,如果不是它们遥远的距离把它

---

① 让·雷伊:《论医学博士……关于弯曲舯肋骨及测深锤当人们燃烧它时则增加重量的原因的研究的论文》,第122页。

们这样做的倾向消除掉的话"。①

尽管17世纪初科学家在解释为什么地球和月亮的相互吸引不引起它们彼此向对方坠落这个问题上遇到了一些困难,人们对这种吸引力的信念却持续不断地在扩大并变得越来越强烈。我们已看到,笛卡尔以为在地球和其他像金星和水星这样的行星之间能够存在类似的吸引力。弗兰西斯·培根走得更远,他甚至想象太阳可能对不同的行星也施加相同性质的作用。在《新工具》中,这位著名的大法官引入了一个特殊的范畴:"磁性运动,它属于小聚集一类运动,但有时可在很远处对相当多的物质起作用,人们值得在这一题目下进行特殊的调查研究,特别是当它不像大多数其他聚集运动一样从接触开始,并仅限于使物体上升或膨胀而不产生其他任何东西。如果月亮吸引水以及在其影响之下自然界中湿物的膨胀都是真的……如果太阳束缚住金星、水星,不容其超越一定的距离,那么,这些运动既不属于大聚集类也不属于小聚集类,而是倾向于一个平均的、不完美的会聚,并将独立构成一个种类,看来这是确实的了"。②

太阳可能对行星施加一种类似于地球和行星各自相应地施加于其自身各部分的作用,甚至可以施加一种同地球和行星之间相似的作用——这个假说必然会导致一个大胆的推测;事实上,它意味着在太阳和行星之间存在着一种天然的类似性,而许多物理学家必然会拒绝这一假说;在伽桑狄的著作中,我们发现了不止一个

---

① R. 笛卡尔:《书信集》,P. 塔勒瑞和 C. 亚当编,第 CXXIX 封信(1638 年 7 月 13 日),第 Ⅱ 卷,第 225 页。

② F. 培根:《新工具》(伦敦,1620 年),第 Ⅱ 卷,第 XXVIII 章,第 9 条。

倾向于承认这一假说的思想家感觉到有矛盾的迹象。让我们注意一下伽桑狄是在什么情形下表明这一矛盾的:

> 哥白尼学说的信奉者,那些如此热心地将引力作用归因于天体的相互趋同性,并且为了解释天体的球形形状,也将类似的趋同性应用于同一天体不同部分的人,一般来讲,是拒绝承认月亮对海水施加有磁性引力的。他们墨守着一个完全不同的潮汐理论;这一理论的根源在于他们体系的起源,而且这对他们来说,是对这一理论的一种特殊的、极具说服力的证明。

1544年,凯里奥·卡尔科格尼尼的著作在巴塞尔出版了;①作者已在三年前去世,当时正是约希姆·莱蒂克斯于那位伟大的波兰天文学家发表其《天体运行论六卷》之前,在他的《第一篇谈话》中介绍了哥白尼的世界体系的时候。卡尔科格尼尼的著作收入了一篇题目为《Quod Caelum stet, Terra vero moveatur, vel de perenni motu Terrae》②的业已过时的学位论文。哥白尼学说的这一先驱者还未承认地球围绕太阳的周年运动,就已将天体的周日运动归因于地球的自转。在这篇论文中,可以读到下面的段落:"必然地,物体离中心越远,它的运动就越快。按照那个方式,就解决了对无比遥远对象的研究的巨大困难,据说亚里士多德就是对此感到绝望而致死的。这是一个在相当确定的时间间隔下引起海水显著振荡的问题……如果我们考虑到使地球充满生气的两个相反推动力,

---

① 凯里奥·卡尔科格尼尼:《著作选》(巴塞尔,1544年)。
② 这篇寄给波拉文都拉的论文,未写明日期。在卡尔科格尼尼的《著作选》中接下来的一篇论文是寄给同一个人的。并写明是1525年1月。很可能第一篇论文写于这个日期之前。

首先引起一部分降落,然后又将它升起,前者就引起了海水的下落,后者又将它们向上抛去"。①

伽利略采纳了这一理论,并将其精确化、详细化,提出了一个理论,试图通过地球的自转所起的作用来解释海水的涨落。

这种解释是难以站得住脚的,因为它要求两次高潮之间的时间间隔与半个恒星日相等,而多数确凿的观测都表明,它等于半个太阳日(月亮日)。然而,伽利略却坚持将此作为地球运动最有力的证明之一,并且,那些追随他承认这种运动的真实性的人,也乐于重复这一论点,例如伽桑狄就在他于 1641 年发表于巴黎的著作《De motu impresso a motore translato》中这样做了。

实际上,哥白尼学说的反对者坚持潮汐是由月球吸引所致的解释,这是一种不考虑地球自转的解释。

在哥白尼体系最激烈的反对者中,莫林很值得一提;他同样热情地企图恢复正统的占星术,并试图对星占进行预测。大概是他在伽桑狄的著作中觉察到有个人攻击的成分吧,莫林以题为《Alae telluris tractae》这样一则诽谤性的短文作为回答;在这篇文章中他用潮汐的磁力理论反对伽利略的理论。

在满月或新月时,高、低潮之间水面高度之差是很大的;在上下弦月时这个差距就小得多。"死水"与"活水"的这种相互交替到那时为止一直使坚持磁性观点的学者处于非常尴尬的境地。

莫林作出了据他讲是从占星术原理中得出的解释。这种交替现象可由日月的会聚来说明:它们位于相合位置时,同它们位于相

---

① 凯里奥·卡尔科格尼尼:《著作选》(巴塞尔,1544 年),第 392 页。

对位置时一样,其作用力方向与通过地球的同一条直线重合,而且,"结合效能比分散效能强,这是一个一般公理"。

为了证实太阳在潮汐变化中所起的作用,莫林又退回到了正统占星术的一些原理,而对那些笃信不渝的占星术士来说,尽管他们为牛顿学派的潮汐理论准备好了所有的材料,但像亚里士多德学派、哥白尼学派、原子论者以及笛卡尔学派等这些科学推理方法的崇尚者们,却竞相阻止这些材料的启用,这也是确实的。

还有,莫林援引的原理都是很陈旧的;托勒密在他的《四部著作》中已承认,太阳相对于月球的位置既能加强、也能减弱月球的影响力;这一观点世代相传,到了加斯帕德·康塔里尼时代,就以"太阳对海水施加某些可使其易于升落的作用"的形式讲授出来;① 到了杜里特,按照他的说法,"很明显,太阳和月亮在使海浪汹涌咆哮方面起到了至关重要的作用"。② 到了吉尔伯特,他便将月亮的支援叫做"太阳的辅助部队",并宣称太阳有能力"在新月和满月时加强月亮的影响力"。③

笃信理性主义的亚里士多德派的经院哲学家试图不把任何神秘力量赋予太阳来解释活水和死水的交替。大阿尔伯特宣称他寄希望于月亮接收到的太阳光随着这两个天体的相互位置的变化而产生变化④。在试图作出一个相同类型的理性解释中,犹太人蒂

---

① 加斯帕德·康塔里尼:《论设置的和混合的因素》Ⅱ卷(巴黎,1548 年)。
② 克劳德·杜里特:前引书,第 236 页。
③ G. 吉尔伯特……《论我们的世界……》,第 309、313 页。
④ 大阿尔伯特:《论原性质的原因》一卷,论文Ⅱ,第Ⅵ章。重印于 B. 大阿尔伯特《全集》(伦敦,1651 年),第Ⅴ卷,第 306 页。

孟至少窥测到了一个重要的真理,因为他承认有两种潮汐共存,一种是月潮,一种是日潮;他将前者归因于由月亮的寒冷引起的水的增殖,将后者归因于由太阳的热引起的水的沸腾。①

正因为他们是 16 世纪的医生和占星术士,我们才必须将这精确而富有成效的思想归功于他们:把整个潮汐分成性质相同而强度不同的两次,一次由月亮引起,一次由太阳引起,以此来解释由这两次潮汐的一致或不一致所引起的涨潮落潮的多种变化。

这一思想是由达尔马提亚的贵族,塞拉的弗雷德里克·格里索根于1528 年正式提出的,汉尼拔·雷蒙德把他作为"伟大的医生、哲学家和占星术士"介绍给了我们。

在一本讨论疾病危急时期的著作中,②他提出了这样的原理:"太阳和月亮将海洋的上升拉向它们,以致上升的顶点垂直地位于它们每一个的下面;于是,对它们中的每一个来说都有两个上升顶点,一个位于天体之下,另一个在其相对的部分,我们称之为这个天体的天底"。而且,弗雷德里克·格里索根用两个公转椭圆面限制地球的范围,其中一个的主轴指向太阳,另一个的主轴指向月亮。两个椭圆中的每一个都代表海水将会采取的形状,假如海水仅受一个天体作用的话;把这两者复合,潮汐各种各样的特点就得

---

① 哲学博士、教授蒂孟编:《关于天象学四卷的问题》(巴黎,1516 年和 1518 年)第Ⅱ卷,问题 ii。
② 杰德尔提的贵族,弗雷德里克·格里索根:《论巧妙的组合方式。预报及治疗热病以及在危急时期对疾病的预报,兼论人的幸福以及最后论海洋的涨潮和退潮》(威尼斯:由约昂·J. 德萨比奥出版,1528 年)。

到了解释。

塞拉的弗雷德里克·格里索根的理论并未来得及传播开去。1557年,著名的数学家、医生和占星学家杰罗尼姆·卡达诺对此理论作了一个详细的总结。① 大约在同时,弗德里克·德尔弗尼在巴杜亚讲授了一种由同一原理推导出的潮汐理论②,30年之后,保罗·伽卢西重新提出了弗雷德里克·格里索根的理论。③ 而在此期间,安尼伯尔·雷蒙多详细叙述了格里索根和德尔弗尼的两种学说,并作了评论。④ 最后,就在16世纪结束时,克劳德·杜里特无耻地以他自己的名义重复了德尔弗尼的学说。⑤

关于太阳对海水作用(这种作用同月亮施加的作用完全相同)的假说,已经经受了检验,并在莫林竭力用它来诽谤伽桑狄时,已经提供了一个有关海潮涨落的令人满意的理论。

伽桑狄起而激烈反对月亮通过一种磁性就会吸引地球上的海水这一观念;不过他在反对莫林所阐述的新假说方面还要更激烈:"通常,湿气被认为是月亮专有的现象,而对太阳来说,就不是助长这一现象而是防止它的产生了。但是,莫林却喜欢让太阳起些月亮的辅助作用;他声称,太阳和月亮的作用是相互确证的。因此,他猜想太阳以及月亮的作用都是由相同的特殊本性规定了的,就如他们所说的那样;关于我们正在研究的现象,如果月亮的作用

---

① 卡达诺:《论事物的差异》8卷(巴塞尔,1557年),卷Ⅱ,第XIII章。
② F. 德尔弗尼:《论海水的涨潮和退潮》(威尼斯,1559年;第2版,巴塞尔1577年)。
③ 保罗·伽卢西:《世界和时间的舞台》(1588年),第10页。
④ 安尼伯尔·雷蒙多:《关于海洋涨潮和退潮的讨论》(威尼斯,1589年)。
⑤ 克·杜里特:前引书。

第七章 假说的选择

是吸引海水,那么太阳的作用也应该如此"。[①]

就在 1643 年,当伽桑狄宣称月亮和太阳可能施加的是类似的吸引力这个假说无效时,这个假说又重新得到了详细阐述,而且经过归纳,推广到了有关万有引力的假设中。这个宏大假设的提出应归功于罗伯瓦尔,他本人因不敢以自己的名义过于公开地发表,而只给了自己一个据他讲是萨莫斯的阿里斯塔克的著作的校订者和注释者的地位[②]。

罗伯瓦尔主张:"某种性质或偶发性本质上属于充斥于空间(包括天体之间的空间)的射流物质,属于它们的各部分;通过这个性质的力量,这种物质才同一个单独的连续体相结合,后者的各部分由于连续的作用力而向彼此推动,并相互吸引,朝向一个可以紧密黏合的点,除非有更大的力量,否则就不能被分开。要是我们假定这种物质单独存在并且不与太阳及其他物体相结合,它就会汇聚成一个完美的球形;它将精确地呈现为球形,如果不采取这种

[①] 伽桑狄:《论来自一个运动者的传送而来的挤压运动的三封信》(巴黎,1643年),第Ⅲ封信,第ⅩⅣ条。重印于《哲学小著作》(伦敦,1658 年)第Ⅲ卷,第 534 页。

[②] 萨莫斯的阿里斯塔克:《论世界体系,它的部分与运动》1 卷,P. 德·罗伯瓦尔编(巴黎,1644 年)。这部著作由默山尼于 1647 年重印于他的《物理学—数学的认识》一书的第Ⅲ卷。我认为,如果我们恰当地解释罗伯瓦尔的思想的话,在他的体系中我们不会看到万有引力的理论。星际间的流射部分只会吸引相同的流射部分;地球的部分只会吸引地球的部分;金星系统的部分,只会吸引同一系统的部分,等等。然而在地球的部分与月球的部分之间,在木星系统和那个天体的卫星之间,会有一种相互的吸引。罗伯瓦尔将阿基米德原理应用于在星际间射流中的行星系统的平衡则是错误的;但是,同样的错误经常发生在 16 世纪的数学著作中,甚至出现在伽利略的著作中。无论如何,笛卡尔在他对罗伯瓦尔体系进行批判时,认为他假定了万有引力(见笛卡尔致默山尼的信,1646 年 4 月 20 日,收于 R. 笛卡尔《书信集》P. 塔勒瑞与 C. 亚当编,第Ⅳ卷,第 399 页)。

形状，它就永远不能保持平衡。在这种形状下，作用中心才会同形式中心重合。依靠它本身的努力或欲望，或依靠整体的相互吸引，物体的所有部分都移向此中心；并不是像傻瓜想象的那样是靠同一中心的本性，而是靠整个系统的本性，这一系统的各部分是均等地环绕此中心的……"。

"在地球的整个体系和它的要素中，以及在这一系统的每一部分中所固有的东西，不外是某种偶发性，或者是与我们已将其归于整个世界体系的性质相似的性质；通过这一性质的力量，这一体系的所有部分都被结合成单个的聚合体，相互推动，并相互吸引；它们紧密黏着，只有用更大的力量才能将其分开。不过，地球要素的各个不同部分并不是均等地共有此种性质或偶发性；因一部分的密度越大，它分有的这个性质就越多。……在我们称为土、水和气的三种物体中，这种性质就是我们通常所说的重或轻，因为对我们来说，轻也是重，不过是比更重的东西重得少些罢了。"

罗伯瓦尔重复了有关太阳以及其他天体的相似的考虑，以致在哥白尼关于天体演化的六卷著作发表之后一百年，万有引力假说就被完整地提出来了。

然而，有一处脱漏破坏了这一假说的完整性：当两物体之间的距离增加时，两部分物质之间的相互吸引力的变小是依据什么规律呢？罗伯瓦尔对此问题没有作出任何回答。但这一答案不能长期地不加以阐述；或者这样说要更好一些：它尚未得到阐述是因为它未受到任何人的怀疑。

对于中世纪和文艺复兴时期的医生和占星术士来说，由星体施加的影响和由它们放射出的光线之间的类似性，确实是老生常谈;大多数经院哲学的亚里士多德学派将这种类似性推进到了使之具有同一性或不可分的联系性的程度。斯凯里治对于声言反对这一极端性已经感到后悔:"不依靠光的帮助,天体也能运动。没有光,磁体表现得挺好;天体又将会表现得多么出色呀!"①

不管是否与光线等同,一个物体放射于其周围空间的各种本性和其实体形式的种类都必须传播出去,或者如中世纪时所说的,依照同一规律而"增殖"。13 世纪时,罗吉尔·培根曾做过给这种传播的一个一般性理论的工作;②在任何均匀介质中,它都受到下列成直线运动的光线的影响,③或用现代的话来说,是受到"球面波"的影响。如果培根已经像他对物理学家所期望的那样成为一位优秀数学家的话,他就可以轻易地从自己的推理中得出下列结论④:这种类型的作用力总是与它到发射源的距离的平方成反比。这个定律是这类传播和光线传播之间公认类似性的必然结果。

也许没有比开普勒更顽强地坚持这种类似性的天文学家了。在他看来,太阳的自转是引起行星的运转的原因:太阳向它的行星放射出某种质,一种它的运动的相似物,一种引导它们朝向其整体的运动形式。这种运动形式,或这种运动能力并不等同于太阳的光线,但与它有一定的相似性;也许,它就像一台仪器或运输工具

---

① J. 斯凯里治:《论外部运动……》问题 LXXXV。
② 罗吉尔·培根:《关于增殖现象以及以较弱力量传播的事物的数学思考》(法兰克福,1614 年)。
③ 同上,第Ⅱ部分,第Ⅰ、Ⅱ、Ⅲ章。
④ 同上,第Ⅲ部分,第Ⅱ章。

一样在使用太阳光。①

因而,这一天体放射出的光的强度与它到这天体的距离的平方成反比地变化;了解这一命题似乎还得回到古代;在欧几里得所编一本光学的书里可以找到它,而且开普勒还对此作了证明。②由太阳发出的运动能力必然同样按照到天体距离的平方成反比的方式变化。不过,开普勒应用的动力学仍然是亚里士多德应用过的古老动力学;移动一个可移动物体的力量,与此物体的速度成比例;因此,开普勒发现的关于扫过面积的定律告诉了他下列命题:行星受到的运动推力只与它到太阳的距离成反比地变化。

这种变化方式,很难与来自太阳的那种运动的类似性或与太阳所放出的光线的类似性相一致,而且与开普勒自己的理论确实有抵触;他试图用这一特殊的观测使其与这种类似性相一致:光线在空间向所有方向上传播,而运动能力仅在太阳赤道平面上传播。前者的强度与其到放射源的距离的平方成反比,而后者的强度仅与其通过的距离成反比;这两个不同的定律表明了两种情况下同一个真理:传播光线的总量或"运动种类"的总量在传播过程中是没有受任何损失的。③

开普勒的特殊解释向我们表明,在他看来,当一个物体向它周围的各个方向放射这一特性时,距离平方的反比规律首先依赖于

---

① J. 开普勒:《论运动……》第XXXIV章(重印于J. 开普勒《全集》第Ⅲ卷,第302页);《哥白尼天文学节要》第Ⅳ卷,第Ⅱ部分,第三篇(重印于开普勒全集第Ⅵ卷第374页)。

② J. 开普勒:《关于天文学中的某些光的放射的无效能现象》(法兰克福,1604年),第Ⅰ章,命题Ⅸ,重印于J. 开普勒《全集》第Ⅱ卷,第133页。

③ 同上,分别重印于J. 开普勒《全集》第Ⅲ卷,第302、309页以及第Ⅵ卷,第349页。

第七章 假说的选择

这一特性的强度。他的同时代人也发现了这一规律并具有相同的不证自明性。伊斯梅尔·布里阿德斯首先确认光具有这种特性;① 他毫不迟疑地把它推广到了运动能力上,按照开普勒的观点,这种能力是由太阳施加于行星上的:"太阳抓住或钩住行星、对太阳来说就像人体的手臂一样的这种能力,是以直线形式射入整个宇宙空间的;它就像太阳与在其影响范围之内的物体一起运转的一种运动形式;作为物质的东西,它随距离的增加而减小、而变弱,对于光来说,这一减小的比率是与距离的平方成反比的"。②

布里阿德斯提到的(开普勒也提到过)运动能力,并不是沿着由太阳到行星的经向发射的,而是与经向线正交。它并不是一种与罗伯瓦尔所承认的、后来牛顿也承认的吸引力相似的吸引力;不过,我们可以清楚地看到,17 世纪时研究两个物体吸引的物理学家是从一开始渐渐引向假定这种吸力是与两物体之间距离的平方成反比的。

阿塔纳修斯·柯切尔神父关于磁石的著作为我们提供了关于这一定律的第二个例子。③由一个放射源放出的光线和由磁体的每个极放出的效力的相似性,迫使他采纳一个认为二者中任一性质的强度都与距离的平方成反比地减少的定律;如果他没有用这个关于磁力或光线的假说来武装自己,那是因为这个假说必定要

---

① 伊·布里阿德斯:《论光的本性》(巴黎,1638 年),命题 XXXVII,第 41 页。
② 伊·布里阿德斯:《费罗劳的天文学》(巴黎,1645 年),第 23 页。
③ 阿塔纳修斯·柯切尔:《磁石或论磁的力量》(罗梅,1641 年),第 I 卷,命题 XVII、XIX、XX。在命题 XX 中谈到在距离反比中的减弱,那简单地是从事实出发进行的下落。这是柯切尔从球形面积推论出来的,这个球形面积是由一个圆的弧来表示的,然而这位作者的热情是非常清楚的。

得出这两种效力要无限扩散的结论,而他认为任何一种效力都有一个活动范围,在其活动范围之外是根本无效的。

这样,从17世纪前半期开始,用于构造万有引力假说的所有材料都得到了集中、删减,并准备履行其职能了;但这一工作会有多大外延的问题尚未引起猜测。物质的形形色色的部分赖以互相推动的"磁力"被用来解释重物的下落和海水的落潮。还没有人想到过可以从中引出关于天体运动的描述;恰恰相反,当物理学家们遇到有关天体力学的问题时,这种吸引力往往使他们大为窘迫。

原因在于,动力学这门应当以其原理帮助他们的科学,仍然处于幼年时期。仍然遵从亚里士多德在他的《论天》中的教导的物理学家们,以一匹马受马具约束的模式来描绘引起行星围绕太阳运动的作用:这一作用在每一时刻都由运动物体的速度所支配,并与这一速度成正比。正是借助这一原理,卡尔丹将推动土星的"生命源泉"的动力与推动月亮的"生命源泉"的动力作了比较。①这还是一种相当简朴的计算,但它却是第一个有助于构造天体力学的推理模式。

卡丹尔在其计算过程中得到一些原理的指导,在这些原理的鼓舞之下,16世纪和17世纪上半期的数学家便忽视了一个事实:一个天体一旦进入始终如一的圆周运动,就不再需要在其运动方向上有拉力了;相反,它需要朝向圆心的推力,以使它保持在轨道上,并防止它沿切线方向飞出。

于是,有这样两个问题支配了天体力学:对于每个行星,都受

---

① 卡达诺:《论比例的新著作》(巴塞尔,1570年),命题 CLXIII,第165页。

到一个垂直于以太阳到它的径向矢量方向的力,打个比喻说,就像上了马具后产生的力一样,一匹劳作中的马要受到垂直于辕臂这一径向矢量的力才引起它转动;另一个问题是,要避免太阳对一个行星有吸引力,因为这样一来,两个天体似乎就会彼此陷落到对方。

开普勒发现了由太阳放出的运动能力这个特性或运动形式;他如此明确地引用磁性吸引来解释重力和潮汐现象,但在他处理天体时却什么也没有说。笛卡尔用以太涡流产生的拉力效应来代替运动形式。"但开普勒将这一材料准备得如此充分,以致笛卡尔在微粒哲学①和哥白尼天文学之间所作的调节并不是十分困难的。"②

为了避免吸引力将行星抛入太阳,罗伯瓦尔认为整个世界体系都掉进了以太媒质中,后者受到同样吸引力,并多少由于太阳的热作用而被膨胀了。被其组成成分环绕的每个行星,在这种媒质中占有一个根据阿基米德原理指定给它的平衡位置;另外,太阳的运动由于以太中的阻力而产生一种旋涡,它拖着行星正好就像开普勒所用的运动形式一样。

博雷里的体系带有受罗伯瓦尔和开普勒二人影响的印记。③像开普勒一样,博雷里寻求一种拖着每个行星在其轨道上运行的

---

① 指笛卡尔用"以太"的涡流来解释运动能力的理论。——译者
② G. W. 莱布尼茨:致莫兰(?)的信,收于莱布尼茨《哲学著作集》,格哈特编,第Ⅳ卷,第301页。
③ A. 博雷里:《出自物理吸引原因的行星治疗理论》(佛罗伦萨,1665年),参看恩斯特·戈德贝克:《在伽利略和博雷里时期的万有引力假说》(柏林,1897年)。

力,这种力的动力或效力由太阳发出,由太阳光传送并具有与两天体之间的距离成反比的强度。像罗伯瓦尔一样,他假定"在每个行星中有一种寻求以直线靠近太阳的天然本能。同样,我们可以看出,每一重物都有靠近地球的天然本能,就像它实际上是由其重量推动的那样,这一重量也使其附在地球上;所以我们也就注意到,铁块是以直线形式靠近磁体的"。①

博雷里将这种把一个行星带向太阳的力与重量相比较。看来他并不认为它与后者是等同的。在这方面他的体系是不及罗伯瓦尔的体系的。在他认为行星经受到的吸引与这个天体离太阳的距离无关的假定方面,也是不及罗伯瓦尔的体系的。但有一点它超过了罗伯瓦尔:为了使力获得平衡,避免行星撞入太阳,他不再诉诸一种行星在其中将遵循阿基米德原理漂浮的流体的压力;他引用了一个携带着石头以圆周形式运动、强烈倾向于使绳子张开的投石器的例子;他提出一种相反的离心倾向,即每个旋转物体都有离开其公转中心的倾向,来平衡将行星推向太阳的本能;②他将这称做反抗力并假定它与轨道的半径成反比。

博雷里的想法与他的直接前辈的止步不前的观点完全不同。然而,这个想法的产生是起源于他吗?难道他还未在他读过的著作中发现某些关于这种想法的萌芽吗?亚里士多德告诉我们,恩培多克勒用天空的快速旋转来解释地球的稳定地位;"于是就确实发生了这样的事:一只盛有水的水桶在作圆形旋转时,甚至当桶

---

① A. 博雷里:《出自物理吸引原因的行星治疗理论》(佛罗伦萨,1665年),参看恩斯特·戈德贝克:《在伽利略和博雷里时期的万有引力假说》(柏林,1897年),第76页。

② 同上,第74页。

底在水面之上时,水也不落下;旋转阻止了水向下落"。① 还有普鲁塔克,在一本广为古代天文学家阅读并由开普勒翻译和评价过的书里,表述了他自己的观点如下:"月亮的运动本身和它剧烈的旋转,有助于阻止它落向地球,正如放在投石器上的物体靠自身的圆周转动可防止它们落下一样。依靠自然的运动(重量)拖住所有的东西,除非其中有另一种运动遏止了它;因此,重力并未移动月球,因为月球的圆周运动使重力失去了效力"。② 对博雷里采纳的假说,普鲁塔克不能说得更加明白了。

这种求助于离心力的做法仍然是一种天才的举动。不幸的是,博雷里不能得益于呈现在他面前的观念;他不知道关于这种离心力的确切定律,甚至在运动物体以匀速运动描绘出一个圆周的情况下他也不知道。更加重要的理由在于,当这一物体按开普勒定律以椭圆形运动时,他的计算就无法进行了。因此,他便不能从他系统阐述的假说中把这些定律作为结论推导出来。

1674年,物理学家胡克任伦敦皇家学会的秘书长;他依次探讨了曾耗费过开普勒、罗伯瓦尔和博雷里的精力的问题。③ 他已知道,"任何物体,一旦处于运动中,就会保持始终如一的直线形式,直到另外的力到来使其路径偏转成为圆形、椭圆形或其他一些更为复杂的曲线形"。他也已知道了什么力将决定不同天体的运行轨道:"所有天体毫无例外地施加有一种指向其中心的吸引力或重力,由于这种力,它们不仅能保持它们自己的各部分并防止它

---

① 亚里士多德:《论天》第Ⅱ卷,第13章。
② 普鲁塔克:《论月球在圆周上的表面现象》,第7卷。
③ 罗伯特·胡克:《对地球周年运动的证明的尝试》(伦敦,1674年)。

们散入空间,正如我们看到地球的情况那样,而且它们还在其活动范围内吸引所有其他的天体。举例来说,由此可以得出结论,不仅太阳和月亮能像地球影响它们一样地影响着地球的运动路线和运动,而且水星、金星、火星、木星和土星也由于它们的吸引力而对地球的运动产生相当大的影响,就像地球对这些天体的运行具有强烈的影响一样"。最后,胡克知道"吸引力的作用将随着它施加作用的物体向发出这些吸引力的中心靠近而具有更大的能量"。他承认,他"还没有通过实验确定出对于不同的距离来说,这种不断靠近会相应增加多大的能量"。不过,当时他假定这种吸引力的强度遵循距离平方的反比率,尽管在 1678 年之前他未将此定律公布。根据牛顿和哈雷的证明,他作出这一断言是很有可能的,因为当时他的同事,皇家学会会员雷恩已经掌握了这一定律。毫无疑问,胡克和雷恩都是通过将重力和光作对比得出了这一定律的,而在同时,这一比较却引起了哈雷对这个定律的怀疑。

因此,到了 1672 年,胡克已掌握了有助于构造万有引力体系的所有先决条件,但他却不能利用这些条件。曾经阻止过博雷里的困难现在又阻止了他:他不知道怎样处理一个力的大小和方向都在不断变化的曲线运动。他不得不公开他的假说(尽管是无效果的),期望有一个更在行的数学家会使它们有结果:"这一观念,要是如它所值得的那样贯彻到底,在帮助天文学家将所有的天体运动都归结为一个确定的规律方面,不能不说是非常有用的,这个规律,我相信,永远不会以其他方式建立起来。那些知道单摆摆动和圆周运动理论的人会很容易地明白我所陈述的一般原理的根据,并且他们也会知道怎样在自然界中寻求确立其真正物理特性的方法"。

完成这一任务必不可少的工具,是关于联系曲线运动与产生它的力的一般规律的知识。在胡克发表这篇短文的同时,这些规则刚刚得到了系统的阐述,而事实上,正是关于单摆振荡的研究,才导致它们的发现。1673年惠更斯发表了他的关于挂钟(单摆钟)的论文①;这篇论文结尾处的定理提供了解决一些博雷里或胡克也未曾加以解决过的问题的方法,至少对圆周轨道问题的解决是如此。

惠更斯的工作对天体运动的力学解释的研究给予了新的、富有成效的推动。1689年,莱布尼茨重新采纳了与博雷里的理论相类似的一种理论:每个天体都受到一个指向太阳的吸引力,受到一个方向相反、大小由惠更斯定理给出的离心力,最后,受到一个来自浸泡着它的以太媒质的动力,这种动力,莱布尼茨认为它垂直于径向矢量,并与这矢线的长度成反比;这个动力所起的作用与开普勒和博雷里引用的运动能力的作用完全相同;它仅仅是运动能力在笛卡尔和罗伯瓦尔体系中的转移。借助于惠更斯系统所阐述的一些规则,莱布尼茨算出了如果行星的运动遵从开普勒定律的话它应当受到的被吸向太阳的力,并且他发现,这个力与径向矢量的平方成反比。②

1684年,哈雷自己将惠更斯的定理应用于胡克的假说。假定不同行星的轨道皆为圆形,他注意到开普勒所发现的公转周期的

---

① 克里斯蒂安·惠更斯:《论钟摆》(巴黎,1673年)。
② 莱布尼茨:《关于天体运动原因的论文》,《教师公报》(莱比锡,1689年)。

平方与直径的立方之间的比例关系,必须预先假定不同行星所受到的力与其质量成正比而与它们到太阳距离的平方成反比。

但是,就在哈雷作出这些他没有打算发表的尝试的同时,并在莱布尼茨系统阐述他的理论之前,牛顿已向伦敦的皇家学会通报了他对天体力学思考的首批结果;1686年,他向它呈送了他的《自然哲学的数学原理》,在这本著作中,牛顿使胡克、雷恩和哈雷只瞥见了一些萌芽的理论得到了全面而丰富的发展。

这一理论不是突然出现在牛顿面前的,而是经历了物理学家反复努力的准备。到1665或1666年,在惠更斯提出他关于单摆的论文《论钟摆》之前七八年,牛顿通过自己的努力发现了匀速圆周运动的定律;像哈雷在1684年所做的一样,他将这些定律与开普勒第三定律作了比较,通过这一比较的结果认识到,太阳以同其距离的平方成反比的力吸引着具有相同质量的不同行星。不过,他想更精确地检验他的理论;他希望能够肯定,如果按一定比例减小我们在地球表面注意到的物体重量,我们就正好能得到一个力,能平衡把重物拖向月球的离心力。由于地球的大小尚未精确测出,只给了牛顿一个在月亮所处位置上重力大小的估计数字,这一估计数字比预期结果大六分之一。作为实验方法的严格观测者,牛顿没有把与观测有矛盾的理论公诸于世;他在1682年以前,关于他思考的结果,他没有对任何人透露过什么。在那同时牛顿已经获悉皮卡德的新的大地测量结果;于是他能够重新进行计算,并且这一次的结果非常令人满意;这位大数学家的疑问消除了,因此他就敢于构造他的令人钦佩的体系了。为了完成自达·芬奇和哥白尼以来已有如此之多的物理学家尽心竭力的工作,他花了20年的时间不断地思索着。

为了努力建立天体力学,曾经不断出现了最为丰富多彩的思考以及全新的学说:日常经验揭示了重力,以及第谷·布拉赫和皮卡德所作的科学测量;开普勒所阐述的由观测得来的定律,笛卡尔派和原子论者的旋涡学说,以及惠更斯的理性动力学;亚里士多德的形而上学学说,以及医生们的体系和星占学家的梦想;重力和磁性作用之间的比较,以及光和天体的相互作用之间的类似性。在这一漫长而又艰难的"分娩"过程中,我们可以遵循理论体系得以发展的缓慢而逐渐的演变;不过,任何时候我们都不会看到一个新的假说是突然的、随意产生的。

三、物理学家并不选择他用来作为理论基础的假说;它们的萌芽在他头脑里是不知不觉产生的

万有引力的理论体系是在若干个世纪的过程中缓慢地逐步演进产生的;因此,我们能够一步步地追寻牛顿使其逐渐达到完善境地的思想过程。有时,这种以构建一个理论体系为目标的演进,是极端浓缩的,只需要几年时间就足以导致一些假说,使这个理论从一种只有一个大致轮廓的状态推进到完备的状态。

例如,1819年,奥斯特发现了电流对磁针的作用;1820年,阿拉果向科学院报告了这个实验;1820年9月18日,安培在科学院宣读的一份专题论文中,阐述了他刚刚证明了的电流间的相互作用;1823年12月23日,安培又发表了另一篇专题论文,他在其中

给出了电动力学和电磁学的确定形式。哥白尼的主要著作《天体运行论》和牛顿的《自然哲学的数学原理》之间相隔了140年;而奥斯特实验的发表到安培宣读他那令人难忘的论文之间,间隔还不到四年时间。不过,如果版面允许我们在这本书里详述电动力学在这四年中的过程的话,①我们就会再次发现我们已在天体力学的演进遇见到的所有特征。我们将不会发现天才的安培会突然涉足于如此广大的已形成的实验领域,并可以自由地和创造性地决定选择一系列假说,来描述这些观测数据。我们会注意到一系列的部分修正所带来的犹豫、摸索和逐渐的进展,这些我们已经在哥白尼与牛顿之间的一个半世纪中看到过了。电动力学的历史与万有引力的历史极其相似。构成这两段历史差异的多方努力和不断尝试就是在前者中比在后者中更快地成功了;这要归功于安培工作的幸运环境,这一工作在四年中几乎每个月都有一篇论文在科学院宣读;它也应归功于一群出色的数学家,有才能的物理学家,以及那些试图建立一个新学说的天才人物,所以在电动力学的历史上,安培的名字不仅应当与奥斯特联在一起,且也应当与阿拉果、戴维、毕奥、沙伐尔、拉·里夫、柏克勒尔、法拉第、费涅尔和拉普拉斯的名字联系在一起。

有时,产生一系列物理假说的逐渐演进的历史仍然是并将永远是弄不清楚的。它浓缩在短短的几年里,集中在一个人的头脑里;像安培那样的发现者在其公布他们的想法时,并没有告诉我们

---

① 希望重建这段历史的读者会在《物理学纪念文集》中找到所有必要的文献,这部文集由法国物理学会出版,见第Ⅱ和第Ⅲ卷《电动力学的纪念论文集》(1885年和1887年)。

在他们头脑中萌发的观念是什么;他模仿牛顿长久的耐心,在公开发表他的理论之前,他为了使他的理论采取一种更完善的形式而等待下去。我们可以肯定,他的发现最初在他头脑里所呈现的形式并不是这最终的形式,这一最终形式是大量改进和修正的结果,并且在后来的每个形式中,发现者的自由选择都是以一种或多或少对他而言是有意识的方式,受到大量外部和内部环境的引导或制约的。

进一步说,不论一个理论的进化会是多么迅速和浓缩,在它出现之前我们总有可能看到一个漫长的酝酿期;在最初的朦胧形式和完善形式之间的一些中间阶段,可能避开了我们的视线,以致我们以为我们面对的是一个自由的、突然的创造;但是,预备阶段的劳动已经使播种的土地受益了;它使得这一加速的发展成为可能,并且这种劳动在若干世纪的过程中不断继续着。

奥斯特的实验足以激起一种强烈的几乎是狂热的奋进,在四年之内使电动力学达到了成熟阶段,但那是因为当时这一种子已经播在19世纪的科学土壤里,后者作了相当充分的准备来接收它、养育它和发展它。牛顿已经宣称,电和磁的吸引力应当遵循类似于万有引力所遵循的定律;这一假定在电的吸引方面已被凯文迪什和库仑变为实验事实,在磁的现象方面则是由托比亚斯·迈耶尔和库仑转变成实验事实的;这样,物理学家就习惯于把所有超距作用力都分解为一些基本作用,并认为这些基本作用与它们在其间起作用的各要素之间的距离平方成反比。更进一步地说,对天文学上提出的不同问题的分析,已经使数学家面临着由这种力的构成所造成的诸多困难。18世纪在数学上作出的巨大努力刚刚由拉普拉斯的天体力学作了概括；为了处理天体运动而发明的方法，在地球力学的各个方面寻找机会来证明了它们富有成效，并且数学物理也以惊人的速度取得了进展。特别是，借助于拉普拉斯设想的分析步骤，泊松发展了静电学和磁学的数学理论，而傅立叶在研究热的传播过程中也发现了应用相同步骤的绝妙机会。电动力学和电磁学的现象，物理学家能搞清楚，数学家也能搞清楚了，后者由于占有了它们而武装起来，并将其归纳为理论。

因此，对一系列的实验定律的冥思苦想并不足以向物理学家，提示他应当选择什么假说来对这些实验定律作出理论描述。那些与他生活在一起的人的思维习惯，以及他以前的研究影响他自己思想的倾向给予他的引导，还有逻辑规则对他在选择方面的过分自由的限制，这些都是不可避免的。在环境为构思出可以将实验定律组织成理论的假说而训练好物理学家的创造能力之前，物理学中有多少部分迄今为止仍然仅仅停留在经验形态上！

另一方面，当一般科学的进程已经准备好了一些足以得出一个理论的思想时，有一种情况就会以几乎不可避免的方式常常出现：相互不通气的、相距遥远地从事他们思考的物理学家在同一时间提出了一个理论。也许有人会说，观念是悬在空中的，由一阵风从一个国家带到另一个国家，并准备赠给任何一个预定要欢迎它并发展它的天才，就像花粉在任何地方遇到了成熟的花萼，就能生出果实一样。

科学史家在其研究过程中，经常有机会看到相同的学说在相距很远的国家里出现,但不管这种情况是多么经常地发生,都会使他不能不带着惊奇来思考。① 我们已有机会看到了万有引力体系同时在胡克、雷恩和哈雷的头脑中萌发,在牛顿的头脑中得到了组织。同样,在19世纪中叶我们看到了热和功的等价原理几乎是同时由德国的罗伯特·迈耶尔、英国的焦耳和丹麦的科尔丁所阐述的;然而,他们中的每一个都不知道其对方在思考些什么,他们中也没有人怀疑,同样的想法在几年之前法国人萨迪·卡诺的天才头脑中早已发展成熟了。

对这种令人惊奇的发现的同时性,我们可以作多方面的解释,不过让我们仅限于举一个似乎使我们特别感到惊奇的例子。

全反射的光能够在两种介质的分界面之上发生,这种现象在波动体系的理论结构中是不容易搞清楚的。菲涅尔已在1823年给出了描述这一现象的适当公式,但他是用物理学史上提到的一个最奇怪、最不符合逻辑的预测方式之一得出这些公式的。② 他给出的天才实验证明,并没有给他的公式的准确性留下什么疑问,但是,它们仅仅使得人们更希望要有一个逻辑上可以采纳的假说,把它们与一般的光学理论联系起来。物理学家历时13年之久没有能找到这样一种假说;最后,一个非常简单而又完全出乎意料的关于"瞬息波"的原始考虑出现了,并提供给了他们。不过,值得注意的是,瞬息波的观念将自己同时介绍给了四位不同的数学家,他们相距太远了,以致不能互相交流困扰着他们的思想。柯西首

---

① 参看 F. 孟特尔:《科学发现的同时性》,《科学杂志》第5辑,Ⅱ.(1904年),第555页。

② 奥古斯丁·菲涅尔:《全集》第Ⅰ卷,第782页。

先在 1836 年写给安培的一封信中系统阐述了瞬息波的假说；①1837 年,格林将此想法报告了剑桥哲学学会,②而在德国,冯·诺伊曼在《波根多夫年鉴》中发表了这一观念。③ 最后,从 1841—1845 年,麦古拉把它作为献给都柏林研究院的三篇短文的主题。④

这个例子向我们表明,它非常适合于将所有的注意力都集中到我们将要得到的结论上:那些想要以几乎是绝对自由的方式选择假说的物理学家,逻辑并不与他们结伴;但是,这种缺乏任何指导或规则的情况,不会使他为难,因为事实上,物理学家并不选择他要用来作为其理论基础的假说;他这种不选择与花朵可以选择使其受精的花粉粒毫无二致;花朵满足于将其花冠对微风和携带有结出果实能力的花粉的昆虫大大开放;同样,物理学家仅限于通过注意和思考将自己的思想向他的不知不觉萌发的观念开放。当牛顿被问到他是如何得到一个发现时,他回答道:"我时刻对问题加以思考,一直等到一丝微光开始缓慢而逐渐破晓,再变成真正的晴朗的白昼"。⑤

只有当物理学家开始清楚地看到一个他接受的、而不是由他选择的新假说时,他自由而勤奋的工作才会起作用;因为现在问题

---

① 奥古斯丁·柯西:所引文,第 Ⅱ 卷(1836 年),第 364 页,重印于《波根多夫年鉴》,Ⅸ(1836)第 39 页。

② 乔治·格林:《剑桥数学学会学报》Ⅵ(1838 年),第 403 页,重印于《数学论文集》,第 321 页。

③ F.-E. 诺伊曼,《波根多夫年鉴》,Ⅹ(1837 年),第 510 页。

④ 麦古拉:《爱尔兰皇家科学院院报》,第 Ⅱ、Ⅲ 卷,重印于麦古拉的《论文选集》第 187、218、250 页。

⑤ 由 J. B. 毕奥在他的题为"牛顿"的文章中引用,该文是为米查的《普通传记》而作的。

是要将这个假说与那些已经承认的假说结合起来,并获取大量不同的结果,要仔细地将它们与实验定律相比较。他的责任是迅速而准确地完成这一任务;他的责任不是要构想一个崭新的观念,但他很有责任发展这个观念并使它开花结果。

四、关于在物理学教学中假说的描述

对于那些希望详细阐明物理理论基本假说的教师来说,逻辑并没有给予他比它的发现者更多的思路。逻辑仅仅告诉他,一系列物理假说构成了一系列原理,其推论应能描述实验家所建立的一系列定律。据此,要真正在逻辑上阐明物理学,一开始就要陈述各种理论中所应用的全部假说;接下去便应当是推导出这些假说的大量推论;而结论是将这大量的推论与它们应当描述的大量实验定律加以对照。

显然,这种阐明物理学的模式将是惟一完善的逻辑上阐明的模式,但它是根本做不到的,因此可以肯定,我们无法提出一种从逻辑的观点看来完全令人满意的物理教学形式。任何对物理理论的阐明都不得不在逻辑的要求和学生的智力需要之间寻求妥协。

我们已经指出,教师必须首先满足于阐述若干多少带有广泛性的假说,并从它们推演出一定数量的推论,并马上将它们付诸事实检验。很明显,这种检验是不会完全令人信服的;它意味着学生相信一些命题是从尚未得到阐述的推论中得出的。毫无疑问,如果学生没有及时地事先得到告诫,如果他不知道试图这样进行的公式证明为时过早,并预示着严格的逻辑对任何理论的应用都要延迟,那么学生就会对他所注意到的逻辑上错误的循环论证大为震惊了。

例如,一位教师已经讲授了一系列作为普通力学和天体力学基础的假说,并从这两门学科演绎出了若干章节,为了将他的理论同各种实验定律相比较,他不会等到他讲述热力学、光学以及电和磁的理论时才来进行。而在作这种比较时,他也许碰巧会用到天文望远镜,考虑到了膨胀,以及纠正由于电或磁而产生误差的原因,他就这样开始应用他尚未详细阐述过的理论。事先未得到告诫的学生,将抱怨这种自相矛盾的做法;然而,当他理解到事先向他介绍这些证明乃是为了通过例子尽快地弄清楚向他阐述的理论命题,否则,等他掌握了理论物理的整个体系,这些命题就会在逻辑上晚得多地出现时,他就不再感到惊奇了。

这样,要以完全合乎严格逻辑要求的方式详细阐述物理学体系实际上是不可能的,有必要在逻辑的要求和学生能够理解的内容之间保持一种平衡,这就使得这门科学的教学极其棘手。事实上,教师确实可以讲授那些谨小慎微的逻辑学家会加以反对的课程,不过这一默许附带一定的条件:学生必须知道,他接受的并不是没有缺漏并且尚未被证明为正确性的论断,他应该清楚地看到这些缺漏在何处以及这些论断是什么;简言之,他令人满意的教学,尽管必定有缺点而且不完美,但是不应当在他的头脑中产生错误的观念。

因此,教师的经常关心将有助于防止这种错误的观念,要防止滑到这种教学中去。

没有一个孤立的假说或一系列同物理学支柱脱离开来的假

说,能够完全自动地得到实验证明;也不存在能在两个并且仅仅在两个假说之间作出决定的判决性实验。然而,教师是不能等到所有假说都得到陈述之后,才把某些假说置于测察检验之下;他不可避免地要描述一些实验,例如傅科实验或维纳的实验,以暗示坚持一个假说,而对相反的假说抱有偏见;但他必须仔细指明,他所描述的实验在哪一点上是先于尚未得到阐明的理论的,以及所谓的判决性实验是怎样暗示出对我们已同意不再争论的大量命题要优先认可的。

单靠实验归纳,是建立不起一个假说体系的;不过,归纳法在某种程度上能指明通往某些假说的道路,而且在叙述形式上也可以这么说。例如,在着手阐明天体力学时,就可以采用开普勒定律并说明这些定律的力学解释是怎样导致那些似乎正在呼唤后来的万有引力假说的陈述的,但是,一旦获得了这些陈述后,就必须密切观测在哪些点上它们与后来代替了它们的假说有所不同。

特别是,每次我们都要求实验归纳法要提示一个假说,我们必须小心防止提供一个与已做过的实验不符的实验,对可行的实验来说它纯粹是一种假想的实验;不用说,我们首先要严格禁止求助于一种不可能做的实验。

五、假说是不能从那些由常识性知识所提供的公理推导出来的

在经常围绕着引入一个物理假说的许多考虑中,有些值得密切注意;它们尽管受到大多数物理学家的欢迎,要是我们不留心的

话,这些考虑还特别危险,容易促成错误观念的产生。原因在于它们借助从常识中得来的所谓不证自明的命题来证明某些假说的引入是正确的。

一个假说也许碰巧会在常识性的教导中发现有些类似性或例证;这个假说碰巧也可以成为一个由于分析而变得更清晰、更精确的常识性命题。在这些不同的情况下,不用说,教师要能提到在理论所依据的假说和日常经验所揭示的定律之间这些相似性的关系;那样,这些假说的选择对理智来说就会显得更自然、更令人满意了。

不过,在提到这些相似关系时必须十分小心谨慎,因为在常识性命题和理论物理的陈述之间的真正相似性方面是很容易受欺骗的。经常的情况是,这种相似性完全是表面上的,是字面之间而不是观念之间的;如果我们改变一下阐述理论时所作的符号陈述,也就是说,如果我们根据帕斯卡尔的建议,用定义代替已被定义的东西,来改变陈述中所用的每个术语的话,这种相似性就没有了;这时我们就会看到我们冒失地把两种命题凑在一起时它们之间的相似性在哪些点上是人为的,纯粹是字面上的。

在那些靠不住的普及化中,我们这一代人的心灵在其中寻找的是用来自我陶醉的掺假的科学,我们经常可以读到一些论点,说关于"能量"的考虑提供了所谓的直观前提。多数情况下,这些前提实际上是一些双关语,是能量这个词的模棱两可性在起作用;人们认为在常识意义上能量这个词的判断是真的,在这个意义上他们说,由马钱德带领的探险队横穿非洲时消耗了大量的能量,这些判断整个可归到热力学给予这个词的意义上来理解能量,就是说,它是系统状态的一种功能,其全微分对于每个基本变化而言都等于外力所做的功对所释放热的超出量。

不久之前,那些热衷于这类文字游戏的人也哀叹对熵增加原理的理解远比对能量守恒原理的理解深奥而困难;然而,这两个原理要求非常相似的数学计算。但是,熵这个术语只有在物理学家的语言中才有意义,在普通语言中是不为人所知的;因此,它不会让自己含糊其辞了。近来,我们不再听到关于热力学第二定律将会陷入其中的含混不清的这些抱怨了;今天,人们认为它是清楚的,能够普及化的。为什么?因为它的名字已经改变了。现在人们将把它叫作"耗散"定律或者"能量递减"定律;这样,那些不是物理学家但又希望自己显得是物理学家的人,也就理解这些字眼了。他们给了它们一种(这是真的)不是物理学家们给予它们的意义;但是,他们关心的是什么呢?现在,对他们用来进行推理而实际只是玩弄字眼的许多似乎有理的讨论,大门已经打开了。这才是他们所真正希望的。

帕斯卡尔有价值的规则的使用,使得这些骗人的类似性就像一阵风吹散海市蜃楼般地消失了。

那些宣称从常识的积累中已经得出了支持他们理论的假说的人,可能也是另一个幻想的受害者。

常识的积累并不是埋在地下的财宝,它也永远不能加多钱币;它是由人类心灵联合而成的庞大的、异常积极的联合体的资本。一个世纪又一个世纪,这个资本在变化着,增加着。理论科学对这些变化和对这一财富的增加作出了自己的巨大贡献:这一门科学常常是通过教育、交谈、书籍和期刊来传播的;它渗透到了常识性知识的最底层；它引起了常识性知识对那些迄今为止一直被忽视的现象的注意；它教会常识性知识去分析那些一直保持混乱的概念。这样，它就丰富了全体人类所共有的、或者至少是那些达到一定文化程度的人所共有的真理遗产。因此，要是一名教师想要阐明一个物理理论，他就会在常识性真理中找到一些极适合于证明他的假说是正确性的命题。他就会相信，他已从我们理性的基本而必需的要求中获得了假说，也就是说，他已从真正的公理推演出了它们；事实上，它只不过是从常识性知识的积累中掏到了一些理论科学本身为了把它交回到理论科学而在库房里贮存的钱币而已。

我们在许多作者对力学原理所作的解释中可以找到这种严重错误以及循环论证的令人吃惊的例证。我们将借用欧拉的下列说明，不过，我们将引用的这位大数学家提出的论点可以在大量最近发表的论著中重复找到：

欧拉说，"在第一章里，我证明了一个自由运动并且不受任何外力作用的物体遵守的自然界的普遍规律。如果这一物体在给定时刻处于静止，它将永远保持其静止状态；如果它处于运动中，它将以恒速沿直线永远运动下去：这两个定律可以称之为状态守恒定律而把它们很方便地结合起来。由此可知，状态的守恒是所有物体的基本属性，并且所有具有这种属性的物体都具有永远保持其原有状态的力量或能力，这个力无非就是惯性力。……由于所有物体按其本性永远保持同一状态，不管是静止状态还是运动状态，所以很清楚，我们必须将任何一个物体不遵守这个规律并以非匀速运动或作曲线运动的情况归因于外力。……这就是力学的真正原理,借助它们我们可以解释关于运动改变的所有情况。由于这些原理迄今为止只以一种脆弱的方式得到了证实,我已用如下方式论证了它们:它们不仅可以被理解为肯定的,而且也可以被理解为必然的真理"。①

如果我们将欧拉的论文继续读下去,在第二章开头就可以看到如下的段落:

"定义:动力就是使物体保持静止或使其发生运动或是改变其运动的一种力。重力就是这样一种力或动力;事实上,如果物体不受任何限制,重力就会使它脱离静止状态,使它不断地加速,以便使它下落并传给它一种下降的运动。"

"推论:每个物体都保持其静止状态或匀速直线运动状态。所以,每当一个处于静止的自由物体偶然进入运动状态,或以非匀速运动或以非直线运动时,其原因就是由于一定的动力;因为,对任何能干扰物体运动的东西,我们都称之为动力。"

欧拉将下列一句话作为定义介绍给我们:"动力就是使物体进入运动状态或改变其运动的力"。我们必须怎样理解这一点呢?难道欧拉只是希望给出一个绝对随意的有名无实的定义,来剥夺动力这个词先前所要求的任何意义吗? 如果是这样,他呈献在我们面前的演绎在逻辑上就会是天衣无缝的,但它也只能是一个与现实毫无关联的三段论式的结构。这不是欧拉在他的工作中所要完成的东西;很清楚,在我们刚刚引用过的那句话的陈述中,

---

① L. 欧拉:《作为运动科学的力学,一个分析的阐述》,(彼得堡,1736年),第 I 卷的序言。

他把动力或力这个字眼当作在一定意义上正在流行的非科学的语言；他所直接引用的关于重量的例子肯定可以证明这一点。然而，由于他没有赋予动力这个词一种新的、任意确定的意义，而是赋予了它一个人人习惯的意义，欧拉便可以从他的前辈那儿，特别是从弗里侬那儿，借鉴他过去用过的静电学定理。

因此，这一定义不是一种名称的定义，而是关于动力本性的定义；欧拉认为这个词的意义人人都可以理解，打算指明动力的基本特性，以便由此获得力的所有其他属性。我们刚才引用的那句话其实不是一个定义，而像一个欧拉所设定的不证自明的命题，像一个公理。这一公理，以及其他类似的公理，仅仅允许他证明力学定律不仅仅是正确的，而且是必然的。

那么，我们是不是已搞清楚，仅仅在常识性的眼光里，不受任何力作用的物体才永远是以不变速度作直线运动呢？或者说，具有一定重量的物体总是以变的加速度使其下落加快呢？相反，这些观点与常识性的知识相去甚远；这个问题耗费了处理动力学问题达两千年之久的天才们的不断积累的努力。[①]

日常经验告诉我们，没有上套的马车是保持静止的，以恒力拉车的马使马车以恒速前进，而且，为了使车速跑得更快，马就必须使出更大的力气或者再套上一匹马。那么，我们应怎样将这些观测转换成我们关于动力或力的知识呢？我们应当阐述下列命题：

不受任何动力作用的物体保持静止。

---

① 参看 E. 霍威尔：《惯性定律的发现》，《大众心理学与语言学杂志》第 XIV 卷（1883 年）及第 XV 卷（1884 年）；P. 迪昂：《论恒常力量导致的加速度》（科学家大会，日内瓦，1904 年）。

受不变动力作用的物体以不变速度运动。

当我们增加推动物体的动力时,我们就使物体的速度增加。

这些就是常识赋予力或动力的特性;这些就是我们必须作为动力学基础的假说,如果我们希望在常识性证据的基础上发现这一科学的话。

于是,这些特性就成了亚里士多德所赋予的动力($δύναμις$)或力($Iσχύs$)的特性了;①这种动力学是这位斯塔吉拉人的动力学。在这种力学中,当我们确定重物的下落是一种加速运动时,我们就不能由此事实得出结论说,重物是受不变的力作用的,但是可以说,其重量随它们的下降而成正比地增加。

除此之外,亚里士多德的动力学原理看来是这样肯定,并且如此之深地植根于常识性知识的坚硬土壤中,以致为了清除它们,并代之以欧拉直觉的不证自明的假说,它所耗费的努力乃是那些时间最长、最持久的努力之一。这是人类思想史告诉我们的:在伽利略、笛卡尔、贝克曼和伽桑狄之前,必须有阿芙罗狄西亚的亚历山大、特米斯提乌斯、辛普里丘、菲洛蓬的约翰、萨克森的阿尔伯特、库萨的尼古拉、列奥纳多·达·芬奇、卡达诺、塔泰格里亚、朱利叶斯·凯撒·斯凯里治以及乔万尼·巴底斯塔·本尼蒂提为他们开辟道路。

这样,被欧拉当作公理看待的命题就成了真实的命题,其不证自明性是势不可挡的,他并且希望在这个基础上建立一种在现实中不仅是真的而且是必然的动力学,只有这种动力学的命题可以

---

① 亚里士多德:《物理学》第7卷第5章;《论天》第3卷第2章。

教导我们,并缓慢而吃力地代替那些常识性的虚假的证明。

那些以为借助于普遍赞成的公理就能证明物理学理论基本假说正确性的人,也免不了欧拉陷入于其中的逻辑上循环论证的错误;他们所祈求的所谓公理已经从他们想要从中推演出来的那些定律本身引申出来了。①

因此,希望以常识的教导作为支持理论物理的假说基础是完全不切实际的。沿着这条路走下去,你不会到达笛卡尔和牛顿的动力学,而会到达亚里士多德的动力学。

我们并不是说常识的教导根本不真实、不确定;没有拴上马具的马车不能向前走,拴两匹马要比只拴一匹马走得快,这是极其真实、确定的。我们不止一次地说过:在上面的分析中,常识的这些真实性和确定性是所有真理和所有科学确定性的源泉。但我们也说过,常识性的观察只在一定范围内和一定程度上是确定的,它们不够详尽和精确;常识性的定律非常真实,但是在表达的情况下,把这些定律联系起来的一般术语应当属于那些从具体现象中自发而自然地产生出来的抽象观念,也就是说,它们是整个未加分析的抽象观念,就像一辆马车的一般观念或一匹马的一般观念一样。

采用把这些复杂观念联系起来的定律,是一个严重的错误,因为这些复杂观念的内容是如此丰富,又丝毫未经分析,我们不

---

① 读者也许会把我们刚才说的与恩斯特·马赫所提出的批评加以比较。马赫对丹尼尔·贝诺尼提出的判定力的平行四边形定律的证明加以批评。见恩斯特·马赫:《力学.对它的发展的批判的和历史的考察》(巴黎,1904年),第45页(英译者注:该书由T. J.麦克科马克由德文译为英文(奥彭·科特,1902年)第42页)。

能希望立刻用符号公式来说明它们,符号公式乃是数学语言组成的极端简化和分析的产物;将不变动力的观念等同于一匹马的观念,将绝对自由运动的观念当做一辆马车的观念来描述,这又是一个奇怪的幻想。常识性的定律是我们关于一些极其复杂的普遍观念的判断,这些观念对于我们日常的观测可以认为是恰当的;物理假说乃是表示最高程度简化的数学符号之间的关系。如果不知道这两类命题的极其不同的本性,那是可笑的;如果认为后者与前者的关系就像推论与定理的关系一样,那也是荒唐可笑的。

我们要把物理假说向常识性定律转化,这是颠倒了次序。从作为物理理论基础的一系列简单假说中我们得出一些多少是间接的推论,后者对日常经验所揭示的定律可以提供一个纲要性的描述。理论愈完善,这一描述就愈复杂;可是,要被描述的日常观测总要在复杂性方面无限超过这种描述。依靠观察一匹马和一辆驰过的马车,我们远远不能从常识性定律中得出动力学结果来,所有动力学的方法除了可以给我们提供这辆马车运动的极其简单的图景外,几乎不能给我们提供任何东西。

想要从常识性的知识来证明物理理论的基础假说的想法,是因为要模仿几何学来建立物理学的愿望而激起的;事实上,以如此完美的严密性从中引申出几何学那些的公理,即欧几里得在他的《几何原理》的开头所阐述的那些"要求",乃是一些其不证自明的真理性得到了常识肯定的命题。但我们已经在好几个场合下看到,在数学方法和物理理论所遵循的方法之间建立一种联盟是多么危险;在它们由于物理学借用了数学语言而变得表面上极其相似的下面,这两种方法是如何表明它们各自是有深刻差别的。我们必须再回到这两种方法的差别上来。

大多数由于我们的知觉而自发产生的抽象的普遍的观念,是一些复杂的、未加分析的概念;然而,也有一些毫不费力就表明了其明确性和简单性的观念:它们是一些有关数量和形状概念所形成的不同观念。日常经验使我们将这些观念用一些定律联系了起来,这些定律一方面具有常识判断的直接肯定性,另一方面又有极大的确定性和精密性。因此,将一定数量的这些判断作为演绎的前提是可能的。在这种演绎中,常识性知识的无可置疑的真理性与三段论链条的完美的明晰性不可分割地结合在一起。算术和几何就是这样建立起来的。

但是,数学科学是很特殊的科学:它们很幸运,足以处理通过自发的抽象和概括工作而从我们日常知觉中产生出的观念,这些观念以后仍然显得是清晰的,纯净,简单的。

物理学却没有这种好运气。那些它不得不处理的由知觉所提供的观念是些无限混乱和复杂的观念,研究它们需要长期而费力的分析工作。那些创造了理论物理学的天才们已经认识到,为了使这一工作进行得有序而清楚,必须在一门按其本性就是有序而清楚的科学寻找这些特性,这惟一的一门科学就是数学。然而尽管如此,他们还不能把明确性和有序性带入物理学并很快与不证自明的肯定性融合在一起,就像算术和几何学那样。他们有能力做的全部事情就是面对大量直接由观测得到的定律,一些混乱的、复杂的和毫无秩序的、但肯定可以直接弄清楚的定律,还有便是得出这些定律的符号描述,一种令人赞叹的明确而有序的描述,但却是一种我们甚至不能再恰当地说它是真的描述。

常识统治着经验定律的领域;只有它,通过我们感知和判断我们知觉的自然方式,来决定什么是真的,什么是假的。而在纲要性描述的领域中,数学演绎是至高无上的女王,一切都得遵守她强加的规则。但是,在这两个领域之间,建立了一种命题和思想的不断循环和交换。理论以服从事实的方式要求观测检验其推论;观测则向理论提示如何修改旧的假说或陈述新的假说。在影响这些交流以及保证这些观测和理论之间的交流得以进行的中间地带,常识和数理逻辑使它们的影响表现有共存性,各自所属的过程也以一种无法摆脱的方式混合在一起了。

这种双重运动,仅仅允许物理学将日常发现的确定性与数学演绎的明晰性联系起来,爱德华·勒·鲁瓦对此作了如下描绘:

"简言之,必然性和真理性是科学的两个极。但是这两个极并不恰好重合;它们就像光谱的红线和紫线一样。在它们之间的连续统一体(惟一始终真正存在的实在)中,真实性和必然性彼此之间在着眼点方面是背道而驰的,不管我们自己面对和指向这两极中的哪一个,都是如此。……如果我们选择走向必然性,我们就将背对真理,就会做出消除一切经验或直观性东西的工作,就会倾向于图式主义、单纯的说教,以及毫无意义的符号的形式游戏。另一方面,为了获得真理,我们必须将那些必须采纳的过程的方向性调转过来;定性的和具体的描述使它们杰出的权利得以恢复,然后我们就看到不确实的必然性逐渐融入了生动的偶然性之中。最后,科学并不是全部或在所有方面都是必然的又是真实的,或者说既是严格的又是客观的。"①

这里所表述的精神也许有点超过了作者的思想本身;无论如何,为了可靠地表达我们的思想,我们用"秩序"和"明晰性"来代替勒·鲁瓦先生所用的"严格"和"必然性"就够了。

于是,宣称物理学来自两个源泉就是完全正确的了:一个是常识的确定性,另一个是数学演绎的明晰性;正是因为发源于这两方面的小溪流到了一起并将它们的溪水紧密混合起来,才使得物理学同时具有确定性和明晰性。

在几何学中,由逻辑推理得出的明晰的知识和由常识得出的确定性是这样准确地并行不悖,以致我们不能分辨出我们所有的认识工具在其中同时并带有竞争性地起作用的混合地带;这就是为什么数学家在研究物理学时会处在一种危险之中,他不知道存在有这个地带,这也是为什么他希望模仿他所尊崇的科学、在直接从常识性知识得出的公理基础上建立物理学的原因。在这一理想(马赫非常确切地称之为"虚假的严格性"②)的追求中,他冒了一个巨大的风险:他所达到的仅仅是充满了佯谬和纠缠于狡辩谬误之中的证明。

六、历史方法在物理学中的重要性

负责阐述物理学的教师怎样预先警告他的学生去避免这种方

---

① 爱德华·勒·鲁瓦:《关于对新哲学的一些反对意见》,《形而上学和道德评论》(1901年),第319页。

② E.马赫:《力学……》第80页(英译本第82页)。

法的危险呢？他怎么才能使他们看到将常识性定律所属的日常经验领域同明晰原理所支配的理论领域分离开的地带有多么广大的范围呢？他又能够同时使得他们遵循那种双重运动呢？通过这种双重运动，心灵在这两个领域之间建立起不断的和相互的交流。这两个领域，一个是不具有理论形态的经验知识，它会把物理学归结为无形的物质；另一个是同观测相脱离并且不依靠感官验证的数学理论，它给科学只会提供一种缺少物质的形式。

但是，为什么我们一定要把这种方法一次就描述完了呢？难道我们面对的不是一位学生，他在童年时期对物理理论一无所知，而在成年时期已经获得了关于这些理论赖以建立的所有假说的丰富知识了吗？这位学生便是人类，它为其所受教育已经追求了数千年之久。在每个人的智力发展过程中我们不应该仿效已经形成的人类科学知识所经历的过程呢？我们在讲授中准备介绍每个假说时，为什么不该采用一种方法简略而忠实地说明科学在采用它之前它所经历的种种变迁呢？

肯定地，训练一个学生掌握物理假说的合理而有效的方法便是历史方法。回顾一下在理论形式最初勾画出来时经验的东西得以增长的种种转变；描写一下常识和演绎逻辑藉以分析这些经验的东西的长期合作情况并模仿一种形式改变得适合另一种形式的情况：这就是最好的方法，甚至可以说是惟一的方法，它可以使那些研究物理学的人对这门科学十分复杂和生动活泼的机制有一个正确而明晰的观念。

毫无疑问，要重复一步步地讲出人类据以获得每个物理原理的清晰观念时所走的那缓慢而犹豫不决的摸索过程，那是不可能的;那样需要的时间太多了。为了进行教学必须使每个假说的演进过程缩短、浓缩;我们必须缩减人的受教育持续时间与科学发展持续时间之间的比率。借助于这种缩减,博物学家说,使生物从胚胎过渡到成体的形变就会再产生真正的或者说是理想的界限,通过这个界限,这种生物就与活生生的生物基干联结在一起了。

而且,这种缩减几乎总是很容易的,只要我们真的不理会那些只是偶然性的事实,例如,作者的名字,发现的日期,以及插曲和轶事,这是为了只研究那些在物理学家看来是本质的历史事实,仅仅研究那些情况:其中理论被一个新原理丰富了,或者看出模糊之处及错误的观念消失了。

在物理学研究中获得种种发现所用方法的历史具有的这种重要性,是物理学和几何学之间巨大差异的另一个标志。

在几何学中,演绎方法的明晰性与不证自明的常识直接融合在一起的,其教学可以完全以逻辑的方式来进行。要向学生陈述假说时,直接掌握这一判断浓缩的常识知识的材料就够了;它不需要知道这个假说是如何进入科学的。当然,数学的历史是好奇心的合法对象,但这对于理解数学来说并不重要。

物理学可不是这样。在物理学中我们看到,纯粹地、完全地用逻辑来教学是行不通的。因此,把理论的形式判断与这些判断要描述的事实材料联系起来,并且还要避免错误思想的偷偷进入的惟一办法,就是通过其历史来证明每个基本假说的正确性。

讲一个物理原理的历史就是同时对它作逻辑分析。对思考物理学的智力过程的批判,不可分割地与这个逐渐演进的解释相联系,由于这个逐渐的演进,演绎得以使理论完善,并使它变得更精

第七章　假说的选择

确和更有序地来描述由观察所揭示的实验定律。

此外,只有科学的历史能使物理学家避免教条主义的奢望,也可以避免皮浪式怀疑主义的失望。

给他回顾一下每个原理在发现之前为数众多的一系列错误和犹豫不决,使他对虚假的证明有所警觉;给他回顾一下宇宙论学派的盛衰以及从其被湮没之处发掘出曾一度成功的学说,那就会提醒他:最吸引人的体系仅仅是暂时性的描述,而不是确定的解释。

而且,另一方面,在他面前展开那种绵延不断的传统,使每个时代的科学都受益于以前各个世纪的体系,并孕育着未来的物理学;向他指出对理论已经表述过而实验也已经实现的预言——依靠这些,就可以产生并增强他的信心,相信物理学理论并不仅仅是一个人为的体系,今天适合,明天就无用了,而是一种日益增进的自然分类和日益清晰的对实在的反映,而实在是实验方法不能直接加以沉思的。

每当物理学家的心灵走向某个极端点时,历史的研究就会用适当的修正来纠正他。为了确定历史对物理学家所起的作用,我们可以借用历史上帕斯卡下列的话:"当他赞扬自己时,我贬低他;当他贬低自己时,我赞扬他"。[1] 历史就是这样使他保持完美的平衡状态的,在此状态下,他能够正确地判断物理学理论的目的和结构。

---

[1] B.帕斯卡尔:《思想录》,哈威编,第8条。

附 录

信教者的物理学[①]

一、引 言

一年多以前,《形而上学与道德评论》发表了一篇文章,那篇文章阐述并讨论了我在不同场合谈论的就物理理论所发表的观点。[②] 这篇文章的作者阿贝尔·雷伊不辞辛劳、持之以恒地研究了阐述我的思想的哪怕是最微不足道的著述,他抱着追求准确性的极大关心,追溯了这一思想的进程;这样,他为他的读者描绘了一幅图画,其精确性给了我深刻的印象;当然,我不会和雷伊先生讨价还价,向他表示我的感激之情,来换取他的理解并赞同我所发表的东西。

然而(不管画家多么准确,有谁不在他自己的肖像中找到某些抱怨之点呢?),在我看来,雷伊先生引用的前提,似乎并非都是我提出过的,他得出的结论,似乎并非全都包含在这些前提中。我想对这些结论作一些限制。

[①] 此文发表在《基督教哲学年鉴》第 77 年,第 4 辑,第 1 卷(1905 年 10 月和 11 月号),第 44 页和第 133 页。

[②] 阿贝尔·雷伊:《迪昂先生的科学哲学》,载《形而上学与道德杂志》第 12 期 (1904 年 7 月号),第 699 页。

雷伊先生是这样来结束他的文章的:

"在这里我们仅仅打算考察迪昂先生的科学哲学,而不是考察他的科学工作本身。为了找到和提出这种哲学的精确表达形式……我们似乎可以建议如下说法:从它寻找关于物质世界的定性概念的倾向来看,从它对于由世界本身来完全解释它自己的挑战性的不信任(具有某种机械主义的设想)来看,从它对整个科学怀疑主义的抨击(这些抨击与其说是真诚的,不如说是明快的)来看,迪昂的科学哲学是一个信教者的哲学。"

当然,我全心全意地相信上帝向我们揭示并通过他的教会传授给我们的真理;我从未隐瞒过我的信仰,我信仰的上帝使我永不以这种信仰为耻,我真诚的希望:在这种意义上,可以说我所讲授的物理学是一个信教者的物理学。但是,雷伊先生用来表征这种物理学的说法肯定不是在这种意义上的;相反,他认为基督教的信仰或多或少地会有意识地支配物理学家的批判,认为信仰会使他的理性倾向于某些结论,认为这些结论就因此显得怀疑关心科学严密性的思想,但是远离唯灵主义哲学和天主教教条的思想;简而言之,谁要想接受所有原理和我试图阐述的关于物理理论的学说的结论,他就必须是一个信教者,更不用说是一个聪慧的人了。

如果真是如此,那么我就是独自在追求错误的途径并丧失了我的目标。事实上,我曾经始终不渝地试图证明,物理学以独立自主的方式发展,完全独立于任何形而上学的观点;我曾经详细分析了这种方式,以便通过这种分析来展示理论的固有特性以及概括物理发现并对它们进行分类的精确范围;我曾经否认这些理论具有任何超过实验教导的能力或者说具有猜测隐藏在由感官观测到的资料背后的实在的能力;正如我否认了形而上学学说具有证实或否定任何物理理论的权力,我也否认了这些理论具有草拟任何形而上学体系方案的能力。如果所有这些努力仅仅归结于其中蕴含着和几乎偷偷地主张着宗教信仰这样一个物理概念,那么我就必须承认我在我的著作要达到的结论上,奇怪地出了毛病。

在承认这个错误之前,我要求允许我再次全面审查一下这部著作,特别注意那些据说有着显著的宗教信仰标记的部分,看看是否和我愿望相反,这个标记真的印在这里或那里。反过来,也看看是否某个很容易消除的错觉导致把某些不属于本书的特征当成了信教者的标记。我希望这个探询,通过清除这些混乱和含糊不清,能够使下列结论明白无疑:任何我所说过的关于物理学进展所用的方法的话,或者我们必须给予它建立的理论的性质和范围的话,都未在任何程度上对于接受我的思想的任何人在形而上学学说或宗教信仰方面产生偏见。正如我曾经试图确定的那样,信仰宗教者和不信仰宗教者这两者在物理科学的进步中可以起着共同一致的作用。

二、我们物理体系的起源是实证主义

我们想要证明,我们提出的物理体系的所有部分都遵循实证方法最严格的要求,这个体系在其起源和结论上都是实证主义的。

首先,是什么先入之见导致我们体系的建立呢?我们的物理理论的概念是不是对教会训诫和理性的教导之间的不一致感到不安的信教者的作品呢?它是否来自对神圣事物的信仰为了把自己联接在人类科学的学说上而试图作出的努力呢？（fides quaerens intellectum）①如果是这样，不信仰宗教者就可能形成对这类体系的合理的怀疑；他或许会担心某些偏袒天主教信仰的命题（甚至作者也未意识到），滑出了严格批评的严密罗网，因为人类思维是如此容易地把它的希望之物看成真实！另一方面，如果我们从事的科学体系是产生于实验的真正母体中，如果这个体系通过日常实践和科学的教诲被强加给任何与形而上学或神学无关的作者身上，并且几乎不管他本人如何，那么，这些怀疑就不再有任何理由了。

因此我们在此要考虑一个据说是崭新的观点，即我们是怎样被导致关于物理理论的目的和结构的教导中的；我们将十分真诚地这样做，不是因为我们具有虚荣心，相信我们的思想历程本身是有趣的，而是为了使有关学说起源的知识有助于更加准确地判断它的逻辑正确性，因为正是这种正确性处于争议之中。

回想25年前，作为未来物理学家的我们在斯坦尼斯拉斯学院的数学班上接受最早的启蒙。给我们启蒙的人朱尔斯·穆蒂埃是个天才的理论家；他的永远敏捷和极端聪颖的批判意识，确定而准确地发现了许多被他人毫无疑问地接受的体系的弱点；他的好奇的思维的证明为数不少，物理化学最重要的定律之一就归功于他。正是这位老师在我们的心灵中播下了我们欣赏物理理论，渴望为其进步作出贡献的种子。当然，他使我们的早期倾向与他的偏爱带给他的倾向完全一致。这样，尽管穆蒂埃在他的研究中逐一求

---

① 信仰寻求理解。——译者

助于最不同的方法,但他总是带着一种偏爱想要尽力回到机械的解释上去。和他那个时代大多数的理论家一样,他以原子主义者和笛卡尔主义者的方式构造了的物质世界,并从对它的解释中看到了物理学的理想;在他的一篇文章中,①他毫不犹豫地采用了下面的惠更斯的思想:"除非我们想要放弃理解物理学中任何事物的一切希望,否则所有自然现象的原因都要通过机械的理由来设想"。

因为我们是穆蒂埃的信徒,我们正是作为虔诚的机械主义的信徒,来对待我们在师范学校中所研修的物理课程的。在此我们受到了和以前经历的大不相同的影响;伯廷风趣的怀疑主义徒劳地反对机械论者不断产生又不断夭折的尝试。远不需要具有伯廷的不可知论和经验论的思想,我们的大多数教师就能对他关于物质内在性质的假说抱有怀疑。以往的实验操作专家们,从实验中看到了真理的惟一源泉;他们接受物理理论的先决条件就是,它整个要建立在以观测为基础的定律之上。

虽然物理学家和化学家竞相称赞牛顿在他的《原理》结尾处所提出的方法,那些教给我们数学的人,特别是朱利斯·坦勒里,却致力于培养和加强我们的批判意识,使得我们的理性在不得不判断证明的准确性时极其难以获得满足。

实验家的教导在我们思维中产生的倾向和数学家为我们确定的课程,一起促使我们把物理理论设想成为一种和我们到那时为止所想象过的完全不同类型的理论。这种理想的理论是我们努力

---

① J. 穆蒂埃:《根据电动力学理论的观点论带电体的吸引与排斥》,载《化学物理年鉴》第4期,第16卷。

的最高目标,我们希望它牢固地建立在经过实验证实了的定律上,并完全避开牛顿曾在他的不朽的《总释》中谴责过的那些关于物质结构的假说;但是同时我们又希望我们所要建立的理论,具有代数学家教给我们欣赏的那种逻辑严密性。当我们第一次有机会登上讲台的时候,我们竭力想要使我们的课程与之一致的,正是这种理论模型。

我们很快就不得不承认我们的努力是徒劳无益的了。我们有这么好的运气给里尔科学部的杰出听众讲学。我们的学生中,许多是我们今天的同行,他们的批判意识几乎从未停止过。澄清的要求和令人为难的异议,不懈地向我们指出了那些尽管我们小心翼翼、但还是不断在我们课程中出现的种种的自相矛盾的东西和谬论。这种苛刻然而有益的考验很快使我们相信,物理学不能按我们曾经遵循的方案去建立,牛顿所确定的归纳法并不切实可行,物理理论的特有性质和真实对象还未彻底清晰地展现出来;只要这个性质和对象还未用准确详细的方式确定下来,就没有一个物理学说能用充分令人满意的方式加以解释。

重新要求对物理理论能够得以展开(直到它的基础本身)所用方法加以分析的这种必要性,在我们记忆犹新的情况下出现在我们面前。我们的几个学生,由于他们对"在书本中和人们中"遇到的关于热力学原理的解释很不满意,要求我们为他们编辑一本关于那门科学的基础的小型论文集。在我们竭力满足他们要求的同时,众所周知的构造逻辑理论的方法的极端软弱无能,也逐渐地为我们所熟悉。这样,我们就有了不断得到证实的这种真理的直觉性:我们懂得了物理理论既不是形而上学的解释,也不是一系列要由实验和归纳法来确立其真理性的普遍定律;我们懂得了,它是一个借助于数学量值制造出来的人为的结构;这些量值和实验中所出现的抽象概念的关系,只不过是符号和被符号表示的东西的关系;这种理论就在于是一种适用于概括并对观测定律加以分类的纲要式的图解或图解大纲;它可以像代数学说一样地精确展开,因为在模仿数学的过程中,整个理论是借助量值的结合构成的,而这些量值又是被我们按自己的方式整理了的。但是我们也懂得了,当数学要将理论结构和它所要表示的实验定律相比较时,当我们要评价肖像与对象之间的相似程度时,这种对数学严格性的要求就不再有关系了,因为这种比较和评价不是来源于我们能用来展开一系列清晰而严格的推理能力的。我们认识到,为了评价这种理论和经验资料之间的相似性,我们不可能对理论结构进行分解,使它的每一部分孤立地去接受事实的检验,因为最少量的实验证明也能使理论的最为不同的篇章有效,而且我们认识到任何理论物理和实验物理之间的比较就在于整个理论与全部实验教导的合作。

正是这样通过教学的需要,在他们经常催促的压力下,导致我们产生出了和以往流行的概念显著不同的物理理论概念。同样的需要使得我们多年来发展了我们最初的思想,去解释并修改它们,使它们更为精确。正是通过这些需要,我们关于物理理论本质的体系在我们的信念中得到肯定,理论才顺利地(多亏了这种顺利)使我们能够把科学的大量不同内容联结成一个统一的解释。我们期望原谅我们在这里坚持地指出,这种考验赋予了我们的原理以十分特殊的我们已遵从了多年的权威。今天,有许多人在撰写力学和物理学原理的著作,但是如果有人向他们提出,要求他们给出一部在一切方面都和他们学说一致的完整的物理学教程,他们中有多少人会接受这个挑战呢?

因此,我们关于物理理论之本质的观念,是根源于科学研究的实践和教学的迫切需要的。随着我们对智力意识的考察的深入,我们不可能发现有什么宗教偏见会对这些观念的产生施加过任何影响。而且,它怎么能是另外的情形呢?我们怎么能够想象我们的天主教信仰会对我们作为物理学家的观点所经历的演变发生兴趣呢?难道我们不知道那些被教诲得那样诚恳地、坚定地相信物质世界的机械解释的基督教徒吗?难道我们不知道他们中有些人是牛顿归纳法的热情支持者吗?对于我们,以及对于任何感官健全的人,物理理论的对象、性质和宗教教义是无关的,和它们没有任何接触,这不是一个有目共睹的事实吗?而且,进一步说,似乎最好注意一下我们观察这些问题的方式在多么小的程度上受到了我们宗教信仰的启发,最大量的、最激烈的反对这种观察方法的攻击,不正是来自那些承认和我们有同样信仰的人们吗?

因此我们对物理理论的解释,在其起源上来说,本质上是实证主义的。在提出这一解释的情况下,没有任何东西能够证明任何一个和我们没有共同形而上学信念或宗教信仰的人的怀疑是正确的。

三、我们的物理体系在其结论上也是实证主义的

我们关于物理理论的意义和范围的思考,是形而上学和宗教

偏见无关的见解归纳出来的;它们得出的结论和形而上学学说没有关系,和宗教教义也没有关系。

确实,我们曾经对那些要把物质世界的研究都归结为力学的物理理论作过无情斗争;我们一直坚持物理学家在他的体系中必须承认一些基质。现在,那些宣称物质世界的一切都可归结为物质和运动的学说是形而上学的;某些人宣称每个质基本上是复杂的,它能够而且也总是应该被分解为量的要素。似乎我们的结论真的和这些学说相悖;由于这个事实,我们观察事物的方式也就不能不拒绝这些形而上学体系,因此,似乎我们的物理学在其实证主义外表背后归根到底也是一种形而上学。这正是雷伊先生在说以下的话时所想象的:"似乎迪昂先生真的经受不住通常的诱惑:他已经成为一个形而上学者。在他头脑中有个观念,一个关于科学的有效性及其范围、关于知识本性的先入之见"。①

如果真是如此——让我们再大声说一遍——我们尽了一切努力的尝试就应当遭到彻底的失败:我们就不应当在确立包括实证主义者和形而上学者、唯物主义者和唯心主义者、不信教者和基督教徒都为其发展而共同努力的理论物理上取得成功。

但是事情并非如此。

借助基本的实证主义方法,我们曾经竭力把已知的同未知的东西清楚地区别开来;我们从不打算在可知与不可知之间画一条分界线。我们分析了物理理论建立的步骤,试图从这一分析中得出由这些理论提出的命题的准确含义和恰当的范围或领域;我们

---

① A. 雷伊,前引著作,第733页。

关于物理学的探索既没有导致我们肯定,也没有导致我们否定这门科学之外的,以及适合于获得超出这门科学手段之外的真理的研究方法的存在及其合法性。

因此,我们反对机械主义;但是以什么为条件? 是否我们曾经在我们推理的基础上,假设过某些不是由物理学家的方法提供的命题? 从这些假设出发,我们展开了一系列的演绎,这些演绎的结论可能具有下列形式:机械论是不可能的;毫无疑问,我们决不能用仅仅符合力学定律的物质和运动来构造一个可以接受的物理现象的描述。绝对不能。我们所做的只是对各种各样机械论学派提出的体系进行一次小小的考察,并发现这些体系中没有一个能提供良好而坚固的物理理论的特征,因为它们中没有一个能以足够的近似程度来描述大量的实验定律。[1]

在这里我们是这样表达我们关于机械论原理本身的合理性和不合理性的思想的:

"对于物理学家来说,认为所有自然现象都可以用机械论来解释的假设既不是真的也不是假的,而是毫无意义的。"

"让我们解释一下这个可能显得有些自相矛盾的命题。"

"在物理学中只有一个判据允许人们把不包含逻辑矛盾的判断作为错误的东西加以拒绝,这就是在这个判断和实验事实之间有着极其不一致的标志。当物理学家断言一个命题的真实性时,他就是在断言这个命题曾经和实验数据比较过的事实,断言了在

---

[1] 我们恳请读者参考我的有关力学发展的书(《力学的演进》(巴黎 1903 年版))的第一部分:"力学的解释",尤其是第 15 章,"关于力学解释的概说"。

这些数据中有某些与所检查的命题相符的数据并非是先验的必然的,但是尽管如此,这些数据和命题的偏差仍然小于实验误差。"

"由于这些原理,当我们提出所有无机界的现象都可以用机械论来解释这个观点时,我们并没有陈述物理学可能认为是错误的命题,因为实验并不能告诉我们任何一个现象确实不能归纳为力学定律。然而,要说这个命题在物理上是真确的,那也是不合理的;因为要追溯这个命题和观测结果之间形式上不可解决的矛盾是不可能的,这是看不见的物质和隐藏着的运动所允许的绝对不确定性的逻辑结论。"

"因此一个坚持实验方法的步骤的人要断定所有物理现象都能用机械论来解释这样一个命题为真是不可能的。这正和不能断定它为假也是不可能的一样。这个命题超越了物理学的方法。"

因此,断言所有的无机界现象都可归结为物质和运动的观点是形而上学的;否定这种归结是可能的观点也同样是形而上学的。但是我们对物理理论的批判制止我们作出这样的肯定或否定。我们所能肯定和证实的乃是:在当时并不存在任何可以接受的与机械论要求一致的物理理论;在当时拒绝遵守这些要求并建立一个令人满意的理论是可能的;但是在表述这些断言时,我们所做的乃是物理学家的工作,而不是形而上学家的工作。

为了建立这样一种不归结为机械论的物理理论,我们不得不确定和某些质相对应的数学量值,而且在这些质中,有些我们不能分解为更简单的质,而要把它们当作是基质。我们把这些质看成基质,是不是出于形而上学的考虑呢?不管这些质能否归结为更为简单的质,我们有没有什么先验的方法认识到它们呢?绝对没有。关于这些质,我们所能断定的只是那些适合于物理学的步骤所能告诉我们的:我们可以断定在当时我们不知道如何分解它们,但是我们寻找进一步把它们分解为更简单要素的方法并不是荒谬可笑的。我们说:

"无生命的自然界呈现出种种现象,物理学将把关于这些现象的理论归结为考虑若干数目的质,但我们将尽可能使这数目变少。每当一个新的效应出现,物理学将力图用一切方法把它归结为已确定的质;只有在认识到不可能做这样的归结时,物理学才把它归入自己的关于新质的理论中,把新型的变量引入到自己的方程中。这样,正像发现了新物质的化学家一样,他总是努力把它分解成已知的元素之一;只有当他在实验室的处理中用尽了一切分析方法都徒劳无功时,他才决定在简单物质的名单上添加一个新的元素名字。"

"这个简单名字并不是根据形而上学的论点证明其本性不可分而赋予化学物质的;而是根据事实赋予它的,因为它挫败了一切要分解它的尝试。这个称号(简单的)是对目前无能为力的承认,毫无一成不变之意;简单的物质今天停留于现存形式,明天如果某个化学家比他的前辈更为幸运,就可以成功地分解它;苛性碱和纯碱,对拉瓦锡来说是简单物质,而从戴维的工作开始就是化合物了。所以它具有物理学中所承认的基质的特征。我们称它们为基质,并不是预先断定他们在本性上是不可分解的;我们只不过承认我们尚不知道如何把它们归结为更为简单的性质,但是这个我们今天不能实现的简化,也许明天会成为既成事实。"①

因此,在拒斥机械的理论而提倡定性理论时,我们决没有受到"一个关于科学的有效性和范围的以及关于可知东西的本性的成见"的引导;我并未(有意或无意地)求助于任何形而上学的方法。我们专门利用了属于物理学家的步骤;我们驳斥了和观测定律不相符合的理论;我们承认能够对这些定律给出满意表示的理论;简而言之,我们一丝不苟地遵守了实证科学的规则。

四、我们的体系消除了物理学对唯灵论形而上学和天主教信仰所声称的反对意见

在物理学家所运用的实证主义方法的引导下,我们关于理论的意义和范围的解释既没有受到形而上学观点影响,也没有受到宗教信仰的影响。这种解释丝毫也不是信教者的科学哲学;不信教者也可以接受它的每一篇论文。

根据这一点,不是可以认为信教者并没有从物理学科学的批评中受益,物理科学得出的结论对他来说毫无兴趣吗?

用物理学的伟大理论来反对唯灵论的哲学和天主教信仰所赖以建立的基本学说,一度成了时髦;人们确实希望看到这些学说在科学体系的猛烈打击下分崩离析。当然,这些科学反对信仰的斗

---

① 恳请读者参考(《力学的演进》)的第一部分:"力学的解释",尤其是第 15 章,"关于力学解释的概说",第 2 部分第 1 章"性质物理学",参见本卷第 2 篇第 2 章,论基质。

争鼓舞了那些对科学的教导了解十分贫乏的人们,也鼓舞了那些对宗教教义一窍不通的人们;但是有时它们也俘虏和妨碍了那些智力和意识远远高于那些乡村学者和咖啡馆物理学家的人们。

现在,我们所阐明的体系已摆脱了物理理论会引起唯灵论形而上学和天主教教义的所谓反对意见;它使得它们就像风卷稻草一样容易消失,因为根据这些体系,这些反对意见只不过是一些误解,决不会是任何其他东西。

什么是形而上学命题,什么是宗教教义? 它是一个建立在客观实在上的判断,肯定或否定某个真实存在是否具有某个属性。像"人是自由的","灵魂是不死的","教皇在信仰上是绝对可靠的"这些判断就是形而上学命题或宗教教义;它们都肯定某些客观实体具有某种属性。

对于可能性所要求的是:某个判断,一方面要和形而上学或神学命题一致或不一致,另一方面呢? 它又必然要求这个判断要有某些客观实体作它的主体,来肯定或否定某些和它们有关的属性。事实上,在不同条件下,对相同主体的两个判断,无所谓一致或不一致。

经验(在单词的流行意义上,而不是这些单词在物理学中所具有的复杂意义上)的事实和经验定律(即无需求助于科学理论而由常识表述出来的日常经验定律)是大量的建立在客观实体上的断言;因此我们可以说事实或经验定律这一方面和形而上学或神学的命题那一方面的一致和不一致,这样说不能说是不合理。例如,如果我们发现了这样的情况,处在由具有绝对可靠的教义所提供条件下的教皇,发出了一个和信仰背道而驰的指示,我们就面对着和宗教教义相矛盾的事实。如果经验导致提出"人类行为总是决定性的"这个定律,我们就会涉及到一个否认形而上学命题的经验定律。

理论物理学的原理能否和形而上学或神学的命题相一致或不一致呢?理论物理学的原理是否就是一个涉及客观实在的判断呢?这些正需要我们逐渐来解答。

是的,对笛卡尔派信徒和原子主义者来说,对于任何把理论物理学当做形而上学的附庸或其推论的人来说,理论物理学的原理就是建立在一个实体上的判断。当笛卡尔派信徒断定物质的本质是长度、宽度和厚度的延展时,当原子主义者宣称只要原子没有碰着另一原子,它始终在原有方向沿直线运动时,笛卡尔的信徒和原子主义者的真正意义是说物质在客观上就如他们所说的那样,确定具有他们归之于它的性质,而不具有他们拒绝给予它的性质。因此,要向笛卡尔信徒的或原子主义的物理学追问某个原理与形而上学或教义的命题是否一致并非没有意义;我们可以合理的怀疑,由原子主义强加在原子运动上的定律是与我们身体上的灵魂的行为相容的;可以认为笛卡尔物质的本质与耶稣的圣体在圣餐上真实存在的教义是互相矛盾的。

是的,对于牛顿的信徒来说也同样如此;理论物理学的原理对一个像牛顿信徒一样的人来说,就是一个涉及客观实在的判断,它是一个从这一原理中看出的由归纳法概括出来的实验定律。例如,这个人将在动力学的基本方程式中,看出实验已经揭露其真理性的、所有客观存在的物体运动都要服从的普遍规律。他能毫无逻辑矛盾地谈论力学方程式和自由意志可能性之间的冲突,并研究这种冲突能否解决。

因此，使我们陷入争论的物理学派的辩护者可以理直气壮地谈论物理理论的原理和形而上学或宗教教义之间的一致或不一致。这对于那些理智上已接受我们提出的物理理论的解释的人就不是这样，他们决不会谈论物理理论和形而上学或宗教教义之间的冲突；他们知道，事实上，形而上学的和宗教的教义是涉及客观实在的判断，而物理理论的原理是关于某些数学符号的命题，它们脱离了一切客观存在。由于它们没有任何共同的语言，这两类判断既不能相互矛盾也不能相互一致。

理论物理学的原理究竟是什么呢？它是一种数学形式，专门对实验所建立的定律加以概括和分类。原理本身既无所谓正确也无所谓错误；它仅仅对它所想要描述的定律给出一幅多少是令人满意的景象。正是由于这些定律作出了关于客观实在的断言，所以它们可以与某些形而上学或神学的命题一致或不一致。然而，理论给予它们的系统分类丝毫没有增加或减少它们的真理性、它们的确定性或客观范围。概括和整理它们的理论原理的干预，既不能破坏在这一原理干预之前就已存在的这些定律和形而上学或宗教的教义之间的一致，也不能恢复以前并不存在的这种一致。从它本身和它本质来看，任何理论物理学的原理都没有在形而上学或神学讨论中起什么作用。

让我们把这些考虑应用于一个例子：

能量守恒原理是否与自由意志相容？这是一个经常争论不休，有着不同解答的问题。现在，甚至它是否有意义，使得一个意识到它所使用术语的精确含义的人能够合理地考虑对它回答是或不是呢?

当然,对于那些把能量守恒原理理解为能够精确应用于现实世界的公理的人来说,这个问题都是有意义的,无论他们是从自然哲学中抽出这个公理这一方面,还是他们从实验数据出发,借助于广泛有力的归纳法得到这个公理这方面来说,都是有意义的。但是我们不接受任何一方面。对我们来说,能量守恒原理决不是一个关于真实存在的客体的确定而一般的断言。它是一个由我们理解力的自由意志建立起来的数学公式,其目的是使这个公式和其他假定相似的公式一起,可以让我们推导出一系列推论,给我们在实验室中所发现的定律提供一个令人满意的描述。恰当地说,无论这个能量守恒公式还是那些与它相联系的公式都不能被说成是正确的或者错误的,因为它们都不是建立在实在上的判断;所有我们所能说的只是,如果由一批定律所构成的理论,它的推论能够用足够精确的程度表达出我们所要分类的那些定律,那么这个理论就是好的,反之就是不好的。我们已经清楚:"能量守恒定律是否与自由意志相容呢?"这个问题对我们不可能有任何意义。如果有的话,事实上它就会是这样的:自由行动的客观不可能性是否就是能量守恒原理的一个推论呢? 目前,能量守恒原理还没有任何一个客观的结论。

更有甚者,让我们坚持这一点。

一个人是怎样从能量守恒原理和其他类似原理中得出"自由意志是不可能的"这个推论的呢? 我们应该注意到,这些多种多样的原理相当于不同方程组,支配着那些遵从它们的物体状态的变化;如果给定这些物体在某个瞬间的状态和运动,那么它们在整个时间过程中的状态和运动就被明确确定了;而且我们应当由此得出结论,在这些物体中不可能产生自由运动,因为自由运动本质上就应当是并非由先前的状态和运动来确定的运动。

那么,这样的争论有什么意义呢?

我们选择我们的微分方程,或者也可以说,选择由它们所代表的原理,因为我们希望建立关于一系列现象的数学表示;在借助微分方程组来寻求如何表示这些现象时,我们从一开始就得预先假定它们遵从严格的决定论;事实上,我们已经完全知道,一个其特殊性丝毫不是来源于初始数据的现象,会不遵从由这一方程组所给出的任何描述。因此我们可以预先肯定,在我们所安排的分类中没有为自由行动保留任何余地。当我们后来注意到自由行动并不能包括在我们的分类中时,我们可能会非常天真地对此感到惊讶,并且非常愚蠢地得出结论说,自由意志是不可能的。

想象一下一位想整理海贝壳的收藏者。他取了七只抽屉,用光谱的七种颜色作为标记,你看,他把红贝壳放进红抽屉,黄贝壳放进黄抽屉,如此等等。但是如果出现一只白贝壳,他就不知道怎么办才好了,因为他没有一个白抽屉。如果你听到他从他的困难中得出世界上并不存在白贝壳的结论,你可能理所当然地会对他的理由感到非常遗憾。

认为自己能从他的理论原理中推出自由意志不可能这个结论的物理学家应该感到同样的遗憾。在为这个世界产生出的所有现象进行分类的时候,他忘记了那只自由行为的抽屉!

五、我们的体系不承认物理理论具有任何形而上学或护教论的涵义

据说,我们的物理学是信教者的物理学这一说法来源于这样一个事实:它如此激烈否认从物理理论得出的反对唯灵论的形而上学和天主教信仰的意见具有任何有效性! 但是它又不妨叫做不信教者的物理学,因为它没有为赞成某些人企图从物理理论中推导出来的形而上学或教义的论点提供更好的或更严密的证明。声称理论物理学原理和唯灵论形而上学或天主教义提出的命题相矛盾,和声称它证实了这个命题是同样荒谬的。在以客观实在为基础的命题和另一个没有客观涵义的命题之间,没有什么不一致或一致的问题。每当人们引用理论物理的原理来支持形而上学学说或宗教教义时,他们都犯了错误,因为他们赋予了这个原理以并非它自身的意义以及并不属于它的涵义。

我们用一个实例再来解释一下我们所说的意思。

在上世纪中期,克劳修斯,在深刻地变换了卡诺原理之后,从中得出了下面的著名推论:宇宙的熵趋向于最大值。根据这个定理,许多哲学家提出了世界上物理的和化学的变化不可能永远不断产生的结论;这使那些认为这些变化既有起始又有终结的人感到满意。将来的创造主(如果不是创造物质,至少是创造它的变化能力),和在或迟或早的遥远的将来绝对静止和宇宙死亡状态的建立,对于这些思想家来说是热力学原理不可避免的结论。

在这里,希望从前提推出结论的演绎法,不止一处地遭到了谬误的损害。首先,它意味着假设宇宙等同于孤立物体在绝对没有物质的空间中有限的堆集;这个等同作用引起了人们的许多怀疑。一旦承认这个等同,那么,宇宙的熵确实必然要无限增加,但是它没有给这熵加上任何上限或下限;当时间从 $-\infty$ 变到 $+\infty$ 时,没有任何东西会阻止这个熵的数值由 $-\infty$ 变到 $+\infty$;那时,这个被说成已证明了的关于宇宙的永恒生命的不可能性就会消失了。但是我们承认这些批评是错误的;它们证明,我们取来作为例证的这个例子不是结论性的,但这并不表明构造一个具有结论性的能得出相同结果的例子是根本不可能的。我们将对它提出的反对意见在性质和涵义上是非常不同的:把我们的论点建立在物理理论的真正本质上,我们将表明,要求这个理论提供曾在极其遥远的过去所发生事件的信息是荒谬可笑的,要求它提供极其遥远的将来事件的预言也是荒谬可笑的。

什么是物理理论?一系列其推论表示实验数据的数学命题;理论的有效性是由它所表示实验定律的数量和它所表示这些定律的精确程度来衡量的;如果两种不同的理论用同样的近似程度表示了相同的事实,从物理学的方法看,就认为他们具有绝对相同的有效性;谁也没有权力在这两个相当的理论中指定我们的选择,这样就会剥夺我们的自由。毫无疑问,物理学家将在这些逻辑上相当的理论之间作出选择;但是决定他选择的动机,将是对优美、简洁和方便方面的考虑,将是对基本上是主观的、偶然的和因时间、学派和个人而异的适应性背景的考虑;与这些动机可能在某些情形下同样是认真的,他们从没有要坚持两种理论之一而拒绝另一种的天性,因为只有在发现了能由一种理论表示而不能由另一种理论表示的事实时,才能导致不得已的选择。

因此牛顿提出的和距离的平方成反比的引力定律,以令人赞叹的精确性表示了我们所能观测到的所有天体运动。然而,我们可以用很多种方法以某些距离的其他函数来代替距离的平方反比率,以便使某些新的天体力学能够和老的同样的精确性来描述我们所有的天文观测。实验方法的原理将迫使我们赋予这两种不同的天体力学以完全相同的逻辑有效性。这并不是意味着天文学家不会保留牛顿的引力定律优于新定律,而是因为保留它的话距离平方反比率可以提供优越的数学性质,是因为赞同这些性质可以在他们计算中引入简单性和优美性。当然,这些动机是值得研究的;而且它们不构成任何决定性的和确定性的东西,它们并不影响某一天有一个新的现象被发现,而它不适合用牛顿引力定律来描述,而另外的天体力学却能给出满意的描述;到那一天,天文学家必定会喜欢新理论胜过旧理论。①

为了能充分理解这一点,让我们假定有两个天体力学体系,它们数学观点不同,但是用相同的近似程度描述了我们至今所能作出的所有的天文观测。让我们更进一步:我们用这两种天体力学来计算未来天体的运动;我们假定一种计算结果和另一种计算的结果十分接近,以致它们给出的同一天体的两个位置之间的偏差程度,即使一千年之后甚至一万年之后也小于实验误差。这样我

---

① 这就是他们为了能够表示表面张力现象的定律,用引入分子引力概念的方法,使得牛顿引力公式更为复杂时所做的事情。

们在此就有了两个必然被看成为逻辑上等价的天体力学体系;不存在任何理由,迫使我们厚此薄彼,而且,一千年之后或一万年之后,人们还不得不对它们等量齐观,对他们的选择犹豫不决。

无疑,来自这两种理论的预言都应得到相同程度的信任;无疑,逻辑不能给予我们任何权力来断定是第一种理论的预言,而不是第二种理论的预言将和实在一致。

实际上这些预言会很好地在一千年或一万年的时间内相符,但是数学家警告我们,不要轻率地由此得出结论,认为这种符合将永世长存,他们并且用具体的例子向我们表明这种不合理的推论将会把我们引向什么样的错误。① 如果我们要求这两种理论为我们描述一下一千万年之后的天空状态,我们的两种天体力学的体系的预言将会特别的不一致;其中之一可能告诉我们那个时候的行星将还是沿着和现在没有什么不同的轨道运行;然而,另一个可能理由充分地声称太阳系的所有天体在那时将融为一体,或者会彼此相隔遥远地分散在太空中。② 在这两个预言中,一个宣布太阳系的稳定性而另一个宣布它的不稳定性,我们相信哪一个?毫无疑问,是最适合我们超出科学之外的成见和偏见的那个预言;但是物理科学的逻辑将肯定不能为我们提供任何充分的令人信服的论据,来捍卫我们的选择,抵制攻击者并将此选择强加于他。

---

① 参见上文第2篇,第3章,特别是那一章的第3段。
② 因此,在牛顿引力和表面引力的同时作用下,行星的轨道可能过一万年之后和仅仅受牛顿引力作用的相同物体的轨道之间的差异不管怎样也不会达到可觉察的程度;而且,我们可以毫不可笑地想象,表面引力的作用经过一亿年的积累,可以使行星的轨道和只有牛顿引力作用下时明显不同。

因此物理理论是伴随着长期预言的,我们拥有能很好地描述众多实验定律的热力学,而且它告诉我们封闭系统的熵永远在增加。我们能够毫无困难地建立一种新的热力学,它能和旧的热力学一样满意地描述至今已知的实验定律,它的预言将和旧的热力学预言一致地延续一万年;而且这种新热力学可能告诉我们,宇宙的熵经过了一亿年的增加后,将在一个新的一亿年中减少,以便在永恒的循环中再次增加。

根据基本的实验科学本身,物理理论是不能预言世界末日的,也不能预言它的永久活动。只有粗枝大叶地误想了理论的范围,才可能要求它去证明我们的信仰所确定的教义。

六、形而上学者应该熟悉物理理论,以防在他的思辨中滥用它

那么,现在你已有了一种理论物理学,它既非信教者的理论也不是不信教者的理论,而只不过是物理学家的理论;它能很好地适合对实验者所研究的定律进行分类,无论是关于形而上学还是关于宗教教义的,它都不能提出任何断言,它同样不能对任何此类断言提供有效的支持。当理论家闯入了形而上学或宗教教义的领域时,无论他是打算抨击它们还是想为它们辩护,他的曾在自己的领域中如此成功地运用过的武器已经毫无用处,在他手中毫无力量;锻造他的武器的实证科学的逻辑确切地划出了一个边界,超出了这个边界,逻辑赋予它的锋芒就会迟钝,它的攻坚能力就会丧失。

但是从这一事实中是否可以得出这样的结论:正确的逻辑并

没有给予物理理论任何力量来证实或否定一个形而上学的命题,而形而上学者却有资格怀疑物理理论呢?是否可以得出结论说,无需涉及物理学家用来成功地描述和分类了大量实验定律的大量数学公式,他就能够从事他的宇宙论体系的构造呢?我们不相信会如此。我们要力图表明,在物理理论和自然哲学之间存在着某种联系;我们将试图准确地指出这种联系在什么地方。

但是,首先,为了避免任何误解,我们在此先说几句话。"形而上学者是否必须考虑物理学家的陈述"这个问题仅仅适用于物理理论。这个问题不适用于实验事实或实验定律,因为答案不能是有疑问的;显然,自然哲学也必须考虑这些事实和这些定律。

确实,陈述这些事实和提出这些定律的命题,有着纯粹的理论命题所不具有的客观涵义。因此前者可以和构造宇宙论体系的命题一致或矛盾。这个体系的作者既没有权力漠视这种一致(它给他的直观带来了有价值的证明),也没有权力去漠视这种不一致(它不可辩驳地驳斥了他的学说)。

当所考虑的事实是日常经验事实,针对的定律是有关常识的定律时,判断这种一致或不一致一般比较容易,[①]因为,要在这类事实或定律中把握客观对象,并不一定要是个职业物理学家。

另一方面,当这种判断归结于科学的事实或科学的定律时,它就变得极端的脆弱和棘手了。事实上,阐述这个事实或定律的命题通常是具有客观涵义和理论解释的实验观测的紧密混合物,仅仅是一个缺乏任何客观意义的符号。对于形而上学者,为了从形

---

① 参见前面第2篇的第4章和第5章。

成这个混合物的两个要素中获得尽可能纯粹的前者,有必要分离这个混合物;在那个要素中,确实,只有在那个观测要素中,他的体系才能找到证据或陷入矛盾。

例如,假定这是一个关于光学干涉现象的实验问题。这一实验报告的内容当然是关于光的客观性质的陈述,例如某一个断言:看上去似乎不变的亮度实际上是一种从一瞬间到另一瞬间以非常迅速的周期性方式而变化的性质的表现。但是,这些断言,通过表达它们所使用的语言本身,紧密地和以光学理论为基础的假设相联系。为了表达它们,物理学家谈到一种弹性以太的振动或谈到介质以太交替变化的两极性;目前,我们既不必随便把全部整个的客观实在归结为弹性以太的振动,也不必把它归结为介质以太的极化,因为它们实际上都是理论为了对光学实验定律进行概括和分类而想象出的符号结构。

这样,我们就有了为什么形而上学者不应当忽视物理理论研究的第一个理由。他必须懂得物理理论,以便能够从实验报告中分辨出哪些是来源于理论的、仅仅具有描述方法或符号的价值,哪些是构成真实内容的或实验事实的客观事物。

我们不必进一步猜想,对理论的粗浅认识就足以达到这个目的。在物理实验报告中,真实的客观事物和纯粹理论的符号形式往往以十分紧密而复杂的方式相互渗透着,以致使有着清晰的严密步骤的几何思维,无论多么敏锐都显得过于简单和呆板,都不足以分开它们。在此我们需要具有纤细而精致心灵的暗示和比较不严格的方法;只有它能够介入这一实质和形式之间从而能够分辨它们;只有它能够猜测出后者是由理论构成其整个外衣的人为的结构而对形而上学家毫无价值,而前者则富有客观真理性,适合指导宇宙论者。

现在,这里所说的精致的心灵,和所有其他地方一样,是通过长期实践得到加强的;正是通过对理论深刻的详细研究;人们才获得了这种敏锐的洞察力。由于有了这种洞察力,人们才能从物理实验中辨别出哪些是理论符号;由于有了这种洞察力,人们才能把这种没有哲学价值的形式和哲学家应该考虑的真实的实验教益分开。

因此,对形而上学家来说,有必要掌握非常准确的物理理论的知识,以便在这理论超出自己的范围,打算深入宇宙学的领域时,能准确无误地认出它;由于这一准确的知识,他将有资格制止理论并提醒它:它既不能获得他的支持,也不能诘难他的异议。如果形而上学家希望肯定物理理论不再对他的思考施加任何不合逻辑的影响,他就必须对物理理论进行深刻的研究。

七、物理理论的极限形式是自然分类

为什么物理理论的教导要强迫形而上学家注意自己,还有其他的更重要的理由。

没有一种科学方法本身能够证明它是充分的全部正确的;它不能仅仅通过它的原理来解释所有这些原理。因此我们不应该感到惊讶,理论物理学是建立在一些假设的基础之上,而这些假设只能由物理学之外的理来认可。

下面就是这些假设中的一个:物理理论必须试图用一单个体

系来描述整个一系列自然定律,这个体系的各部分在逻辑上彼此是相容的。

如果我们使自己仅限于求助纯逻辑的基础,仅限于求助允许我们确定物理理论的对象和结构的逻辑基础,那么我们就不可能证明这个假设是正确的;①我们也不可能驳斥一个主张用几种逻辑上不相容的理论来描述不同系列的实验定律,或者甚至是描述单独一组定律;我们对他所能要求的,只是不要混淆了两种逻辑上不相容的理论,即不要把一种理论给出的大前提,和另一种理论所提供的小前提混淆了。

这个结论,即物理学家有权阐发逻辑上不协调的理论,的确是由那些分析物理学方法而不借助此方法之外的任何原理的人所得出的结论。对他们来说理论的描述只是方便的概括,只是为了有利于发现工作而设置的人工的东西。工人觉得某件工具能很好地适用于某项工作,而不适合另一项工作,我们为什么非要禁止他们不断地运用不同的工具呢?

然而,这个结论使大量致力于物理学发展的人们感到震惊;他们中的一些人希望从这个对理论一致性的蔑视中,看到信教者想要以科学为代价来赞美教义的偏见;希望支持这个观点:可以看出一群才华横溢的基督教哲学家群集在爱德华·勒鲁瓦的周围,随时准备坚持物理理论只不过是一些秘方。在这样的推理中,人们过多地忘记了彭加勒是第一个用正式方式主张和讲授以下观点的人,即物理学家可以不断地利用尽可能多的他认为是最好的、相互

---

① 参见前面第1篇第4章第10节。

不相容的理论；而且我不知道彭加勒具有和爱德华·勒鲁瓦相同的宗教信仰。

彭加勒和爱德华·勒鲁瓦肯定都得到了物理方法逻辑分析的充分认可，来坚持他们的立场；同样可以肯定，这种带有怀疑寓意的学说震惊了大多数致力于物理学进步的人们。尽管对他们运用的步骤所作的纯逻辑研究不能为他们提供任何令人信服的论据来支持他们观察问题的方法，但他们感到这种方法是正确的；他们有种直觉，认为逻辑的一致性是应强加在物理理论上的理论所不断趋向的理想形式的。他们觉得在这理论中任何的缺乏逻辑性，任何的不一致，都是缺点，而科学的进步应该逐步消除这种缺点。

而且，这种观念基本上为那些甚至维护理论有逻辑上不一致的权力的人所共有。

在他们之间，难道有这样一种特殊的人，他对喜欢严密协调的理论、厌恶矛盾理论的堆积有着短暂的犹豫，他为了批评对手而不努力去发现对手的推理谬误和矛盾吗？因此他们公开宣扬逻辑矛盾的权力并非诚恳的；像所有物理学家一样，他们把用单独一个逻辑上和谐的体系来描述所有实验定律的物理理论看成是理想的理论；而且如果他们倾向于对这理想噤若寒蝉，仅仅是因为他们以为它不能实现，因为他们对于获得它感到绝望。

那么，把这理想看成空想对吗？这得由物理学史来回答这个问题；得由它来告诉我们，自从物理学开始具有科学的形式以来，人类是否在把实验中所发现的无数定律组成一个协调的体系的徒劳努力中耗尽了心血；否则，另一方面，这些努力是否通过缓慢和持续的进步有助于融合这些开始是孤立的理论，以便产生一个逐渐一致的更加宏大的理论。对我们的思维来说,当我们追溯物理学说的进化时,这是一个我们必须汲取的重要教训,阿贝尔·雷伊已经清楚地看到这一点。这是我们在研究过去的理论时得到的主要教训。

因此,当我们审问历史时,它能给我们什么样的回答呢?这种回答的意义是确定无疑的。我们来看雷伊先生是如何解释它的:"物理理论决不是向我们提供一些分歧的或矛盾的假说。相反,如果我们有意地追踪它的变化,它为我们提供的是不断的发展和真正的进化。在科学的某个时期似乎已经足够的理论,当科学的领域扩大时,并不会整个的崩溃。适合解释某些事实的理论,对于这些事实,它继续有效;只是对新事实不再有效;它不是崩溃了,而是变得不够用了。为什么?因为我们的思维,只有在掌握简单的事物之后,才能掌握复杂事物;只有在掌握不太复杂的事物之后,才能掌握更加一般的事物。因此,为了不在构成事物确切关系的非常复杂的细节上迷失方向,思维忽略了某些步骤,限制了探索的条件,缩小了观测和实验的范围。科学的发现,当我们真正知道如何理解它时,只是逐渐扩大了这个范围,逐渐解除了某些限制,重新恢复了起初认为是微不足道的考虑"。

多样性融合成了通常的更综合、更加完善的一致性,这就是概括整个物理学说史的重要事实。为什么对我们来说其规律已在历史中显示出来的这种进化要突然中断呢?为什么我们今天在物理理论的不同章节中发现的差异不该在明天被融合成协调的一致呢?为什么我们要甘心把它们看成无法改正的缺点呢?当这个实际上已经建立起来的体系一世纪一世纪地越来越接近这个彻底一致的和完全的逻辑理论的理想时,为什么要放弃这个理想呢?

于是物理学家发现自己有着一种对于用完善的逻辑上一致的体系来描述所有实验定律的物理理论的不可抗拒的渴求;而且当他准确分析实验方法,询问物理理论的作用是什么时,他并未从中发现任何东西可以证实这种渴求是正确的。历史向他表明,这种渴求和科学本身一样的古老,连续不断的物理体系一天一天地越来越充分实现了这个渴求。但是对物理科学赖以取得进步的步骤的研究,并未向他揭露这种进化的整个理论基础。因此,这种引导物理理论发展的趋势对于一个仅仅希望成为物理学家的人来说,并不是完全可以理解的。

如果他仅仅希望成为物理学家,而且如果作为一个不妥协的实证主义者,他把一切不能由适合实证科学的方法来确定的东西看做不可知的,他就注意到这种趋势像它一直指引着其他研究一样,有力地激励着他自己的研究;但是他不寻找它的来源,因为他相信的惟一发现方法不能够为他揭示这一点。

另一方面,如果他具有人类思维厌恶极端实证主义要求的本性,他就想要知道推动他前进的理由或解释;他将打破使物理步骤孤立无援、停步不前的屏障,他将作出这些步骤不能证实的断言;他将是个形而上学的物理学家。

尽管有些近乎强迫的限制强加在物理学家常用的方法上,他将作出的这种形而上学的断言是什么呢?他将断言,在他的研究方法可接近的仅有的可观测的数据背后,隐藏着其本质不能用同样方法来把握的实体,这些实体是按照一定秩序来排列的,物理学不能直接研究它。但是他将注意到,物理理论通过它不断的进步,趋向于按照和实体被分类的先验秩序越来越相似的秩序来整理实验定律,因此作为结果,物理理论逐渐地朝着它的极限形式,即自然分类的形式前进,最终,逻辑的一致性就是这样一个特征,缺少它,物理理论就不能声称进入了自然分类的行列。

这样,物理学家被导致超越这种由实验科学的逻辑分析赋予他的能力,导致用如下的形而上学的断言来证明理论趋向逻辑一致性的倾向是合理的:物理理论的理想形式是实验定律的自然分类。其他各种考虑也促使他提出这个断言。

从物理理论中常常可以推导出来的不是描述已观测到的定律、而是描述可能观测到的定律的陈述。如果我们把这个陈述和实验结果相比较,有什么机会使后者会和前者一致呢?

如果物理理论只不过是对物理学家所揭示的操作步骤进行分析的东西,那就没有这种机会使理论预言的定律和事实一致了。由于物理学家希望不冒任何不是用他常用的方法来检验的风险,由理论的原理中推导出来的陈述将确切地就像是偶然地提出来的一样;这个物理学家既希望很快发现这个预言和观测相矛盾,又希望很快看到它被观测所证实;严格的逻辑要正式地拒绝一切关于这陈述要服从实验检验的先入之见,拒绝一切对检验成功的预先的相信。对逻辑来说,物理理论只不过是一个为了对已知实验定律进行分类,由我们的理解力的自由意志创造出的一个体系。当我们在这理论中偶然发现一个空当,我们能否由此得出结论,认为那里客观上存在一个能用来填补这个空当的实验定律呢?我们嘲笑那个因为没有为白色贝壳准备抽屉,因而推断世界上没有白色贝壳的收藏家;如果从他的贝类学家的陈列柜中存在着目前还空着的留着装蓝色贝壳的抽屉,他就毅然地作出断言:自然界具有注定来填补这个空抽屉的蓝色贝壳,这难道就不那么可笑吗?

那么,在哪个物理学家那里,我们曾经遇见过这样完全不关心检验结果,遇到过当这结果把理论预言的定律和事实进行比较时,对此结果的意义缺乏任何预测的现象呢?物理学家非常清楚地知道,严格的逻辑绝对允许他仅仅有这点漠不关心,它不承认任何理论预言和事实之间有任何一致的希望;然而尽管如此,他还是等待这种一致,期望这种一致,认为它比反驳更有可能。他赋予这种一致的可能性如此之大,就像要经受检验的理论比原来的更加完善一样;而当他对大量实验定律在其中获得了满意描述的理论表示信任时,这种可能性对他来说,似乎就快要成为肯定性了。

支配处理实验方法的规则中,没有一个证实了这种对理论预言的信任是合理的,然而这种信任在我们看来却并非荒谬可笑的。此外,如果我们怀有某些反驳它的假设的意图,物理学史肯定不需花费很多时间来强迫我们修改我们的判断;确实,它将援引无数的情况,在这些情况中实验证实了理论的最惊人的预言,直到最小的细节。

那么为什么物理学家能断言实验将揭示某个定律,而不会使自己遭到嘲笑呢?因为他的理论需要这个定律的实现。而当贝类学家仅仅因为在他的陈列柜的用光谱的不同颜色标志的抽屉中存在空抽屉,从而得出海中有蓝色贝壳的结论,这样的贝类学家则是可笑的。很明显,因为这收藏家的分类是一个纯粹的随意性体系,没有考虑不同种类的软体动物之间的真实的密切联系,而在物理学家的理论中有着某种像本体论的秩序的清晰反映。

因此，所有这一切都促使物理学家作出下面的断言：在物理理论进步的程度上，它变得越来越和它的理想终点——自然分类相似了。物理学方法无法证明这种断言是有根据的，但是如果这种断言是没有根据的，那么指导物理学发展的趋势将依然是不可理解的。因此，为了寻找建立它的合法性的资格，物理理论不得不求助于形而上学。

八、宇宙学和物理理论之间具有相似性

作为实证方法的奴隶，物理学家像洞穴中的因犯①：供他使用的知识除了对面墙上的一连串侧影外，什么他也无法看见；但是他猜测，这个轮廓模糊的剪影的理论只是一连串坚固形象的映象，而且他断定在他不能攀登的墙外存在着那些他看不见的角色。

因此物理学家断言，他为了建立一个物理理论而排列数学符号的秩序，乃是用来对无生命事物进行分类的本体论秩序的越来越清楚的反映。他断定使其存在的这种秩序的本性是什么呢？通过什么样的密切联系，使进入他观测之下的客体本质相互逼近呢？这些都是他不能够回答的问题。由于断言物理理论趋向是一种自然分类，与物质世界中的实体被分类的秩序相一致，他就已经超出了他的方法所能合理使用的范围的界限；为什么这种方法不能揭示这种秩序的本性或者告诉我们它是什么，其理由就更是如

---

① 英译者著：参见柏拉图《共和国》，第7卷。

此了。要说明这种秩序的本性就是要确定一门宇宙学;向我们展示它也就是解释宇宙学体系;在这两种情况下,它做的都不是物理学家而是形而上学家必须做的工作。

物理学家用来发展其理论的方法,当用来证明某个宇宙学命题是真还是假时,是毫无说服力量的;以宇宙学的命题为一方,以理论物理学的法则为另一方,两者决不是建立在相同条件上的判断;因为它们根本是不同类的,它们相互之间既不能一致也不能相矛盾。

那么是不是可以得出结论说,物理理论知识对任何致力于宇宙学进步的人是毫无用处的呢?这正是我们现在要考查的问题。

让我们首先搞清楚这个问题的精确含义。

我们不是问宇宙学者能否不了解物理学而不受损害;对这个问题的回答太明显了,因为非常明白,没有物理学知识,就不能合理地建立起宇宙学体系。

宇宙学家和物理学家的见解有着共同的出发点,那就是由观测所揭示的实验定律,它们适用于无生物界中的现象。只有他们离开出发点后所遵循的方向,才能把物理学家的追求和宇宙学家的追求区别开来。前者希望获得关于他所发现的定律的知识,这些知识日益精确、日益详细,而后者则分析这些相同的定律,以便在可能的时候揭示这些定律呈现在我们理性面前的本质联系。

例如,如果物理学家和宇宙学家同时在研究化学化合定律,物理学家希望非常精确地知道参加化合的物质质量之间的比例是多少,在什么温度和压力条件下反应会发生,涉及多少热量。宇宙学家首先想到的就完全不同了:观测向他表明,某些物体,即化合反应中的元素起码明显地消失了,而新的物体,即化学化合物出现了;哲学家将努力思索这种存在方式改变的真正原因是什么。元素真的存在于化合物中吗?或者他们只是潜在的存留于其中?这些都是他希望回答的问题。

物理学家用大量的精确的实验确定的所有细节都对哲学家全都有用吗?无疑地不是如此。为了满足对详细精确性的追求而发现的这些大量的细节,在由其他需要引起的探索中依然是没有用处的。但是所有这些细节对于宇宙学家都没有用吗?如果是这样,如果某些事实不能对盘踞在哲学家心头的某些问题起暗示答案的作用,那将是十分奇怪的。例如,当哲学家试图揭穿化合物中元素的真实状态这个他所不知的奥秘,难道他不该在他的努力求解之中,考虑某些由实验家工作得来的精确细节吗?难道证明我们总能从化合物中获得形成它的元素,并且质量上丝毫没有增减的实验室分析,不是为宇宙学家试图建立的学说提供了一个具有高度精确性和稳定性的基础吗?

那么毫无疑问,物理学的知识对于宇宙学家可能是有用的,甚至是不可缺少的。但是物理科学是由两种成份紧密混合组成的:一类是一组判断,它的主题是客观实在;另一类是起着把这些判断转变为数学命题作用的符号体系。前一种成份代表着观测的贡献,第二种则是理论的贡献。这样,如果这两类成份中的第一种对宇宙学家明显有用,那么很可能第二种就对他毫无用处,他要了解它只是为了不把它和第一种混淆,为了不草率地依赖它的帮助。

如果物理理论仅仅是一个为了整理我们的知识的,根据完全人为的秩序而随意创造的符号体系,如果它在实验定律中建立的分类,和密切联系着的无生命界的实在的对应关系毫无共同之处,这个结论肯定将是正确的。

如果物理理论具有的终极形式乃是实验定律的自然分类,情况就会完全不同。在这种自然分类或物理理论(在它达到它的最完善程度之后)和完成了的宇宙学用于整理物质世界的实在秩序之间,就会有着非常精确的一致性;结果,一方面是物理学,另一方面是宇宙学,它们的完善形式越相互接近,这两种学说的相似性就越清楚越详细。

因此,物理理论决不能证明或反驳宇宙学的断言,因为构成两者之一的命题决不可能建立在和形成另一学说的命题相同的条件之上,在不是建立在相同条件上的两个命题之间,既没有一致也没有矛盾。然而,在建立在不同性质条件上的两个命题之间,仍然可能存在相似性,这是一种把宇宙学和理论物理学相联系的相似性。

正是由于这种相似性,理论物理学的体系才能够帮助宇宙学的发展。这种相似性可以向哲学家提示大量的解释;它的清楚的真实的存在能够提高某些宇宙学学说思想家的信心,它的缺少则使得它能提防其他的学说。

在许多情况下,这种求助于相似性乃是研究或检验的一种有价值的方法,但是最好不要夸大它的作用;如果在这一点上说"由相似性证明"这句话,最好准确地确定它们的含义,不要把这种证明和真正的逻辑证明相混淆。相似性是感觉出的而不是推导出的;它并不把自己和矛盾原理等量齐观地强加给思维。在一位思想家看见相似性的地方,另一位则在这些比较的条件中间对差异有着比它们的相似性更为深刻的印象,或许清楚地看出了对立。

为了使后者变否定为肯定,前者不能借用不可抗拒的演绎法的力量;他在他的辩论中所能做的是引起他的对手注意他认为是重要的相同之处,使他不去注意他认为是微不足道的差异。他能够希望劝说和他辩论的人,但不能要求说服他。

接下来考虑的另一件事就是要限制从那种与物理理论的相似性中得到的宇宙学证明的范围。

我们说过,在无生物界的形而上学解释和达到自然分类状态的完善的物理理论之间应该有种相似性。但是我们并没有拥有这种完善的理论,人类也永远不会拥有这种理论;我们所拥有的,人类永远拥有的是一种不完善的暂时性的理论。这种理论经过无数的探索、犹豫和懊悔,缓慢地朝着那个理想形式——自然分类前进。因此,为了证明这两种学说的相似性,我们必须用来和宇宙论相比较的,不是我们已有的物理理论,而是理想的物理理论。然而,对于一个只知道存在着什么的人,要他知道应该存在着什么是多么的困难!当他声称这个学说在理论体系上已最终建立起来,并且将在时间的推移中始终稳如泰山,而那个学说却是脆弱易变的,将被下一批新发现淘汰时,他的断言是多么的令人怀疑,多么容易受到警告!当然,在这个问题上,我们不必对听到物理学家们提出最不一致的见解而感到惊讶;为了在这些见解中作出选择,我们不必要求绝对的理由,而要满足于灵活的思维所提示的无法分析的直觉判断,尽管几何学思维宣称它不能证明它们。

我们相信,这些话已足以劝说宇宙学家以极其谨慎的态度利用他所拥有的学说和物理理论之间的相似性;他决不要忘记这一点,在他看来最清楚不过的相似性可能在其他人那里会显得是模糊的,甚至达到他们根本不理会的程度。他首先应该担心,用来支持他所提出的解释而采用的相似性,仅仅是把这种解释和某些暂时的不稳定的理论框架相联系,而不是它和物理学确定的稳定的部分相联系。最后,他应该记住:任何建立在如此难以辨认的相似性上的论点,都是极端脆弱、娇嫩的论点,实在不能驳倒直接证明已经证实了的论点。

那么,这里我们可以认为得到了两点:宇宙学家可以在他的推理过程中采用物理理论和自然哲学之间的相似性;他应该极其谨慎地运用这种相似性。

哲学家在大量运用他的宇宙学可能具有的和物理理论的相似性之前,他应该采取的第一个预防措施就是要非常精确地详细地熟悉这个物理理论。如果他仅仅是模糊地肤浅地认识它,他就会受到细节的相似之处、偶然的联系、甚至是被他看成为真正深刻相似性的象征的语词谐音的欺骗。只有能够洞察理论物理学最深刻的奥秘、能够揭露它最根本的基础的科学,才能够使它提防这些枝节上的错误。

但是对宇宙论者来说,只是非常精确地懂得理论物理学的现在的学说是不够的;他还必须熟悉过去的学说。事实上宇宙论要与之相似的并不是现在的理论,而是现在理论通过不断进步趋向的理想理论。那么,哲学家的任务就不是在科学进化的恰当时刻,使它凝固,来比较今天的物理学和哲学家的宇宙论,而是要判断理论的趋势,猜测它所指向的目标。目前,如果没有关于物理学已经经历的道路的知识,那就没有任何其他东西能够可靠地指导他猜测物理学将要走的道路。如果我们只看一下被网球运动员击中的网球在一瞬间的一个孤立位置,我们就不能猜出他瞄准的终点;但是如果我们的目光从他挥手击球开始,就一直追踪这网球,我们的想像力,就能延长球的轨迹,预先指出它将落下的地点。因此,物理学史使得我们怀疑科学进步趋向的理想理论的少数特点,那就是自然分类,它将是一种宇宙论的思考。

举例来说,设想有个人,在公元1905年,要像我们一样去学习由大多数讲授物理学的人所提出的物理理论。任何一个仔细倾听课堂谈话和实验室议论,而不回顾或关心过去教了些什么的人,将听到物理学家常常在他们的理论中使用分子、原子和电子的概念,计算这些小物体,确定它们的大小、质量和电量。从赞成这些理论的几乎普遍的同意来看,从它们激起的狂热来看,从它们引起的成功或归功于它们的发现来看,他们毫无疑问地将被当做预言注定要在将来胜利的理论的先驱。他将得出这样的判断,认为他们揭示了物理学将日趋相似的理想形式的第一张草图;而由于这些理论和原子主义者的宇宙论的相似性对他来说似乎是显而易见的,他就为这个宇宙学得出了一个明显有利的假设。

如果他不满足于通过此时的议论来了解物理学,如果他深入学习它的所有分支,不只学习那些时髦流行的而且学习那些因不公平的遗忘而遭到忽视的东西,特别是如果他通过对历史的研究来回顾以往世纪的错误,使得他提防对现在时代的不合理的夸大,他的判断将会是多么的不同!

这样,他就看到建立在原子主义基础上的解释的尝试,已最长期地伴随着物理理论;虽然在物理理论中他将看到由抽象力产生的工作,但这些解释的尝试将向他表明,它们是希望设想那些仅仅应该想到的思维的努力；他将看到这些尝试常常重新开始，但又常常半途而废；每当一个幸运的勇敢的实验家发现一组新的实验定律时，他将看到原子主义者带着狂热的匆忙，占有这个未充分探索的领域，建立起近似的、表达这些新发现的机械论。然后，随着实验家的发现变得越多、越详细，他将看到原子主义者们在给出新定律的精确解释或把它们稳定地和旧定律相联系的过程中，而变得更加复杂和混乱，过多地带有不成功的随意的复杂性；在这期间，他将看到，经过耐心劳动而成熟了的抽象理论，占领实验家探得的新领域，使这些战利品条理化，把它们合并到旧领域中，建立起它们联合的完全协调的帝国。在他看来十分清楚，被斥为永远重新开始的原子主义物理学并没有通过不断的进步趋向物理理论的理想形式；而当他思考着抽象理论所经历的从经院哲学到伽利略和笛卡尔；从惠更斯，莱布尼茨和牛顿到达兰贝尔，欧拉，拉普拉斯和拉格朗日；从萨迪·卡诺和克劳修斯到吉布斯和赫姆霍茨的发展时，他将猜测到这种理想的理论在逐步完备地实现之中。

九、论物理理论和亚里士多德宇宙论的相似性

在进一步展开之前，我们概括一下上面得到的结论：

在物理理论和宇宙论缓慢走向各自的理想形式之间，应该有某种相似性。这个断言决不是实证方法的一个结论；尽管它被物理学家所利用，但它本质上是形而上学的断言。

我们用来判断物理理论和宇宙论学说之间所存在的比较明显

或不太明显的相似性的思想步骤,完全不同于用来展开令人信服的证明的方法;它们并不是强加于人的。

这种相似性不应该把自然哲学和物理理论的现状相联系,而应该把它与物理理论趋向的理想形式相联系。目前,这种理想的状态并未以明白的无可争辩的方式给出来;它由无限微妙易变的直觉暗示给我们,而这种相似性又是由理论及其历史的深刻的知识所指引着。

因此,哲学家能从物理理论中获得的这类无论赞成还是反对宇宙论学说的信息,都不是纲领性的指示;但如果他把它们看成是确定的科学证明,那他就是非常愚蠢的,他就会对于看到它们被讨论、被争论而大吃一惊!

因此,在我们明确地断言物理理论和宇宙论证明之间的任何比较和严格意义上的证明是多么不同之后,在指出它给踌躇和怀疑留下了许多余地之后,我们就可以指出,出现在我们面前的物理理论的现在形式趋向于理想形式,而且我们看到的宇宙论学说和这种理论有着最大的相似之处。我们并不主张这种指示要以属于物理科学的实证方法的名义给出;从我们所说的可以看出,非常清楚,它超出了这种方法的范围,这种方法既不能肯定也不能否定它。在这样做时,在由此深入到属于形而上学的领域时,我们知道我们已把物理领域抛在了后面;我们知道,物理学家在和我们一起通过物理领域之后,可能彻底拒绝跟随我们进入形而上学地带,而不愿违反逻辑所强加的规律。

在这些多种多样的、受到物理学家不同程度喜爱的、处理现在的物理理论的方法中,哪一种带有理想理论的萌芽呢?哪一种已经通过它的整理实验定律的秩序向我们提供了某些像自然分类的草图的东西呢？这种理论,我们多次谈到过,在我们看来就是称之为普通热力学的理论。

向我们指出这种判断的,是对物理学现状的沉思,是来自实验家所发现并使之精确化的定律中普通热力学所形成的整体和谐；尤其是来自引导物理学理论达到它现在状态的进化的历史。

物理学进化的运动实际上可以划分为两种不同的运动,通常一种超越于另一种之上。一种运动是连续不断的更替,在这更替中一个理论出现,支配科学一段时间,然后崩溃,被另一理论所替代。另一运动是不断的进步,通过这个进步,我们看到,经过漫长的时代,不断地创造出对实验向我们所揭示的无生物界的更充分更精确的数学描述。

于是,这些跟随着构成这两种运动之一的突然崩溃之后的短暂胜利,乃是相继起作用的不同的机械物理体系所经历过的成功和挫折,包括牛顿的物理学、笛卡尔的和原子主义的物理学。另一方面,构成第二种运动的不断进步导致了普通热力学；在普通热力学中,以前理论的所有合理的富有成果的倾向都集中在一起。很清楚,对于把理论引向它的理想目标的进军来说,这只是一个在我们生活的时代的起点。

有没有一种宇宙论,可能和我们在普通热力学支配物理理论的道路终点所看到的理想相似的呢？肯定它不是笛卡尔创立的自然哲学,或由牛顿思想引起的博斯科维奇的学说,更不是原子论者的古代宇宙论。相反,它是普通热力学准确无误地与之相似的宇宙论。这种宇宙论就是亚里士多德的物理学；而且这种相似性更为引人注目,因为它很少被预言到,因为热力学创立者都不懂亚里士多德的哲学。

普通热力学和亚里士多德学派之间的相似性表现有许多特征。这些特征十分显著,一开始就引人注目。

在实体的属性中,亚里士多德物理学给予量和质的范畴以同等的重要性;现在,通过它的数字符号,普通热力学既表达不同量的大小,也表达不同质的浓度。

对亚里士多德来说,位置变化只是普通运动形式之一,然而笛卡尔的、原子主义的和牛顿的宇宙论一致同意,惟一可能的运动是空间位置的变化。请看,普通热力学在它的公式中处理了大量的变化,如温度的变化、电或磁状态的变化,而丝毫不必设法把这些变化归结为位置变化。

亚里士多德的物理学比起那些保留了运动名称的理论更深刻地熟悉形态变化。运动仅仅影响属性;那些形态变化,即产生和腐败,渗入实体自身,在它们消灭先存的实体的同时创造出一种新的实体。同样地,在作为普通热力学最重要的章节之一的化学力学中,我们用质量来表示不同的物体,这些质量可以引起化学反应产生或消灭;在化合物体的质量中,其组成成份的质量只是潜在地存在着。

这些特点,和许多其他特点,不胜枚举,紧紧地把普通热力学和亚里士多德物理学的基本学说联系在一起。

我们说的是"和亚里士多德物理学的基本学说",目前我们必须强调这一点。

当亚里士多德在建立不可磨灭的丰碑时,这个丰碑的方案已为我们保留在他的《物理学》、《论生灭》、《论天》与《气象学》之中；在他的注释者，如阿芙罗狄西亚的亚历山大、特米斯提乌斯、辛普里丘、阿维罗伊和无数的经院哲学家们，努力雕凿和刨光这个巨大建筑物的哪怕是最小的一部分时，实验科学还处于襁褓之中。如此巨大地提高了我们认识方法的范围、确定性和精确性的工具，却未能把握物质实在；人类还只有自然感官；可观测材料对于他就像它们最先出现在我们的知觉之前一样；任何分析尚未认识到也未解决惊人的混乱；被更为先进的科学视为众多同时发生、相互联系的现象的结果的事实，被天真地草率地当作自然哲学的简单的基本的材料。实验科学中一切不完善的、不成熟的和幼稚的标志必然存在于由它得出的宇宙论中。

一个匆忙浏览亚里士多德的著作并且几乎没有接触到这些著作所阐述学说的表皮的人，看到到处都是奇怪的观察，琐碎的解释，没有结果的和爱挑剔的讨论，一句话，他看到的是一个古代的、陈旧的、败坏了的和今天的物理学形成鲜明对比的体系，所以，要认识它们和我们现代理论的哪怕最微小的相似之处，那只是一件可能性非常渺茫的事。

进一步挖掘的人则感受到非常不同的另一种印象。在那保存往昔时代的无生气的僵化了的学说的肤浅的表皮之下，他发现了亚里士多德宇宙论的真正中心的深刻思想。若是清除掉掩盖它们的表皮，同时支持它们，这些思想就呈现出新的活力和姿态；随着它逐渐变得有生气，我们看到掩盖它们的衰败的遮蔽物消失了；很快，它们又重新恢复活力的外表和我们的普通热力学有着显著的相似之处。

因此,想认识亚里士多德的宇宙论与今天理论物理相似的人,不要在这种宇宙论的肤浅形式前裹足不前,而应深入到它的更深刻的意义中去。

举一个例子,可以用来阐明我们的思想,使它更为明确。

我们从亚里士多德的宇宙论的基本理论——"元素的自然位置"理论中借用这个例子;首先我们先从表面,也就是说,从外表来考虑这个理论。

在我们常常遇见的物体中,尽管程度不同,有四种性质:热和冷,干和湿。这些性质的每一种表征着一种基本元素:火明显是热元素;气是冷元素;土是干元素;水是湿元素。我们周围的所有物体都是混合物;根据四种元素的每一种,火、气、水或土进入混合物组成的程度不同,混合物分为热的或冷的,干的或湿的。在这四种能够通过毁灭和产生而相互转化的元素之外,存在一种不会毁灭也不能产生的第五种实体;这个实体就是天球和这些天球的凝缩部分而形成的星体。

每一元素有一个"自然位置";当它在这个位置时保持静止,但是当它被"强力"从这位置移开时,它能通过"自然运动"回到这个位置。

火本质上是轻的;它的自然位置是月球的凹面;然后通过自然运动,它可以一直上升到被这个固体的拱顶止住。土是特殊的重元素;它的自然运动把它带到它的自然位置——宇宙的中心。气和水是重的,但是没有土重;于是,由于自然运动,较重者趋向于比较轻者的位置低;当三个和宇宙同心的圆形表面把水和土,气和水,火和气分开时,不同的元素便因此而在他们的自然位置上。当每个元素处于自然位置时,是什么力量维持它在那儿呢?当它离开之后,又是什么力量使它回到原来的位置呢?是它的物质形态。为什么?因为每一存在都有倾向完善的趋势,而在这个自然位置上,它的物质形态便可以获得它的完善性;在此它可以最有效地抵制任何可能破坏这种完善性的力量;在此它以最有利的方式经历了天体运动和星光的影响,这种影响是地上物体内部的一切产生和毁灭的源泉。

所有这些关于重和轻的理论在我们看来是多么的幼稚!我们看到,这种人类理性试图解释落体的第一次咿呀学语是多么的朴素!我们把这些早期宇宙论的咿呀学语和在哥白尼、开普勒、牛顿和拉普拉斯那些人的思维中的天体力学里所达到的旺盛时期的科学的惊人发展相联系,是多么的胆大妄为呀!

当然,如果我们采取这个理论原来的形式,使它的外表和当初具有的全部的细节都一样,那么,在今日物理学和自然位置理论之间就没有任何相似了。但是我们现在除去这些细节,把这个陈旧科学的模型分解成必须注入亚里士多德的宇宙论的部分;为了掌握作为它的灵魂的形而上学思想,我们要深入到这学说的基础。在这个元素的自然位置的理论中,我们发现其真正的实质是什么呢?

在此我们发现这样的断言:可以设想在宇宙的状态中其秩序应该是完善的。这种状态对世界来说应该是一种平衡状态,更重要的是一种稳定的平衡状态;离开这个状态,宇宙就有回归它的趋势,而且所有自然运动,所有这些产生在物体之间的无需活跃的移动者的介入的自然运动,将由下列原因引起:它们都旨在把宇宙引向这种平衡的理想状态,因此这个最终的理由同时也是它们的充分理由。

有人说,物理理论所坚持的,是和这种形而上学相对立的立场。下面就是它所教给我们的:

如果我们设想一组无生命物体,假设这些物体不受任何外界物体的影响,这组物体的每一状态对应着它的某一熵值;在某一状态,这组物体的熵有着比其他任何状态都大的值;这种最大熵的状态就是平衡状态,而且也是稳定的平衡状态;在这封闭系统产生的一切运动和一切现象都使这系统的熵增加;因此它们都趋向于把此系统引向它的平衡状态。

现在,我们怎么不能看出归结为其基本断言的亚里士多德的宇宙论和热力学的学说之间的显著相似呢?

我们可以增加这类比较,我们相信,它们将允许下面的结论:如果我们使亚里士多德的和经院哲学的物理学,摆脱掩盖它们的陈旧的过时的科学外衣,如果我们从它的健壮的匀称的肌体上取出这个宇宙论的活生生的肌肉,我们将会被它和我们现代物理理论的相似所打动;在这两种学说中,我们看到了两幅具有相同的本体论秩序的图画,区别仅在于各自从不同的视角描绘,但是决非不一致。

人们将会说,和亚里士多德以及经院哲学宇宙论的相似被如此清晰地指出的物理学,是信教者的物理学。为什么?在亚里士多德的宇宙论和在经院哲学的宇宙论中,有没有什么包含着必须坚持天主教义的东西呢?难道不信教者以及信教者不能采纳这个学说吗?而且,事实上,它不是曾由非基督徒,由穆斯林,由犹太人,由异教徒以及教会的虔诚的孩子们所讲授吗?那么,据说被打上了本质上是天主教特征的印记的是在什么地方呢?是不是因为事实上有大量的天主教博士,某些最杰出的角色,曾经为它的进步而努力过呢?是不是因为事实上教皇已不再颂扬圣托马斯·阿奎那的哲学早先给予科学的帮助和那些它在将来可能给予科学的贡献了呢?从这些事实,难道可以得出结论说:不信教者如果不承认不是他自己的信仰的话就不能够认识经院哲学的宇宙论和现代物理学的一致了吗?肯定不是这样。这些事实要得出的惟一结论就是,天主教会曾经多次有力地帮助了,而且还在积极地帮助支持在正确道路上的人类理性,甚至在这理性努力发现自然秩序的真理的时候。现在,有什么公开的、开化的思维敢证明这种断言是错误的呢?

物理理论的价值

——评最近的一本书[①]

就我们所知,自从人类有了最古老的思辨起,哲学便一直与自然科学、与数和形的科学不可分割地联为一体。直到数百年前,这一历经千载使哲学首先与自然哲学结为一体的纽带,才显得有所削弱以致到了断裂的程度。哲学家们把推动各专门科学进步这一日趋复杂而艰巨的任务留给了数学家和实验家,而把对于形而上学、心理学和伦理学的最一般的观念的反思作为它的惟一任务;其结果是,它卸掉了思想包袱,更易于达到那些智士贤人直至当时难以企及的高度,因为后者苦于知识分支纷繁,与他们的真正高尚的研究已相去甚远。

由于摆脱了数学、天文学、物理学、生物学和一切进展缓慢的科学及其复杂技术的羁绊,剔除了对于门外汉晦涩不堪的不规范术语,哲学得以采取一种通俗易懂的形式,为大众广为接受,并以有教养的人能理解的有说服力的语言巧妙地阐发它自己的学说。

这一哲学分化的时尚未能延续多久,具有远见卓识的头脑并未用多长的时间来识别那方法的诱人外观难以掩饰的错误原理。

---

① 这本书就是阿贝尔·雷伊的《现代物理学家的物理理论》(巴黎,1907年),我们的这篇文章发表于《纯科学与应用科学评论》,第19卷(1908年1月15日),第7—19页。

毫无疑问,这一哲学显得轻松自在,也与那被科学细节的巨大压力所窒息的古代睿智不同,但假如说哲学现在就能轻易起飞的话,那也不是因为它的翅膀已变得更加硬朗,而只是因为它丢弃了其可靠性得以立足的内容,并且因为抛弃了质料而使自身徒具形式。

很快就发出了各种报警的声音。开始于19世纪初的改革也给哲学造成了危害。假如谁不愿看到它退化成空洞无物的冗词,那么就该给它以曾经长期滋补它的营养。这种营养只因被认为不必要而曾被弃之不用。完全与从专门科学中分化出来不同,现在则有必要用这些科学来滋养它,使它能吸收科学的养分,同时也有必要再次肯定一个曾长期用以装饰它的头衔:科学之科学。

提出这种主张比遵循它要来得容易。同样,打破某种传统容易,重续传统却并非易事。专门科学与哲学间的鸿沟业已形成,从前用以连接这两块大陆并在其间建立起持续思想交流的缆绳已经断裂,而那未来行将重新合拢的两端现还处于鸿沟的底层。从此以往,由于失去了一切联系手段,两岸的居民,即在一方的哲学家和在另一方的科学家,已不具备那朝着双方均感必要的联合方向通力合作的条件。

虽说如此,两边阵营中的一些勇者还是承担了这一任务。在那些献身专门科学的人当中,很有几位以一种或许能为哲学家所接受的形式,为后者提供了他们研究的最一般最本质的结果。另一方面,也有一些哲学家毫不犹豫地开始学习数学、物理学和生物学的语言,并逐步熟悉这些学科的方法,以便借鉴科学所积累的财富,进一步丰富哲学。

1896年,一位哲学研究生,从前是法国高等师范学院文学部的大学生,在巴黎文学院答辩他的《论数学的无穷》的论文。这是一个真正值得注意的事件,因为库图阿特先生至少表现出了致力于哲学向科学研究的复归,也是传统在长期遭受遗弃之后的断弦重续。

在选择当代物理学家的物理理论问题作他的博士论文时,阿贝尔·雷伊进一步增强了库图阿特先生所重建的联系。虽然他所作的不过如此,但也足以令一切关心哲学命运的人称道了。

然而,这部著作的价值却不仅在此,还在于作者所提出问题的重要性,以及他为此所采取的解决办法。

I

首先让我们看看雷伊先生是如何提出这一问题的(第 iii 页):

"19世纪的信仰主义和反理智主义运动,把科学当作功利性的技能,要求得到比当时科学已做出的更为精确、也更为深邃的物理学分析的支持。通过对它的命题、方法和理论的公正考察,将会展现当代物理学的一般精神,并概括出它的必然结论。"

"驱使我执笔本著述的指导思想,就是要考察这些断定是否站得住脚。"

作者寻求的对这一问题的解决办法是(第363页):

"诚然,科学,特别是物理科学具有功利价值,这是应予考虑的。但是,与它作为无私的知识的价值相比,这毕竟是小巫见大巫。如果为着功利目的而牺牲这一方面,就是无视物理科学的真正本质。我们甚至可以说,物理科学本身只具有知识的价值。"

我们还可进一步看到（第367页）："从严格的意义上说，我们知道的只是什么是物理学所能够达到的，而不是别的什么东西。在这个领域中，不会有别的认识方法成为物理学的任务。所以，不管人怎样地会是物理科学的尺度，我们将被迫地满足于这门科学"。

当代实用主义断言，物理理论并不具有作为知识的价值，它的作用完全是功利性的，充其量不过是保证我们在外部世界"获得成功"的"诀窍"而已。为着反驳这一论点，我们只需追溯物理学的古代概念：物理理论并非只有实际功效，而且更重要的是，他还具有作为物质世界知识的价值。这并不是说，这种价值来自那同时也用于这同一对象的别的方法，似乎别的方法能弥补物理学方法之不足，甚或给其理论以一种超越自身本质的价值。除物理学方法能用于物理学研究外，不存在别的什么方法。同样，物理学方法本身就穷尽无遗地证明物理理论的正确性，并且单凭它就能说明这些理论作为知识的价值是什么。

这些问题和解决办法都已陈述过了。所以，如果要没有使争论陷入混乱的不确定性的话，让我们慎重记住，这个解决办法并不影响整个物理学。实验事实本身是无可争辩的，除了一味回避全部讨论的怀疑论者外，没有谁会对实验事实的证明价值有异议，或是会否认它将为我们提供有关外部世界的知识。可见，讼争的惟一焦点就是物理理论的价值问题。

现在，我们已明了激励这位作者去撰写他的著作的动机，同时也明了他所希望达到的目的。那么，在出发点与目的地之间，他将选择一条什么道路呢？

似乎存在一条最直接最保险的途径,那就是逐个权衡和考察实用主义的论点,揭露它们在用于证明该论文时的无效和谬误。

令人遗憾的是,作者本人并未意识到这种方法是有违初衷的。我们倒愿意看到他面对面地与这一学说迎头相撞,而用不着拐弯抹角。我们特别希望他列举出这一学说斗士的尊姓大名。在他著作中每次总要提到的那些数学家和物理学家当不会因此而被得罪。哲学家或纯科学家也许不会同意埃德华·勒鲁瓦的所有观点——在这里仅仅提到他——但他却在两边都大受欢迎,因为两派都把他当作己方的一员。

不管情况如何,我们还是得不失时机地对雷伊先生本不愿采取的这条直接路线大加赞颂,同时也不妨与他一道,沿着他已选定的路走一遭。首先,我们看看他所指明的这一道路(第ii—iii页):

"在当代物理学家中,这种方法只能是一种探究。这项工作却单独地得到了下述事实的支持:部分物理学家——当然是重要的一部分——在研究科学中的重大问题时,对于它的方法和它的过程,提出概括性、综合性和批评性的近乎实证意义的观点时,都是关心物理学的哲学的。"

"这样,对我来说,要达到自己的目的,只有寻找目前物理学家们所坚持的有关物理学的本质与结构的看法,通过追随那些对这些问题特别感兴趣并在我看来具有最透彻最清晰理解力的人,来试图表现它的系统发展。"

向若干个数学家、工程师和物理学家提问,他们认为物理理论的价值何在;汇集那些时常处于散乱状态却又为人所默认的观点,并形成集中的看法;尽管所有这些观点经常有着深刻的分歧,却带有某种共同趋向而集中于相同的命题；最后，断言这个命题就是对物理理论信念的确认，即认为其价值就在于知识，而不仅仅在于其实际功用：这些就是雷伊先生出自责任感而进行的研究，这项研究显得如此才华横溢，以致人们忘却了它所备受的艰辛。

然而，作者的这一研究能对此有所贡献吗？它适合对上面提到的问题能给出一种令人折服的答案吗？首先应当看到，它是相当片面的，而且它也只能是这样。诚然，与那些未听到其意见的多数人相比，能以这种磋商形式被约请发表意见的科学家和学者在数量上是很少的。即使它更加完全和详尽些，这种物理学家"公民投票"式的办法也离证明甚远，因为逻辑上的问题并非投票的多寡所能解决。确实，谈到科学的目的和价值，即便那些为之献身的人，那些在物理学上功绩卓著或因其辉煌发现而声名显赫的人，难道不会受到欺骗，甚至是最严重的欺骗吗？难道能因为克利斯多夫·哥伦布误认为到达了印度，就否认他发现了美洲吗？实用主义喜欢谈论的论题之一，不就是认为科学家对于他们所发现的真理的本质，时常杜撰出种种幻想吗？在为莫里斯·布朗德尔公式题词时，他不是以奇特的方式如此有力地写下了"科学不知其所知，正如它知其所知"吗？

况且，雷伊先生十分清楚，要把握物理理论的真实价值，靠组织物理学家就此问题投票是不行的。把实验室的众多工作人员撇在一边，那么，他仅仅得到的是那些生活于远离喧嚣之地、从"遥远山丘"的高处俯瞰对真理发起攻击总态势的人的意见。因此，作者本人就使自己完全执着于那样一些人的意见，他们并不拘泥于关于物理理论价值的实验者的盲目自信，而是在给予信任之前，让这一价值经受严格的批判考察。这也就是为什么这些人的意见不能简单地看做是任何一位物理学家的呼声,为什么他要赋予这些意见以特殊的分量。然而这一分量如果不是来自逻辑分析,它把本能的趋向形成为理性的坚信,又能另外来自何处呢? 这就是说,光注意到一位物理逻辑学家的意见,注意到这种意见支持了作者的论点,是不够的。还有必要严格考察用于证明这一意见的一系列推论,因为证明这一意见的价值就是这个推理的价值。雷伊先生并非没有察觉到这样一种批判的必要性,但是,在他的著述中,后者总是与他的为人一样严肃而审慎吗? 那企求与作者意向一致的结论的冲动难道有时没有阻碍他看不到把这个结论与前提分隔开的缺口吗? 我们还不敢这样说。

II

在汇总物理学家或者说物理逻辑学家的看法之前,雷伊先生已将它们进行了分类。用于区分各种看法的标准是根据它对机械论的态度来决定的。

有关物质的机械理论,存在着三种可能的态度:敌对的、期望和批评的以及支持的态度。

在抱敌对态度的人物中,首推兰金,其次是马赫和奥斯特瓦尔德,最后还有我自己。

持期望和批评态度的是彭加勒。

至于持赞同态度者,要找到那样一些代表人物,是比较困难的。他们在采取这种态度之前,就已分析过取舍理由,从而,持此态度不是出于本能和自发,而是出于自觉和思考。在第233页上,他写道:"在阐释机械论时,几乎不可能袭用我们在物理学中所使用过的别的概念。事实上,这些概念已由个别行家以直截了当的方式阐释过。通过分析这些科学家的著作,可以完全描绘出曾激励过他们学派的总的风格。但是说到机械论,就是截然不同的另一回事了。首先,这是一种比较实在的学说,即使我们有意,也无法说出它全部的细微差别。但是,要弄清其阵容却并不困难。其次,就我们所知,还没有谁提出过要对物理学中的力学理论(即机械论——译者)作出过透彻的阐释与界说。由于传统的支持,一切都显得非常自然,谁也没有梦想过对它作出分析"。

但是,既然雷伊先生对物理学各流派进行了划分,就是从弄清这一界线来说,也有必要作一番分析。

准确地说,我们所说的机械论到底指的是什么?

我们将把它定义为这样一种学说,它能描述按照动力学原理运动的一切物理现象呢,或者,如果我们希望更加精确,说是按照拉格朗日方程运动的一切物理现象呢?然后,尽管可能还需要将它再分成两个部分,我们却也非常准确地知道,机械的物理学的含义到底是什么。一方面,我们说,彼此分离的物体通过引力或斥力可以相互施加影响,这就是牛顿、博斯科维奇、拉普拉斯和泊松的机械物理学。另一方面,我们认为,在两个彼此靠近的物体间所存在的一切力都不过是一种结合力,这就是赫兹的机械的物理学。

机械论一词的这种精确含义并不是我们在读雷伊先生的著作时非得弄明白不可的。我们看到,这位作者将自己排在像汤姆逊和让·佩林一类机械物理学家的行列里。现在,对这些人来说,反映物理学规律的运动系统,遵循的并不是动力学方程,而是电动力学方程。这些物理学家也就不是机械论者,至少在我们刚才所给出的狭义概念上是这样。倒不如说,他们是电动力学者。

如此看来,雷伊先生所采用的机械论一词似乎是广义的。虽然如此,我们还得对它进行严格限定。

如果我们要在数量浩繁、彼此全异、并由雷伊先生在机械论名下汇集在一起的理论中寻找某种共同的东西,我们就会发现:所有这些理论都借助于在维度上接近于我们能看到和触及到的木质或金属的固体团来寻求描述物理规律的;不管它们是由分子、原子还是离子、电子构成的,理论家所描述的这种运动系统虽然尺度极微,却被设想与天文系统一般的雄伟。因此,在下述方面,所有这些思辨都是类似的:他们希望把我们在自然界中所观察到的全部性质都归结为形状和运动的组合,而剥夺了想像力。雷伊先生在他著作第四卷所取的标题《机械论的继承人:图形假设》即清楚地表明了这一点。

这样一来,便有了雷伊先生于物理学各流派中所建立的鲜明特征分类。请允许我们说,鉴于作者着手研究的问题,这种分类在我们看来似乎并不是最适于采纳的。事实上,它倒可能在这个问题和另一个尽管接近、却有本质不同的问题之间造成难堪的混乱。这一最初想要得到回答的问题是,物理理论就是对自然界施加影响的工具吗? 或者说,在实际功效之外,我们还应赋予它作为知识的价值吗? 请不要与另外一个问题混淆起来:物理学总是机械论的吗? 或者,更精确点说,所有的物理假设都有必要归结为能描述和设想的近乎小球运动的论点吗? 换句话说,物理学有权讨论那种可以设想,但不能归结为可描述系统运动的性质吗?

毫无疑问,科学发展史和对物理学家思想的心理学研究,使人能够在各种流派都对这两个问题提出的解决办法之间建立起千丝万缕的联系。然而,这两个问题毕竟在本质上是彼此无关的,物理学家取其一,决不意味着逻辑地应该取其二。

谁还想要举例说明,并足够清楚地使所有人都看到这两个问题的独立性吗?

是否存在这样一门物理学,它比起那理论仅仅扮演模型的角色,而与实在无关的英国物理学更少对知识提出要求,同时却更清晰、更具有功利目的呢?不是物理学首先诱导彭加勒研读麦克斯韦的著作,并深受其中将理论仅仅看做是实验探索的便利手段的想法所鼓舞吗?这位巴黎大学杰出教授的遐迩闻名的绪言,不是在法国已导致对物理学的实用主义批判吗?对此,雷伊先生今天仍加以反对。然而,英国物理学却全是机械论的,它只使用可设想的假说。

另一方面,在各种物理学说中,那最强有力地拒斥将物体的所有性质都归结为几何形状和位置运动的结合的,只有亚里士多德的物理学。除此之外,它们当中还有哪家学说更坚毅地维护过现实科学的名声呢?

于是,我们似乎面临两个在逻辑上相互独立的问题:物理理论是否具有知识的价值?物理理论是否应该是机械论的?我们曾强调过这个独立性,因为它容易被雷伊先生的书的读者所忽视,尽管作者本人也许并未忽视这点,事实上,雷伊先生似乎也把机械论当做这样一种学说,它的必然结论乃是对于物理理论的客观合理性

的绝对信任。请看(第237页):

"证明物理学的客观性的问题,在这里也并非自我刁难。因为物理学的客观性是出发点,是必要前提。对此哪怕有丝毫怀疑,最少的不确定性,或是最小的偶然性,你都将把机械论抛在一边。"

他还说(第254—256页):"为着坚持物理学的客观性,我们必须解决的大问题,必须努力克服的障碍,但是并非没有留下有时会遗留下来的潜在于解决之中的心神不宁,那就是在使这一链条破裂以后,又将它的两端重新合拢"。

"机械论并未意识到这一先入之见。问题也并非由此而生,因为它简单地保持着文艺复兴的传统,以及伽利略、笛卡尔、培根和霍布斯的思想。"

"机械论把可理解性与经验,可想象性与可描述性、理性与感性的深刻统一作为其构架的坚实基础。"

那么,这种真实与可理解性、事物的充分性与才智的深刻一致难道就不是亚里士多德哲学的首要条件与本质准则吗?也就是说,它难道就不是物理学体系的最真实、最客观、同时又是最少机械论的最本质的方面吗?

所以,在我们看来,雷伊先生自认为在机械论和对理论客观价值的信仰之间建立的稳定联系不过是一种混乱,并且这种混乱又引起了别的混乱。

"机械论作为(第235—241页)不可动摇的基石,断定它的其他特征可以从它引出,在实验与理论之间有着直接的、无间隙的联系……。理论完全来自实验,并希望成为客体的描绘。而作为基础,原型的经验对象则为理论提供准则、方向、逐步发展的条件、结果和确证。所谓不受经验支持、不直接来自经验、不能用经验证明的理论物理是空洞无物的。至少,这是一种要求,任何理论,不管它如何玄妙、庞杂,都必须以实验为基础,并且在本质上是可检验的假说……。"

"这种机械论否定一切概括,认为概括仅仅是一种主观的东西,它只有在实验直接而必要的影响下,才可设想。而我们也只有在实验不允许有别的选择,同时自然界又提供了条件时,才能概括。一个好的概括不应该是依靠想象的危险虚构,而应该是自然的延伸,是实验发生变化时的自我表现……。"

"从牛顿到拜特罗,这些观点并未变化"。关于这个问题,雷伊先生想起了牛顿的著名论断,"我不构造假说"。

实际上,他在这里所描述的方法,正是牛顿在用来结束他的《原理》一书时"总注释"中已谈到过的归纳法。但是,这种方法就如我们这位作者所说,是"机械论不可动摇的基础"吗?在牛顿阐述这一方法时,它是作为有关机械物理学论文的序言出现的吗?恰恰相反,牛顿叙述归纳物理学的规则不过是为了构筑一道不可逾越的屏障,以回击那些指责他把万有引力说成是一种"神秘性质",而不用形状和运动的结合进行解释的人。他所拒绝的是有关重量原因的机械论假说,诸如笛卡尔和惠更斯的假说。只要细读"总注释",对此就当没有疑义。当然,如果你根据惠更斯的信件,注意到牛顿为物理学所开创的这种方法在当时的机械论者中,如在惠更斯、莱布尼茨、法西奥·德·迪利埃等人中引起了多么强烈的愤慨,也许还会有些疑虑。但只要你再注意到"总注释"后来的发展,注意到科茨把它插入《原理》第二版作为序言,疑团就会烟消云散。

数年前,一位数学家急于求成,试图尽量明了地重新阐述牛顿归纳法的规则。罗宾不是就宣称过,他在按这种方法构造一门机械物理学吗?其实根本不是那么一回事,这是热力学中的一门课程,其中任何机械论假说均将遭到严厉拒斥。

那么,让我们把它看做是真的真理,即在牛顿的归纳法与物理学中的机械论观念之间并不存在必然的联系。实际上,我们已经看到,机械论者相对于坚持这种主张而言,更多地是反对这种方法。纯归纳法是要遭批评的(我们在别处已批评过),我们可以证明,它在本质上是行不通的。但是,这种批评无论如何应与对机械论的批评区分开来。因为一种批评的结果几乎与另一种无关:拒斥牛顿方法并不意味着整个机械论的崩溃,接受前者也不能保证后者胜利。

一种混乱容易引起另一种混乱。我们刚刚消除了一种混乱,第二种混乱又接踵而来,轮到我们再去消除。

"在机械论中(第251页),实验物理学与理论物理学间的联系是完全可以想象到的,甚至不再有区分它们的余地。实验与理论相互包含,最终是同一的。"

"我们知道(第257页),机械论用作理论物理基础的想象成分完整地包含于什么之中,它的特别名称就是出自下述事实:这些成分都是机械学或机械学所必需的科学如数学和几何学已研究过的。均匀的空间和时间、位移、力、速度、加速度、质量——这些就是参加表演的角色,这样就把物理世界安排得成为可以理解的。我们刚才已看到,为什么三个世纪以来,物理学总是以这同样的东西,并且仅仅是这些东西而告终……。除了实验给我们以知识外,别无其他。这是因为,实验使得我们至今仍须求助于这些成分,因为一切描述和感觉都可自行分解为这些成分,并由这些成分再行综合,因为分析和综合可以用它们、也只有用它们来进行客观描述,我们才有理由把它们看做是物理理论的基本成分。"

可以肯定,机械论的理论得以构成的概念,即形状和运动,是由实验直接提供的。但同样可以肯定的是,实验也为我们直接提供了其他概念,如光明和黑暗、红与蓝、冷与热。最后,还可以肯定的是,实验本身又表明在这两类概念间毫无关联,它提供给我们的后一类概念与前一类概念是截然不同、本质迥异的。

机械学理论的出发点是下述信念:只有前一类概念才与简单、不可分解的客体对应。而和第二类概念对应的则是复杂的实在,它可以而且应该被分解为形状与运动的组合。

这样一种信念已明显超越于实验之上,无论支持或是反对,实验本身对此都无能为力。

为着在这种论点和实验间建立联系,便需要某种中介。这一中介就是假说,用它来替代有关光明、红、蓝、热等概念,这些概念多少是几何学与机械学所提供概念的复杂集合。但是,在直接观察材料与机械理论的陈述之间却并无直接联系,这两者的相互过渡便只有靠任意的操作来解决。它插入了原子和分子团,设想了振动、轨道和碰撞,以便我们的眼睛在观察客体时多少能看到光和色,我们的手在接触物体时多少能感到凉和热。

与那种光就是光、热就是热的力能学这类理论相比,这种理论自诩为实验的直接而必然的延伸,更难令人认可。前者倒是坚持要把这些特性与形状、运动区别开来,因为观测赋予我们的,并不是形状与运动,亦未将任何未经经验证实的东西强加于这些特性。它虽然也有分类,但只限于根据不同的强度和温度来分类。

这道巨大鸿沟将那些直接可观测的特性与据称要将它们归并于其中的几何学与机械学的量值分隔开来。它表明机械论理论具有这样一个本质性的鲜明特征,使得所有机械论的对手们都能看到其防御上的薄弱点和不足处,从而便于他们选择攻击部位。他们对这个想加以摧毁的学说的指责就是,认为它完全靠任意地将各种最复杂的力量结合起来,将隐秘的质量和运动累积起来,去填充那洞开的巨壑。牛顿拒绝领衔的,正是这一任务,因而才有他的著名格言:"我不构造假说"。

现在,似乎该轮到清除最后一个混乱了。雷伊先生说(第379页):

"抽象力很适于整理已获得的东西,即很好建立起来的知识。它们给科学以逻辑严密、推理精确的外观。至于第二种能力,即想像力,则正好相反,它适于作出发现。正是这种能力,使我们获得了已知事物的大部分知识,科学史很容易确证这点。于是我们立即明白,力能学理论不过是心灵的第一种类型工作的产物,它尤其适合于对常识性科学的分类和利用。机械学理论才是心灵的具体产物,它尤其适合于探索和发现。"

这样一来,力能学的方法在本质上便是说明性的,机械学的方法才是最适于作出发现的。

这种对立在那些曾怀疑过物理理论的思想家中是颇有诱惑力的。雷伊先生深信,历史将轻而易举地证明这点。确实,要弄清这种对立是否为真，只有借助历史。可是我们在经过小心谨慎和不偏不倚的探讨以后，不得不承认，历史将证明这种对立完全是子虚乌有。

这并不是说，我们要坚持认为机械理论就从未导致过什么发现，而是说通过具体例证，便可很容易地驳倒这种论点。谁能作此奇谈怪论，宣称机械论过去从未并且将来也不会导致任何发现呢？

我们只是说，机械论在过去尚未获得什么可归功于它的卓越成果。一种错误的说法是，大量的发现是由那些坚持机械论理论原理的物理学家作出的。据认为是这些原理启发了他们，结果导致了伟大发现。然而，经过对这些物理学家工作的细致研究，表明这一结论并不可靠。从总体上看，机械论的方法并不是那种已揭示出真理，并以此来丰富科学的方法，而是一种人们进行比较与概括的借鉴，是思考问题的凭藉，其中机械论的学说不起任何作用。形状与运动的结合非但不能促成发现，反而给带有机械论哲学的人为使体系适合所发现的真理增添了极大困难。笛卡尔与惠更斯的工作尽管为时已久，也足以为我们提供例证，至于较近的，则可以举出麦克斯韦或凯尔文勋爵的工作。

因此，谁如果想说明，机械学方法比力能学方法具有优势，谁就该要么放弃实验资料的完整统一，要么放弃对发现才能的要求。能合理说明这一情况的，只有两个优势：

首先，这种优势无可辩驳。机械论曾用以构筑其理论的假定为基本的不可分解的概念，为数极少，甚至比在力能学理论中出现的概念还要少。笛卡尔的机械论只使用了形状和运动，原子论则认可形状、运动和质量，牛顿的动力论还增添了力。

其次,机械论为从实验直接获得的特性而设想的小物体的集合,不同于那些纯数字符号,力能学使用这些符号,在于区分相同性质的不同程度,以便能描述和刻画前者的结构。这一优势对所有的心灵来说,并不是等量齐观的,抽象的心灵对此漠然置之,但为数更多的想象的心灵却把它看做第一要旨。

凭借这么几个很容易为各种观点所接受的概念,用帕斯卡尔的话来说,这些观点充分而有力,机械论便要求同力能学一样,也能描述物理学规律。这一要求有保证吗?尚有待物理学家去争论。然而,在有关物理理论必然与之一致的作为知识的价值问题上,不管什么意见,都与那个争论无关。

III

现在,我们不妨暂停对机械论的考察,来讨论雷伊先生论文中的一个核心问题:

首先,让我们以最可靠的方式,不要曲解了作者的原意,来直截了当地叙述这一问题。

谁也不会怀疑,经验为我们提供了真理,它会自然积累有关世界的一系列判断,这些判断便构成为经验知识。

理论采纳实验所发现的真理,经过组织,将它们形成为新的学说,这就是理性的或理论的物理学。

理论物理学与经验知识之间的本质差别到底是什么?

理论仅仅是一种人为结构,它使经验知识易于理解,使我们在作用于外部世界时能更准确、更便利地采用它,而对于这个世界,除实验提供的知识外,理论就无可奉告了吗?

或者,是否相反,理论尚能提供某些实验没有提供、也无法提供的关于实在的东西,而这些东西正是超经验知识之上的呢?

如果我们必须给最后一个问题以肯定回答,我们只好说,物理理论是实在的,它具有作为知识的价值。但如果我们被迫肯定头一个问题,我们便只好说,物理理论并不实在,仅仅方便而已。它只具有实践价值,而没有知识价值。

为着摆脱这种两难困境,正如我们所看到的,雷伊先生在那些细心考察过物理理论的科学家中进行了调查。我们不妨进一步跟踪他的调查。

收集到的第一种看法是兰金的如下概述(第65页):"实验为科学提供坚实可靠的基础,为着建构一门作为知识的科学,它采用数学,是为了让我们能严格地推导出一切实验结论,以便以精确方式作出预言,并保证我们能利用一切在新发现中所获得的知识"。这些话似乎清楚地表明,靠数学来完成的理论工作只有在作为一种更便利的手段时,才是重要的,而且在经验为我们所提供的知识基础之上,不再增添任何知识。

但是(第66页),我们却发现兰金"对科学具有真正的热情,他用自己的工作推动了科学的进步,并对所获结果深信不疑,因为这些结果使他满怀希望。在这位英国物理学家的工作中,没有任何怀疑论甚或不可知论的蛛丝马迹。物理学的客观正确性是无可指责的"。这种态度与前面兰金仅仅给理论数学以功利目的的批判性评述结果相比,形成了多么奇特的对照!

现在,我们再看看马赫是怎么说的。马赫的明确观点完全可以用一个原理来概括,这就是思维经济法则。这位奥地利科学家以下述文字阐明了这一法则:"一切科学的目的都是旨在以尽可能简要的理性方式取代经验"。因此,物理学才首先将大量真实的或者可能的事实简化为一条单个的定律,进而又将众多的定律形成为极端压缩的综合而成为他所谓的理论。"这是一个将已知事实分门别类排列的问题(第103页),这些事实只有通过思想进行再组合,才能形成超越于其上的一个体系,从而只要花费最少的智力就能使一切事实得以被覆盖,并得到重新确立"。这就再清楚不过地说明了,理论的系统化工作在任何程度上都不要求增加那实验提供给我们的真理的数目。它的目的仅在于使经验知识更易于为我们理解和掌握。

然而,如果说马赫曾如此执着而自信地追求的逻辑批判主义已引导他将理论归结为仅仅是一种经济手段,甚至是技巧性的记忆工具的话,那么,他对理论的这种低级功能似乎是不满意的。雷伊先生以这样的言词阐释了他的思想(第105页):"物理知识的整体综合是科学在其形态发展过程中的目的所在,而且,这不单单从经济协调的角度来看是重要的。因为综合并不是科学工作的美学的加冕"。在这里,马赫似乎非常言不尽意:"关于这个世界的恰当概念不可能被给予给我们,我们必须去寻求。只有让这个领域对于理智和实验都是自由的,而无论在什么地方,它们都应当单独决定问题,我们才可望为了人类之善,去接近那仅与健全地构成的心灵序列相容的有关世界统一性概念的理想"。

在汇集了兰金和马赫的观点之后,我们的看法也很荣幸地受到雷伊先生的青睐。对此,我们将不再赘述。因为我们认为,在以上篇章中,它已得到充分展示。尽管如此,我们还是应感谢作者在整理这散见于各领域的思想时,所花费的良苦用心。假如我们力求完美表达我们有关物理理论目的与结构的那本书他已读过,而不光是埋头查阅我们尝试运用这一学说的各类文章的话,他本可用不着那么煞费苦心。

在逐一考察了机械论的对手之后,雷伊先生转而求教于那些对这种学说敬而远之的人,他请的是彭加勒出来说话。

对于彭加勒在不同场合表达的有关物理理论重要性的某些看法,雷伊先生非常巧妙地,试图把它们连贯起来。然而,这种拼凑恐怕只是一厢情愿而已。在我们看来,只要深入了解,就可发现,这位杰出数学家的观点实际上是两个分立的体系,它们为一条巨壑所隔阻,并且表面看来甚至显得相互矛盾。但是,我们相信,这种态度并不是不可思议的,通过某种我们就要用到的更高级的逻辑,它完全可以得到证明。

特别是自麦克斯韦以来,英国物理学家的研究已促使彭加勒仔细考察物理学理论所依据的原理,考察的结果是他以他那惯有的明晰性得出结论:"经验是真理的惟一来源;只有它能告知我们新的东西,能为我们提供可靠性"。物理理论所依据的假说"非真非假",它们不过是些"便利的约定"而已。谁要是相信假说在纯经验知识之上还能增添什么知识,那简直是愚不可及。

他所作的严酷无情的逻辑考察,靠了下面这样异常武断的结论,使彭加勒进退维谷:理论物理学仅仅是些惯例的荟集。针对这种观点,他掀起了一场革命,声嘶力竭地宣称,物理理论为我们提供的不仅仅是事实知识,它还能引导我们发现事物之间的真实关系。

在我们看来,这些都是以一种概览手法编造的、有关彭加勒对物理理论价值判断的谎言。

现在,让我们看看这位机械论的继承人打算考察的判断到底是什么?

事实上,现代机械论的精神实质是与笛卡尔、惠更斯、博斯科维奇、拉普拉斯等人所认可的教条式机械论的精神实质大相径庭的。在此情况下,雷伊先生是如何定义前者的呢?

"机械论(第225页)从不寻求给对象以一成不变的描述。恰恰相反,它把自己看做本质上是一种研究、发现和进步的方法。机械论所要求的只是采用想象性描述的权利。当然,随着大自然以更完美的方式展现在我们面前,这种描述也是可更信的……。今日的机械物理学并不要求机械论方案实际上统一起来,它要求的是在对物理化学现象进行解释和分类时,采用机械论方案的权利。"

因此,机械论者真正懂得自己思想的过程,他不再把形状和运动的结合当成是隐藏于可直接感知特性背后的实在提供给我们,而是按照英国派的做法,仅仅把它看做是更易于理解已获得的经验信息,有助于发现新事实的模型,把它看做是容易损坏的临时性建筑,正像与那他致力完成的纪念碑无本质联系的脚手架一般。

然而(第268页):"产生于机械论分析的结论是这种体系的客观主义。如果你愿意,机械论也可理解为是对物理理论(经过检验的)实在的一种信念。它以这种定义给予'信息'、'实在'概念与别的定义同样的含义:相信外部世界的真实性"。

"在不恰当的荒谬猜测中,机械论声称正致力于复制所有物理经验,结果是,我们应通过构成作用于我们感官的复杂细节基础的基本现象,得到关于物质世界的完备描述。"

雷伊先生的询问到此为止。对我们来说,也可以进一步询问雷伊先生本人,而他刚结束的工作肯定也使他有权聆听这种争论。那么,通过在别人著作中不厌其烦的探索以及他本人的思考,他得到的结论是什么呢?

他声称(第 iv—v 页):"所有物理学家都承认,必然的、普遍真理的储备是不断增长的,这一真理的储备就是一系列纯实验结果"。他承认,"理论不过是进行工作和分类的手段。这并没有贬低它们的作用,因为它们倒由此成了自然科学中一切发现和进步的源泉"。

"物理理论",他再次说到(第 354 页),"并无独立于实验的客观可靠性⋯⋯。对物理学家来说,这是必要的工具。因为要是没有理论,物理学家就无法从事物理学"。

理论(第 355 页)"至少在今天,除了作为功利性的而非客观的技能价值外,别无它求。物理理论,或者不如说理论物理学,那一系列相同形式的物理理论,仅仅是一种工具"。

"假如说,物理理论在本质上是方法(第 357—358 页),我们便很容易想到,它可能有许多种⋯⋯但是,除假说外,在物理学家中并不存在也不能存在什么多样性和歧异性⋯⋯,倒是假说除了作为研究手段外,别无它用。物理理论只有在它以方法论的面目出现在别的学科面前,或是在不管以什么乔装的名义选择假说而发生思想上的任意行为时,它才是多样的、有歧异的。"

在物理学中,除实验事实外,没有任何别的真理,理论不过是分类的工具,是研究的手段。因此物理学也就同时可以采用独特的、互不相容的理论,而理论物理学也就只具有技巧性的和功利性的价值。这就是雷伊先生在研究物理学中使用的程序和对物理学家各种观点逐一考察后所得到的逻辑结论。实用主义还能希求什么比这更有利的结论呢?作者在这里明确表达的,难道不就是那种把物理理论理解为指导我们成功地作用于自然界的妙方的意思吗?

但是,我们如果仅限于收集这类结论,在作者的真实意图上,我们将产生多么严重的误解!他本该归入行为哲学的狂热支持者行列,而他所写的书却是答复实用主义的。他要求为之辩护的观点有如下述(第359页):"物理化学具有知识的客观价值。在谈到知识价值或是理论价值时,我指的是那与自然知识的不断扩展和深化有关的价值,而不是那与自然力的实际功效有关的价值"。

由此看来,我们根据雷伊先生著作的原文所汇集的判断仅仅只表达了他的部分思想。它们所表达的结论是他在刚进行调查和批判性研究后被迫作出的,并且只是他的学说的表面部分,初看非常清楚明白,但实际似乎与他思想的本质无关。几乎可以说,它们只是些外界强加的、游移不定的东西。在这种思想背后,才是那同时地与这个理解的非常本质的部分突出的一个不同的部分。这一暗藏的思想有力地支撑着覆盖物的重压,并反驳了逻辑批判主义试图强加于它的论断。这些论断的有条不紊的准确调门并未能逃脱自然界无情否定的命运。

从其著作的最初一些页码(第 vi—v 页)开始,雷伊先生就声称:"所有物理学家都承认,必然的、普遍的真理是不断增长的,这种真理的积累是靠一系列实验结果来达到的"。然而,逻辑学家却非常清楚,任何实验结果都是特定的、有条件的。然而大自然却对逻辑学提出了抗议,并大声地告知逻辑学家:物理学家通过观察所揭示的特定而有条件的真理就是已被他证明的必然的、普遍真理的具体形式,尽管他的方法使他无法面对面地沉思这样的真理。

逻辑批判主义在物理学中除了找到工具外,一无所获。现在,只要便当,一个工人也可采用这工具,得心应手地掌握它,并在要采用别的工具时,有拒斥它的自由。便利成了他的惟一向导。只要他工作干得好,又何必在乎程序对他完成任务是否合适?于是,物理理论竟到了这步田地:只要物理学家看着合适,就可随心所欲地建构和改变它们。他可以相继隶属于各种流派,今天是原子论者,明天是动力学者,后天则是力能学者。只要他有新的事实,谁也无权指责他的不一致性和他的翻案行径。

且看大自然是如何再次反驳这些批判性教条的(第354页):"物理理论可不是每个科学家看着是否合适就可决定取舍的个人意见……。当他面临今天的好几种理论形态时,它们并不彼此对立,正如个别人的梦与别的人的梦不对立一样。但是在一个学派的观念和另一个学派的观念之间是对立的,也就是说,尤如被宣称为是稳定的事物,并在同一道路上来回往复的心灵一样"。

一种仅仅是技术的程序凭什么要把自己强加于整个学派呢?首先,它凭什么要求受到普遍采纳,使得世界上的每个工人都只好以相同的方式完成相同的任务?然而,物理理论却毫不犹豫地坚持了这种普遍联系的要求,而所谓理论仅仅是工具或手段的说法事实上是荒谬的(第375页):"物理学的面目不会长年如旧,恰恰相反,人们完全有理由认为,它不过是昙花一现的匆匆过客……我们今天在物理理论中所看到的分歧甚至对立将伴随着物理学的进步而逐渐减弱。事实上它们在过去就伴随着物理学的进步已经减弱了。分歧并不是物理学本质所固有的。而只是产生于物理学发展的最初阶段上"。

"因此,如果我们浏览一下物理学家对物理学的看法,不管他是谁,至少在总的路线上,我们都看不出他对科学的深刻统一、对理论的最终一致有丝毫怀疑。每个人都理所当然地认为,分歧只是暂时的。"

让我们承认它,让我们假定,所有这些分歧均已消除,我们已按照物理学家的愿望,终于构造了那独一无二的理论,它为大家所接受。然而,即使这理论将受到普遍赞同,它的实质却没法改变。现在,逻辑批判主义告诉我们,物理理论在本质上仅仅是一种分类工具,除实验所提供的真理外,它不包含任何别的真理。假如所有物理学家都接受同一种理论,其中没有任何实验定律遭到删除,那么,理论物理学会是什么呢?它将仍然是,并且将永远是仅仅排列有序的经验知识罢了。这一秩序将扩及一切经验知识,而作为这一秩序出发点的分类方式亦将为科学家所一致采纳。然而,那较之粗糙的,散乱的经验知识更便于掌握,更有实效的理论物理学作为知识的价值却是有与前者完全等同的价值。

批判主义如此说,但是大自然立即发出声响以揭穿它的悖谬(第v页):

"理论构成假说的领域,即是说……它不断地逼近真理,这就预先假定了一个愈来愈向它靠近的真理。……颇值一提的是，在自然科学中也有一种同类的理想观点，它同时既期待一种物理科学的实证的未来逻辑，又期待一种有关物质及其知识的人的哲学。"

因此，物理学所采用的方法上的逻辑批判主义和物理学家所陈述的逻辑批判主义使雷伊先生作出下述断言：物理理论仅仅是一种适合于增添经验知识的工具，除实验结果外，其中空无一物。但是，大自然却反驳了这种论调，它表明，存在着一个普遍的、必然的真理，只要通过坚定的过程不断向它接近，又能作出描述的稳定进步，物理理论便能为我们提供关于这一真理的日趋全面的洞察力，乃至最后构成一门名符其实的宇宙哲学。

IV

通过拜读雷伊先生的著作，我们可以看出，这位作者是在交替采取两种不同的、甚至是对立的立场。一种是经过思考的、批判性的立场，另一种则是自发的、本能的立场。批判性的思考促使他宣称，理论物理学所知仅仅是实验上所揭示的真理，因而它必定是有条件的、狭隘的。这种理论只是分类和发现的工具，它不追加任何知识于纯实验事实之上。另一方面，本能的直觉又迫使他宣称，存在着一个绝对的、普遍的真理，也就是超经验的真理。物理理论日趋广博和统一，这种进步便是在直接逼近把握这一真理，日益精确，也日益完备。

我们是否该说，雷伊先生这两种南辕北辙的推理过程是矛盾的呢？我们是否应从逻辑学上给他以谴责呢？当然不是。正如我们并未谴责在机械论继承人的思想中所表露出来的两种对立倾向一样，正如我们并未谴责彭加勒的思想不连贯，先是否决，尔后却又承认物理理论具有客观正确性一样，我们对雷伊先生也不打算作任何谴责。事实上，在马赫、奥斯特瓦尔德、兰金和所有那些对物理理论的本质进行过细心考察的人当中，我们都能看到这样两种立场，一种立场似乎是对另一种立场的抗衡。如果我们据此断言，在这里只有混乱和荒谬，那就未免太幼稚了。恰恰相反，这种对立实际上是涉及到物理理论本质的一个基本事实，是一个我们必须如实承认并尽可能作出解释的事实。

对这位热衷于构造科学的物理学家来说，当他接受对其工作的程序进行严格考察时，他便发现，在实验观察之外，没有任何真理可供引入建构他的科学大厦。我们能够说断定经验事实的命题，而且仅仅是这些命题，它们都是真的或者假的。关于这些命题，也仅仅是这些命题，我们可以断言，它们不可能包容任何违背逻辑的东西，也不可能包含两种相互矛盾的观点，其中至少一种观点必须排除。至于那被理论引入的观点，它们既不是真的也不是假的，它们只是方便的或者不方便的。如果这位物理学家认为，使用相互矛盾的假说有利于构造物理学的两个不同篇章，那么，悉听尊便好了。矛盾法则也许可用于评判真伪，然而对决定有用或无用，它是无能为力的。因此，要求物理理论在发展过程中保持严格的逻辑统一，这对物理学家来说，未免是过分了。

当物理学家细心考察过其学科之后转向反省自己时，当他开始琢磨他的推理过程时，他立即认识到，所有他那最有力最远大的抱负都已被分析的令人沮丧的结果所挫败。不,他不能眼睁睁地看到在物理理论中只有一套实践程序,只有一个已塞满工具的工具架。他无法相信,不改变事实的本质,或是不反映那光凭实验什么印记也留不下来的特征,就能对经验科学积累的知识进行分类。假如在物理理论中,只剩下他自己的批判性观点促使他作出的发现,那他是不会在这样一件单调枯燥的工作上再花费时间和精力的。有关物理学方法的研究并不能向物理学家揭示那促使他建构物理理论的理由。

不管哪个物理学家,不管他如何带有实证论倾向,都不能不承认这一点。但是,假如他承认这点,并且深信他致力于物理理论更统一更完备的工作是合理的,尽管对物理学方法的逻辑的细致考察并不能提供这种理由,那么,他的实证论就必须是非常严谨的,甚至比雷伊先生所要求的更严谨。对于他来说,在下述命题的正确性方面,不提出这个理由将是非常困难的。

物理理论给予我们有关外部世界的确定知识,这种知识不能单纯归结为经验的;这种知识既不是源于实验,又不是来自理论所采用的数学程序,因而光凭理论的逻辑分析并不能发现这种知识得以进入物理学结构的缝隙;只有通过物理学家不能否认其真实性,而不仅是描述其过程的途径,这种知识才能由某个真理导出,但这个真理又不是我们的工具很容易拥有的真理;理论用以整理观测结果的秩序,并不寻求其实践的或者是美学特征上的适合与完全的判定,此外,我们也推测,它或者是倾向于一种自然分类;通过类比(这个类比的本质是物理学无法限定的,但它的存在却是物理学家无可否认的),我们可以推测,它与某种最高的卓越的秩序相符。

一言以蔽之,物理学家被迫认识到:如果物理理论不是对于形而上学的逐步更好地规定、更精确的反思,它就没有理由为它的进步而孜孜以求。正是在等级上凌驾于物理学之上的这种信念成了物理理论的惟一依据。

关于这种信念,物理学家必须选择的或是敌视或是赞同态度可以用帕斯卡尔的话概括为:"我们无力用任何教条主义证明它不可战胜,但是我们有一个用怀疑主义证明的不可战胜的真理的观念"。

索 引

（索引中所标页码见本书边码）

Abstract, schema of experiment 抽象实验的纲要, 133f., 146f.; symbols and facts 抽象符号和事实, 151f., 165f.; theories and mechanical models 抽象理论和机械模型, 55—105, 305; type of mind 抽象思维的方式, 56f. 87f.

Abstraction 抽象, vi, 7f., 22, 25f., 55f., 58f., 62., 69f., 73, 75, 88, 97f., 266

Abstractive method 抽象方法, xv, 52f., 55f. [并见兰金]

Academy of Sciences, French 法兰西科学院, viii, xii, 29

Acceleration 加速度, vii, 209

Acoustics 声学, v, 7f., 35

Action at a distance 超距作用, 12f., 16f., 47, 74, 235f.

Adrastus (C. 300B. C.) 安德拉斯特斯, 223

Albertus Magnus (1193—1280) 大阿尔伯特 233, 234, 241

Albert of Saxony (1316?—1390) 萨克森的阿尔伯特 vii, 228, 232, 234, 264

Albumasar (9th cent) 阿布马萨, 233f.

Alchemists 炼金术士, 127f.

Alexander of Aphrodisias (2d cent) 阿芙罗狄西亚的亚里山大, 264, 307.

Algebra 代数学, 76f., 96f., 108f., 112f., 121f., 143, 208

Almagia, Roberto 罗伯托·阿尔马基亚, 233 注

American Journal of Mathematics《美国数学杂志》, 85 注

Ampére, André Marie (1775—1836) 安德烈·马里·安培, 50f., 78, 81, 125f., 148, 154, 172, 196f., 202, 219, 253, 256

Ample type of mind 充足的思维方式, 55f.

Analogies, in physics 物理学中的类比, 95, 229f.; of physical theory to cosmology 物理学理论与宇宙论的类比, 299—311

Analytic geometry 解析几何, vii, 13 [并见力学]

Annules de philosophie Chrétienne《基督教哲学年鉴》xvii, 39 注. 273 注

Approximation, degree of 近似程度, 162f., 107; in physics 物理学中的近似, xvi, 36, 134ff., 168f., 172f., 332f. mathematics of 近似数学, 141—143 [并见确证,证明]

Aquinas, Saint Thomas (1225?—1274?) 圣托马斯·阿奎那, v, vii, 41, 223, 233, 310

Arago, Dominique Francois (1786—1853) 多米尼克·弗朗索瓦·阿拉果, 29, 173, 186f., 253

Archimedes (287—212B. C.) 阿基米德, 40, 63, 112, 248

Aristarchus of Samos, 萨摩斯的亚里斯塔克

(罗伯瓦的笔名)15注
Aristotelianism 亚里士多德主义,vii,11f. 14,17,40,43,111,123f.,127f.,239, 241,252,305—311
Aristotle(384—322B.C.)亚里士多德,vii, 11,41f.,66,89,108,111,121注,123, 222ff.,228,231,233f.,239,245ff.,249注,263f.,307,310
Astrology 占星术,234ff.
Astronomy 天文学,v,vii,39注,40注;and physics among Greeks 希腊人的天文学和物理学,40f.;in Aquinas works 阿奎那著作中的天文学,41f.;methods of 天文学的方法,40f.,169f.,190f.
Atomism 原子论,vii,ix,x,xii,xv,21f.,18, 34f.,51,73f.,123f.[并见微粒的]
Attraction and repulsion 吸引和排斥,11f. 15f.,36,47ff.,126,192f.,220—252
Autonomy of physics 物理学的自律,xvi, 10f.,19f.,282ff.
Averroes (Ibn Roshd)(1126—1198)阿维罗伊(伊本·鲁斯德),233f.,307
Avicenna(980—1037?)阿维森那,233f.
Axiomatic method 公理方法,vi,xi,43,63, 206,208,259f.,264f.

Bacon, Francis (lord Verulam)(1561—1626)弗兰西斯·培根(维路南勋爵), xi,65f.,182,230,238,320
Bacon, Roger(1214?—1294)罗吉尔·培根,233f.,244
Balzac, Honoré de(1799—1850)霍诺里·德·巴尔扎克,62
Bartholinus (Barthelsen), Erasmus(死于1680)伊拉斯谟,巴塞林诺,34f.
Becquerel, Antoine Henri(1852—1908)安东尼·亨利·柏克勒尔,253

Beeckman, I.(1588—1637)I.贝克曼,33, 264
Bellantius, Lucius(C.1500)卢修斯·贝兰蒂斯,234f.
Bellarmino, Cardinal Robert(1542—1621)罗伯特·贝拉米诺红衣主教,43
Benedetti, G. B.(1530—1590)G. B.本尼蒂提,224,264
Bentham, Jeremy(1748—1832)杰勒米·边沁,67
Bernard, Claude(1813—1878)克劳德·伯尔纳,180,180注,218
Bernouilli family 伯努利家族,72,264注
Berthelot, Pierre(1827—1907)皮埃尔·拜特罗,321
Bertin, Pierre-Augustin(1818—1884)皮埃尔-奥古斯汀·伯廷(迪昂的老师),276
Bertrand, Joseph(1822—1890)约瑟夫·柏特兰,53注
Biology, classificatory theories in 生物学中的分类理论,25f.;method of 生物学的方法,57,180f.
Biot, Jean Baptiste(1174—1862)让·巴普蒂斯特·毕奥,29,160,187,189,253
Blondel, Maurice(1861—1949)莫里斯·布朗德尔,316
Bojanus, Organ of 博雅鲁器官,101
Boltzmann, Ludwig(1844—1906)路德维希·玻尔兹曼,vi
Bordeaux, Duhem at(1893—1916)迪昂在波尔多,v,155
Borelli, Giovanni Alfonso(1609—1679)乔万尼·阿方索·博雷里,248—251
Boscovich, Ruggiero Giuseppe, S. J.(1711—1787)拉吉罗·吉乌斯伯·博斯科维奇(耶稣会士),11f.,14,36,49,306,318, 328
Bourienne, Louis de(1769—1834)路易斯·

德·珀瑞安,58
Boussinesq,Joseph(1842—1929)约瑟夫·布森格,88f.
Bouvier, system of malacology of 布维埃的软体动物学系统,101
Boyle, Robert(1626—1691)罗伯特·波义耳,166,173f. [并见马里奥特]
Brahé, Tycho(1546—1601)第谷,布拉赫,42 注,193,195,252
Bravais, crystallo graphy of 布拉维斯的结晶学,35
Broglie, Prince Louis de(1892—), double aspect theory of light 普林斯·路易斯·德布罗意的光的二重性理论,xii;foreword on "Duhem's Life and Work" 德布罗意关于"迪昂的生平和著作"的前言,v-xiii
Bullialdus(Boulliau),Ismaël(1605—1696)伊斯梅尔·布里阿德斯,246
Buridan, Jean(1297?—1358?)让·布里丹,vii

Cabeus, Nicolaus (Cabeo, Niccolo), S. J. (1585—1650)尼古拉斯·凯比乌斯(耶稣会士),11
Caesar, Julius(100—44B. C.)朱利叶斯·恺撒,62 注
Calcagnini, Caelio(1479—1541)卡里奥·卡尔科格尼尼,239
Cardano, Geronimo(1501—1576)杰罗尼姆·卡达诺,235,236 注,242,247,264
Carnot, Sadi(1837—1894)萨迪·卡诺,255,287,305
Cartesianism 笛卡尔主义,13ff.,34,44,51,66f.,74,77,113f.,130,306f.,325
Cartesians 笛卡尔主义者,48,123f.,240,252,276,284
Catholicism, Duhem's 迪昂的天主教,xii,xvi,273,311
Cauchy, Augustin Louis(1789—1854)奥古斯汀·路易斯·柯西,13,77f.,256
Causality 因果性,14f.,45,47ff.
Cavendish, Henry(1731—1810)亨利·卡文迪什,254
Celestial mechanics 天体的机械力学,vi,40f.,49f.,141f.,190f.,220-252,258
Certainty 确定性,42f.,45,104,144, inverse to precision 与精确性相反的确定性,163f.,211,267
Charles I(1600—1649)查理一世,68
Checkers and Chess, Skill in 国际象棋杀将的技巧,76f.
Chemistry 化学,vi,28,74,127f.,208,214
Chevrillon, André 安德烈·切伍内伦,67注,69 注
Cicero(106—43 B. C.)西塞罗,233
Classification, laws as natural 作为自然分类的定律,x;physical theory as, of laws 作为定律分类的物理学理论,定律的分类,7f.,19f.,23f.,27f.,31f.,38
Clausius, Rudolf(1822—1888)鲁道夫·克劳修斯,v,vi,287,305
Cohn 科恩,91
Colding, August(1815—1888)奥古斯特·科尔丁,255
Collège de France 法兰西学院,xii
Columbus, Christopher(1451—1506)克里斯多夫·哥伦布,316
Common sense, and scientific knowledge 普通常识和科学知识,xvi,104,164f.,168f.,204,209,259f.,267,283
Confirmation, of theories 理论的确证,xvi;holistic 整体的确证 183f. [并见证实]
Conservation, of energy 能量守恒,285
Contarini, Gasparo(1483—1542)加斯帕德·康塔里尼,240

索 引

Continental, physicists 大陆的物理学家, 73f.; type of mathematics 数学的大陆方式, 80f., 87f., 89

Continuity, of history of physical theory 物理学理论历史的连续性, 32f., 36, 39f., 177; of traditions 传统的连续性, 68f.; [见进化]

Conventionalism 约定论, ix[见彭加勒]

Copernicus, Nicholas(1473—1543)尼古拉·哥白尼, vii. 41f; 226—231, 239f., 252f., 308

Corneille, Pierre(1606—1684)皮埃尔·科内勒, 64f.

Corpuscular hypothesis 微粒,假设, xii, 36f., 72, 122f., 186f., 220f., 247f. [见波]

Cosmography 宇宙结构学, 42 注

Cosmology 宇宙论, viii, 11f., 14f., 34, 36, 40f., 73f., 299—311

Cotes, Roger(1682—1716)罗吉尔·科茨, 49, 321

Coulomb, Charles A. de(1736—1806)查尔斯 A. 德·库仑, 12, 119, 125f., 254

Coutuart, Louis(1868—1914)路易斯·库图阿特, 313

Cromwell, Oliver(1599—1658)奥利弗·克伦威尔, 68

Crucial experiment 判决性实验, xi, xii, 188f.

Crystallography 结晶学, 214f.

D'Alembert, Jean(1717—1783)让·达兰贝尔, 305

Darwin, Charles(1809—1882)查尔斯·达尔文, 67

Davy, Sir Humphry(1778—1829)汉弗莱·戴维爵士, 128, 253, 282

Deduction, in physics 物理学中的演绎, vi, xi, xv, 19f., 38, 53, 55f., 91, 261; mathematical 数学的演绎, 58f., 63f., 79f., 90, 132—143, 208, 267

Definitions, physical theories as 作为定义的物理学理论, 209f.

Delfino(Delphini), Federica(C. 1550)弗德里克·德尔弗诺, 242

Descartes, René(1596—1650)勒奈·笛卡尔, vi, 13, 15—18, 22, 33f., 40—49, 51, 65f., 72f., 81, 87f., 113f., 123, 131, 237f., 243 注, 247, 251, 264, 301f., 320f., 325, 328

Deville, H. Sainte-Claire(1818—1881) H. 圣克莱尔·德维尔, 125

Dickens, Charles(1812—1870)查尔斯·狄更斯, 64

Diderot, Denis(1713—1784)丹尼·狄德罗, 112

Dielectric 不导电的, 78, 85f., 129

Dirac, Paul A. M. (1902—)保罗 A. M. 狄拉克 xi

Displacement current, Maxwell's 麦克斯韦的位移电流, 78f.

Duhem, Pierre Maurice Marie(1861—1916)皮埃尔·莫里斯·马里·迪昂, bibliographic references 迪昂的传记参考材料, v, vi, vii, viii, xvii, 24 注, 39 注, 40 注, 55 注, 85 注, 86 注, 98, 103 注, 214 注, 216 注, 273 注, 280 注, 312 注; historian of science 科学的历史学家, vii, viii, xv; life and work 迪昂的生平和著作, v-xiii, xv; philosophor of science 科学哲学家, viii, 42 注, 216 注, 273f.; positivism and pragmatism 实证主义和实用主义, ix; preface by 迪昂的序言, xvii psychologist 心理学家 55ff., 60 注

Dulong, Pierre Louis(1785—1838)皮埃尔·

路易斯·杜隆,173

Duret, Claude (d. 1611) 克劳德·杜里特, 235, 240f.

Dynamics 动力学, vii Cartesian 笛卡尔的动力学,17,72; Kelvin's molecular 凯尔文的分子动力学,71ff.

Ecole Normale Supèrieure 高等师范学校, v. 313

Economy of thought, laws and theory as 作为思维经济的定律和理论, ix, 21f., 39f., 48, 55, 327 [见马赫]

Einstein, Albert (1879—) 阿伯特·爱因斯坦 xii, xv.

Elasticity, mechanics of 弹性力学, v, vi; models of 弹性模型, 75f.

Electricity, as fluid 作为流体的电, 12, 119; charges of static 静态的电荷, 69f., 118f., 203; modern theories of 现代电学理论, 70f., 97; Newton on 牛顿论电, 47f.; quantities of 电的量值, 120; [见安培、库仑、法拉第、麦克斯韦]

Electrodynamics 电动力学, 78f., 90f., 95f., 126, 195f., 252f.

Electromagetism 电磁学, vi, xv, 71; Kelvin's model of 凯尔文电磁学模型, 27f., Maxwell's theory of light as 麦克斯韦关于光的电磁理论, 79, 120f.

Electron 电子, vii, x, 304

Eliot, George (1819—1880) 乔治·埃里奥特, 64

Empedocles (500—430? B. C.) 恩培多克勒, 228, 248

Energetics 动能学, vi, ix, x, 287ff.

Energy, kinetic 动能, vii; Conservation of 能量守恒, 285

English school of physics 物理学英国学派, xi, 55ff., 63ff.

Entropy 熵, 287ff.

Epicurean philosophy of atoms 伊壁鸠鲁的原子哲学, 18, 88

Epigraphy 碑文, 160

Eratosthenes (276? —195? B. C.) 埃拉托斯特尼, 232

Esprit de finesse, narrow but strong 狭窄但是强大的思维, 57ff.; [见欧洲大陆的]

Ether 以太, 9, 26, 47, 82f.

Euclid (C. 300B. C.) 欧儿里得, 63, 80, 188, 245, 265

Euler, Leonhard (1707—1783) 莱昂哈特·欧拉 261f., 264, 305

Evolution, in biology 生物学中的进化, 25; of physical theories 物理学理论的进化, 31f., 38f., 103f., 206, 220—252, 253f., 295; of social life 社会生活的进化, 68

Experiment, and physical theory 实验和物理学理论, vi, x, xi, xii, xv, 3, 7f., 34, 114, 164, 180—218; anticipated by theory 由理论预期的实验, 27f., 38, 183; Bacon on 培根论实验, 66f.; fictitious 假想的实验 201f.; law and 实律和实验, 168f. [见判决性]

Explanation 解释, ix; hypothetical 假设解释, 19f., 40f., 52f.; physical theory not metaphysical 非形而上学的物理学理论解释, 5—18, 26f., 31f., 38, 41, 66, 71f., 75f., 103

Facts, and experiment 事实和实验, 163f.; practical and theoretical 实际事实和理论事实, 134ff., 149f.; scientific 科学的事实, 149f.; without preconceived ideas 没有先入之见的事实, 181f.

Farady, Michael (1791—1867) 迈克尔·法

索 引

拉第,70,126,253

Fatio de Duiller Nicolas(1664—1753)尼古拉斯·法西奥·德·迪利埃,83,321

Fermat, Pierre de (1601—1665) 皮埃尔·德·费尔玛,232,253

Field physics 场物理学,ix

Force 力,69,80,126,194,264

Foscarini(C.1615)福斯卡内尼,43

Foucault, Léon (1819—1868) 利昂·傅科,xi,xii,187,189,258

Fourier, Jean Baptiste, Baron de (1768—1830)让·巴普蒂斯特·傅立叶男爵,51,78,96

Fracastoro, Geronimo (1483—1553) 杰罗尼姆·弗拉卡斯特罗,228f.

Franklin, Benjamin (1706—1790) 本杰明·富兰克林,12,29,119

Franhofer, Joseph von (1787—1826) 约瑟夫·冯·夫琅和费,24

Free will, and determinism 自由意志和决定论,283—287

French mind 法国人的思维,64ff.

Fresnel, Augustin Jean (1788—1827) 奥古斯汀·让·菲涅尔,xii,24,37f.,51,161,189,253,256

Galen (130—200?) 盖伦,234

Galilei, Galileo(1564—1642) 伽利略·伽里莱,vii,33,39注,42f.,45,121f.,224,227,239,243注,264,305,320

Galucci, Giovanni Paolo (1550?—?) 乔万尼·保罗·伽卢西,242

Gamaches, Etienne Simon de (1672—1756) 埃第乃·西蒙·德·甘米奇,49注

Gassendi (Gassend), Pierre (1592—1655) 皮埃尔·伽桑狄,13,87f.,121f.,239f.,264

Gauss, Karl F. (1777—1855) 卡尔·F.高斯,69,78

Gay-Lussac, Joseph Louis(1778—1850) 约瑟夫·路易斯·盖—吕萨克,29

Geminus 盖米鲁斯,40

Generalization 普遍化[概括],34,47,55f.,58

Geometric mind, ample but weak 充足的但是软弱的几何思维,57ff.,217;[见英国的,帕斯卡尔]

Geometry 几何,13f.,35,37,40,64,76f.,80,177,265f.

German mathematicians and physicists 德国数学家和物理学家,69f.

Gibbs, Josiah Willard (1839—1903) 约书亚·威拉德·吉布斯,v,vi,95,168,207,305

Gilbert, William (1544—1603) 威廉·吉尔伯特,235

God 上帝,17,45,229f.,241;[见宗教]

Grassmann, Hermann G. (1809—1877) 赫尔曼·G.格拉斯曼,77

Gravitation, universal 万有引力,12,15,49f.,83,192f.,220—252;[见吸引]

Greeks 希腊人,40

Green 绿色,256

Greisinger 格雷辛格,52

Grimaldi 格里马蒂,24,212

Grisar, Hartmann (1845—1932) 哈特曼·格里萨,43

Grisogon (Chrisogogonus), Frederick, of Zara (Dalmatia, c.1528) 塞拉[达尔马提亚]的弗雷德里克·格里索根,241f.

Grosseteste, Robert (1175?—1253) 罗伯特·格罗斯特斯特,233

Hadamard, Jacques (1865—   ) 雅克·哈

达马德,xv,139,141f.,216注

Halley,Edmund(1656—1742)埃德蒙·哈雷,250f.,255

Hamilton,Sir William Rowan(1805—1865)威廉·罗恩·哈密尔顿爵士,38,77

Haüy, Abbé René Just(1743—1822)阿贝·勒内·贾斯特·豪伊,35

Heaviside,Oliver(1850—1925)奥利弗·赫维塞德,91

Helmholtz, Hermann L. F. von (1821—1894)赫尔曼 L. F. 冯. 赫姆霍茨,v,vii,13,99f.,305

Hertz, Heinrich(1857—1894)亨里希·赫兹,79f.,90f.,100,318

Hipparchus, of Rhodes(160?—125? B.C.)罗德斯的希帕克,232

History of science 科学的历史,v,vii,viii,xi,xii,xv,xvi,10f.,14f.,29f.,32f.,39f.,95,173,218,220—252,295f.;method of 科学史的方法,268—270,295f.

Hobbes,Thomas(1588—1679)托马斯·霍布斯,320

Holistic view of physical theory 物理学理论的整体观,xi,xii,32,183ff.

Hooke,Robert(1635—1703)罗伯特·胡克,249f.,255

Hume,David(1711—1776)大卫·休谟,67

Huygens,Christian(1629—1695)克里斯蒂安·惠更斯,15f.,34ff.,46f.,72,96,171,180,250f.,276,305,320f.,325,328

Hydrodynamics 流体动力学,v,vi,13

Hypotheses, astronomical 天文学的假设,42f.,169f.,190;choice of 假设的选择,219—270;economy of 假设的经济性,55f.;logical conditions for 假设所需要的逻辑条件,219f.;never isolated 永不孤立的假设,183f.;not deducible from common sense 不是从常识演绎而来的假设,259f.;not sudden creations 非突然创造的假设,220—252;principles of deduction from 来自假设的演绎原则,20f.,41f.,53,78

Iceland spar 方解石[冰洲石],34f.;[见光的偏振]

Idealism,rejected by Duhem 被迪昂拒绝的唯心论,ix

Imagination,pictorial scientific 形象化的科学想象,x,xi,55f.,67f.,79f.,85f.,93,164

Impetus, medieval theory of, Duhem's work on 迪昂关于"原动力的中世纪理论"的著作,vii

Induction, electromagnetic 电磁归纳,71;logic of 归纳逻辑,34,47,66f.,94,201,321

Industrial methods of thinking 思考的工艺方法,66,92f.

Inertia 惯性,vii;[见伽利略,牛顿]

Instruments, dependent on theory 依赖于理论的仪器,153—158,161f.,182f.; laboratory 实验室仪器,3,33;theories as research 研究仪器的理论,319f.,331

International Congress of Philosophy 国际哲学大会(巴黎,1900年),216

Intuition in physical theory 物理学理论中的直觉,vi,27,37f.,80,104,294

Jacobi,Moritz(1801—1874)莫里兹·雅可比,63

John of Philopon(5th cent)菲洛蓬的约翰,264

Joubert 朱巴特,201注

索 引

Joule, James(1818—1889)詹姆斯·焦尔, 255

Kelvin, Lord(William Thomson, q. v.)凯尔文勋爵(参见威廉·汤姆逊)
Kepler, Johannes(1571—1630)约翰内斯·开普勒, 36, 42, 50, 191—196, 227, 230f., 236f., 245—252, 259, 308
Kircher, Athanasius, S. J.(1601—1680)阿塔纳修斯·柯切尔(耶稣会士), 246
Kirchhoff, Gustav(1824—1887)古斯塔夫·基尔霍夫, 53f., 148

Lagrange, Joseph-Louis(1736—1813)约瑟夫-路易斯·拉格朗日, v, 112, 305, 318
Laplace, Pierre Simon, Marquis de(1749—1827)皮埃尔·西蒙·拉普拉斯侯爵, 29, 36f., 49f., 78, 81, 119, 142, 154, 158, 171, 173, 174, 187, 189, 253f., 305, 308, 318, 328
La Rive 拉·里夫, 253
Lavoisier, Antoine Laurent(1743—1794)安东尼·劳伦特·拉瓦锡, 128, 131, 282
Laws, as natural classifications and representations 作为自然分类和表示的定律, 26f., 74; economy of thought in 在定律中的思维经济 22f.; in English and French nations 在英国和法国民族中的定律, 67f.; symbolic relations 符号关系的定律, 165f., 175f.
Leibniz, Gottfreid Wilhelm, Freiherr von(1646—1716)戈特弗里德·威廉·冯·莱布尼茨男爵
Leonardo da Vinci(1452—1519), 列奥纳多·达·芬奇, v, vii, 226, 252, 264
Le Roy, Edouard Louis E. J.(1870—   )

爱德华·路易斯·E. J. 勒鲁瓦, 144 注, 149, 150 注, 208f., 267, 294, 315f.
Lesage, Georges Louis(1724—1803)乔治·路易斯·勒萨热, 83
Liénard 林纳德, 85 注
Light, double aspect of 光的二象性, xii; Descartes' theory of 笛卡尔的光学理论, 33f.; Fresnel's experiment on diffraction of 菲涅尔的光的衍射实验, 29, 37f.; Newton's laws of 牛顿的光学定律, 22f., 35f., 129, 160; polarization of 光的偏振, 35f., 160, 184f.; quantum of 光量子, xii; speed of propagation in water of 光在水中的传播速度, xi, xii; wave vs. corpuscular theory of 光的波动理论与微粒理论, 9f., 37, 71f., 82f.
Lille, Duhem at 迪昂在利勒, v, 277
Living force 生活动力, 18, 126
Lloyd 劳埃德, 38
Locke, John(1632—1704)约翰·洛克, 67
Lodge, Sir Oliver(1851—1940)奥利弗·洛奇爵士, 69 注, 70
Logic, and physics 逻辑学和物理学, xv, xvi, xvii, 3, 28, 38, 78, 80, 99, 101, 104, 161, 189f., 205ff., 218, 293f.; hypotheses and 假设和逻辑, 219f.; inductive 归纳逻辑, 66f., 204; of astronomy 天文学的逻辑, 38f., 42f.. [见演绎, 数学和方法]
Lorentz 洛伦兹, v, vii, 98
Loti, Pierre(1850—1923)皮埃尔·洛蒂, 64
Louis XIV(1638—1715)路易十四, 68
Lucretius(96?—55B. C.)卢克莱修, 13
Lycée Henri IV 莱西·亨利四世, 156

MacCullagh, James(1809—1847)詹姆斯·麦古拉, 84, 88, 256
Mach, Ernst(1838—1916)恩斯特·马赫,

ix,xv,21f.,39f.,53f.,264注,268,317,327,333

Magnetism 磁学,11f.; and electricity 电学和磁学,102f.; history of 磁学的历史,225ff;[见引力、电磁学、潮汐]

Malebranche, Nicolas de(1638—1715)尼古拉斯·德·马勒伯朗士,viii,13,73,96

Mansion, P. P. 曼雄,40注

Marchand, J. B. J. B. 马钱德,260

Mariote, Edme(1620—1684)埃德默·马略特,166,173f.;[见波义耳]

Marsilius van Inghen(d. 1396)马希留斯·范·英根,224

Massieu 梅修,v

Mathematics, and metaphysics 数学和形而上学,10,46;and physical theory 数学和物理学理论,13,19f.,62f.,69f.,72,76f.,107ff.,121,132—148,164,205f.,215,285;in thermodynamics 热力学中的数学,vi;[见代数学、欧儿里得,几何学]

Matter, and form 质料和形式,11,14;and geometry 物质和几何学,13,44,73f.,113ff.;and light 物质和光,33f.,73;and qualities 物质和质,14f.,130;continuous 连续的物质,74;ideal 理想的物质,73

Maxwell, James Clerk(1831—1879)詹姆斯·克莱克·麦克斯韦,vi,vii,13,70f.,78ff.,83—86,89f.,95f.,96,98,100,102,129f.,190,319,325,328

Mayer, Tohann Jobias(1723—1762)约翰·托比亚斯·迈耶尔,12,254

Mayer, Julius Robert von(1814—1878)朱利叶斯·罗伯特·冯·迈耶尔,52,255

Measurement in physics 物理学中的测量,xvi,20f.,63,108ff.,134ff.,207

Mersenne, Marin(1588—1648)马林·默山尼,viii,15,46,227,232,237,243注

Mechanics, analytical 分析力学,v-vii,xv,215;chemical 化学力学,v,vii;history of 力学的历史,viii,34,103;philosophy of 机械论的哲学,16,34f.,49,53f.;statistical 统计力学,vi;thermodynamics and classical 热力学和经典力学,v. vi;[见动力学和静力学]

Mechunism, as metaphysical explanation 作为形而上学解释的机械论,xvi,16,34;model of 机械论模型,69ff.,72f.,319ff.

Metaphysics, and physics 形而上学和物理学,viii,xv,xvi,5—18,19f.,38,41f.,43f.,50f.,63,74f.,287—290,291—293,335

Method, abstractive vs hypothetical 抽象方法与假设方法,52ff.;astronomical 天文学方法,41f.;Bacon on 培根论方法,66f.;Decartes on 笛卡尔论方法,43ff.,65f.,68;English 英国方法86ff.;mathematical 数学方法,62f.,69,80f.,205f.,265;Newtonian 牛顿的方法,190f.,195f.,203;of history 历史的方法,58f.,62,68f;of Scholasticism 经院哲学的方法,120f.;operational 操作方法,v,vi,xv,xvi,3,19f.,104,207

Microphysics 微观物理学,xi[见原子论和电子]

Middle age 中世纪,vii,viii;[见经院哲学]

Milhaud, Gaston(1858—1918)加斯顿·朱尔豪德,144,165,208

Mill, James(1773—1836)詹姆斯·穆勒,67

Mirandola, Pico della(1463—1494)皮科·德·米兰德拉,234

Models, algebraic 代数模型,102;atomic 原子模型,vi;mechanical 机械力学模型,55—80,81f.,93f.,102f.;pictorial 形象化模型,vii,xv,55f.,69f.

Molanus 莫拉纽斯,247注

Molière, Jean – Baptiste Poquelin (1622—1673) 让-巴普蒂斯·玻奎林·莫利埃, 123

Mollien 莫林,59

Moral condition for scientific progress 科学进步的道德条件,218

Morin, Jean Baptiste (1583—1656) 让·巴普蒂斯·莫林,240,242

Morin, Paul 保罗·莫林,77

Moutier, Jules, 朱尔斯·穆蒂埃,迪昂的老师,275f.

Napoleon Bonaparte (1769—1821) 拿破仑·波拿巴,xi,57f.,60,62

National traits of English and French 英格兰和法兰西的民族性,63ff.

Natural, classification and physical theory 自然分类和物理学理论,19—30,293—298,335; explanation and 解释和自然的,37f.; light of reason 理智的自然光,225; philosophy 自然哲学,43f.;47,66; place of elements 元素的自然位置,309ff.; science 自然科学,25f.

Navier 纳维埃,75

Necessity, and truth 必然性和真理,267

Neumann, Franz Ernst (1798—1895) 弗朗兹·恩斯特·诺伊曼,78,148,184ff.,256

Newton, Sir Issac (1642—1727) 伊萨克·牛顿爵士,9,11f.,23f.,36f.,47—50,53,87,89,127,160,177,186f.,189—201,203,219,221f.,246,250ff.,264,276f.,288,305—308,318,320f.,325

Newtonians 牛顿学说的信奉者,11,12,14f.,36,284

Nicholas of Cusa (1401—1464) 库萨的尼古拉,264

Nifo, Agostino (1473—1546) 阿戈斯蒂诺·尼弗,224

Noël, Père (C. 1600) 皮尔·诺埃尔,笛卡尔在拉弗莱西的老师,123

Observation, and unobservable reality 观察和不可观察的实在,xv,7f.,14f.,18; experiment and 实验和观察,144f.,158f.,173 without preconceived ideas 不带先入之见的观察,66,180ff.

Occult causes 隐藏的原因,14—16,48,73; qualities 隐藏的质,121f.

Oepinus, Ulrich – Theodore (1724—1802) 乌尔里克-西奥多·奥匹纽斯,12,119

Oersted, Jean Christian (1777—1851) 让·克里斯提安·奥斯特,177,252—254

Ohm, George Simon (1787—1854) 乔治·西蒙·欧姆,96,148

Ontological order, and explanation 本体论的秩序和解释,x.7f.,26f.,299ff.,305—311,335

Operations, algebraic 代数操作,76f.; and physical theory 操作和物理学理论,3f.,19f.,47,207,213

Optics 光学,8f.,22f.; Newton's 牛顿的光学,48;[参见光]

Order, logical and ontological 逻辑的和本体论的秩序,x,26; of laws in theories 理论中定律的秩序,244f.

Oresme, Nicolas (C. 1320—1382) 尼古拉斯·奥雷斯姆,v,vii

Osiander, Andreas (1498—1552) 安德烈斯·奥辛安德,42

Ostwald, Wilhelm (1853—1932) 威廉·奥斯特瓦尔德,317,333

Papin, Denis (1647—1714) 丹尼斯·帕潘,

Paris, University of, in middle age 中世纪的巴黎大学, vii; Academy of Science 巴黎科学院, viii

Pascal, Blaise(1623—1662)布莱斯·帕斯卡尔, 23, 27, 46, 57, 60, 61 注, 62, 76, 87, 104 注, 123, 179 注, 232, 260, 270, 325, 335

Perrier, Remy 雷米·泊瑞埃, 101

Perrin, Jean B. (1870—1942)让·B. 佩林, 318

Petrus Peregrinus of Maricourt(n. 1269)马里考特的彼得·佩里格林, 225 注

Phonton 光子, xii

Physical theory, aim of 物理学理论的目的, 5—104; completely developed 完全发展了的物理学理论, 206f.; defined 规定的物理学理论, 19f.; experiment and 实验和物理学理论, 180—218; laws grouped by 由物理学理论组织起来的定律, 101, 104, 165ff.; mathematics and 数学和物理学理论, 107ff, 205f.; metaphysical explanation irrelevant to 与物理学理论不相干的形而上学解释, 7—18, 19; natural classification and 自然分类和物理学理论, 19—30, 104, 293—298; as an organic whole 作为一个有机整体的物理学理论, 187, 204; [参见整体的]

Picard, Emile 埃米尔·皮卡, 94, 252

Pictorial, imagination in physical theory 物理学理论中形象化想象, x, xi

Pierre d'Ailly(1350—1420)皮埃尔·戴利, 224

Pistophilius, Bonaventura(C. 1525)博纳文图拉·皮斯托弗留斯, 230

Plato(427—347B. C.)柏拉图, 39 注, 299 注

Pliny the Elder(23—79)老普林尼, 223, 233

Plutarch(46? —120)普鲁塔克, 240

Poincaré, Jules Henri(1854—1912)朱利斯·昂利·彭加勒, ix, xv, 27, 85f., 91, 101, 142, 149f., 186, 200, 203, 212f., 216 注, 294, 317, 319, 328, 333 注

Poisson, Siméon Denis(1781—1840)西蒙·丹尼斯·泊松, 12, 29, 69, 75, 81, 119, 125f., 254, 313

Polarization of light 光的偏振, 35; [参见光,电学和磁学]

Posidonius(130? —50? B. C.)波西东尼斯, 40, 232

Positivism, in Duhem 迪昂的实证论, ix, xv, xvi, 7f., 19f., 275—282, 296f.; of Ampère 安培的实证论, 50f.; of kirchhoff 基尔霍夫的实证论, 53f.; of Mach 马赫的实证论, 53f.; of Le Roy 勒鲁瓦的实证论, 209ff.

Pothier, Robert Joseph(1699—1772)罗伯特·约瑟夫·帕提埃, 67 注

Pragmatism, of Duhem 迪昂的实用主义, ix, xvi, 24f., 330f.

Precision 精确性, 152ff.; Ampére's lack of experimental 安培缺少实验的精确性, 198f.; inverse to certainty 与确定性相反的精确性, 163f., 209; lacking in common sense knowledge 普通常识知识缺少的精确性, 210

Prediction, test of theories 理论的预测检验, xv, 28f., 38

Probability, 概率, 37 [参见近似、必然性和证明]

Psychology, associationist 联想主义者心理学, 67; of physical reasoning 物理学推理的心理学, xi, 55f.; of two types of mind 两种思想方式的心理学 57ff., 66f.; of national traits 民族性的心理学, 76f.

索 引

Ptolemy (2d cent.)托勒密,233,235,240
Pyrrhonian skepticism 皮浪的怀疑主义,27

Qualities, and quantity 质和量,107ff.,113; occult 隐藏的质,14f.,121; of matter 物质的质,46f.,113f.; primary 基本的质（第一性的质）,121,131; sensible 可感的质,7f.
Quantity, and measurement 量和测量,108—110, and physics 量和物理学,112ff.; and quality 量和质,107ff.,110—112
Quantum physics 量子物理学,ix
Quaternions 四元法,77

Rabelais, Francois(1490—1553)弗朗索瓦·拉伯雷,62
Raimondo, Annible(C.1589)安尼伯尔·雷蒙多,242
Rankine, Macquorn W. J.(1820—1872)麦考恩·W. J. 兰金,52,53,55,317,326,327,333
Raoult, F. M.(1830—1901)F. M. 拉乌特,95
Raymond, Hannibal 汉尼巴·雷蒙德,241
Regnault, Henri – Victorie(1810—1878)亨利-维克多利亚·雷诺特,146,147,156,157,158,164,173,174
Relativity, Einstein's theory of 爱因斯坦的相对论,xii,xv;in classical and medieval astronomy 古典的和中世纪的天文学中的相对性,40f.; of "elements" of physical and chemical analysis 物理学和化学分析的"元素"的相对性,128ff.
Religion, Duhem's 迪昂的宗教,ix,xvi,273—311;and astronomy 宗教和天文学,42f.;physical science not opposed to 不与宗教相对抗的物理科学,282—287
Renaissance science 文艺复兴时期的科学,vii,viii,121
Representation, function of laws 定律的函数表示,26f.;vs explanation 与解释相对而言 32f.,43f.,47,70,164
Revue de Métaphysique et de Morale《形而上学与道德评论》,216
Revue de Philosophie《哲学评论》,xvii
Revue des questions scientifiques《科学问题评论》,24,55 注
Revue générale des Sciences pure et appliquées《纯粹科学与应用科学一般评论》,xvii,312 注
Rey, Abel(1873—1940)阿贝尔·雷伊,xvi,xvii,273ff.,295,312 注,313—334
Rey, Jean(d. 1645)让·雷伊,237
Rheticus, Joachim(1514—1576)约希姆·莱蒂克斯,41,239
Roberval, P. de(1602—1675)P. 德罗伯瓦尔,15,232,242,243—251;[参见萨摩斯的阿里斯塔克]
Römer, Olaus(1602—1675)奥劳司·雷默,34
Robin, Gaustave,高斯塔夫·罗宾,201,202,208,321
Rosen, Edward(1908—   )爱德华·罗森,42 注

Saint-Simon, Louis de(1675—1755)路易斯·德·圣-西蒙,61
Savart, Felix(1791—1841)费里克斯·萨伐尔,253
Scaliger, Julius Caesar(1484—1558)朱丽叶斯·凯撒·斯凯里治,223,234,244,264
Schiaparelli, Giovanni(1835—1910)乔万

尼·夏帕雷里,40
Scholasticism 经院哲学,vii,14f.,40ff.,73,121f.,240—252,305,310;[参见信奉亚里士多德学说的人]
Ségur,Mousieur de(1780—1873)德·塞居尔先生 59
Selencus,Nicator(365? —281? B.C.)尼卡托·塞伦克斯,232
Semantics,and syntax of physics 语义学和物理学的句法,xv,xvi,20f.,77,128f.,149f.,164f.,200f.
Sensation 感觉,48
Sévigné,Mme. de(1626—1696)德塞维耐夫人,205 注
Shakespeare,William(1564—1616)威廉·莎士比亚,64,65
Simple,bodies 简单的物体,127f.;elements 简单元素,65,104,127f.;properties or qualities 简单的性质或者简单的质,20,66
Simplicius(6th cent.)辛普里丘,40,223,224,264,307
Skepticism,and dogmatism 怀疑论和教条主义,325
Smith,Sydney(1771—1845)悉德尼·史密斯,67 注
Snell,Willebrord(1581—1626)威里布洛德·斯涅尔,34
Sorbonne 索尔邦,vii,224,234
Spencer,Herbert(1820—1903)赫伯特·斯宾塞,67
Staël,Mme. de(1766—1817),德斯台尔夫人,58
Statistical mechanics 统计力学,vi,x
Statistics 统计学,70
Stendhal(1783—1842)斯坦德尔,58
Strobo(63B.C.—A.PD.21)斯特拉波,233

Symbolic relations,and physical laws 符号关系和物理学定律,165ff.,175f.,195,293,301
Sympathy,mutual,cause of gravity 由万有引力引起的相互同情,239f.
System of the world,Duhem's work on 迪昂关于世界体系的著作,viii,39 注,42 注;Copernican 哥白尼的世界体系,42f.,190ff.,239f.,253;Kepler's 刻卜勒的世界体系 190f.,251;Newtonian 牛顿的世界体系,47f.,190f.,220—252

Taine,Hippolyte(1828—1893)希普里特·泰恩,58f.,62,68
Tait,Peter(1831—1901)彼得·泰特,72 注,74,83
Talleyrand-Perigord,De(1754—1838)德·塔利兰德-佩里高德,61
Tannery,Jules 朱利斯·坦勒里,34 注,276
Tartaglia,Niccolo(1500?—1557)尼科罗·塔泰格里亚,264
Teaching of physical science 讲授物理科学,xvi,3,92f.,200—205,257f.,268—270
Themistius(A.D. 4th cent.)特米斯提乌斯,264,307
Theology,and metaphysics 神学和形而上学,xvi;and physics 神学和物理学,17,41,282—290
Theon of Smyrna 士麦那的特翁 223
Theory,and experiment 理论和实验,vi;aim and scope of physical 物理学理论的目的和范围,x,xvi,3ff.;structure of physical 物理学理论的结构,3ff.,20f.;verification of 理论的确证,xi,xii,xvi,21f.,209
Thermodynamics 热力学,v,vi,x,xv,51f.,72,97,287ff.

T(h)imon,the Jew(C.1516)犹太人蒂孟（约1516年）,224,234,241
Thomson,Sir Joseph John(1856—1940)约瑟夫·约翰·汤姆逊爵士,84注,98,99,316
Thomson,Sir William(Lord Kelvin)(1824—1907)威廉·汤姆逊爵士（凯尔文勋爵）,v,x,xi,13,71,74,75,80注,81,84,89,91,97,98,99,103,325
Tides,Galileo's theory of 伽利略的潮汐理论,239f.;magnetic theory of 潮汐的磁学理论,232f.;medical effects of 潮汐的医学效应,234f.;Newton's theory of 牛顿的潮汐理论,251f.
Truth,criterion for physical theory 物理学理论的真理标准,21,75,104,144,149,329f.,335;of physical laws 物理学定律的真理,168f.,189,267,330

Unity of science 科学的统一,103,294f.,331
Universals 普遍的[共相],165,329
Ursus,Nicolas Raimarus(C.1600)尼科拉·雷马鲁斯·乌苏斯,42注
Utilitarianism 功利主义,67,319,327

Van der Waals,Johannes D.(1837—1923)约翰内斯D.范德瓦尔斯,95
Van't Hoff,J.H.(1852—1911)J.H.范特霍夫,95
Vrignon,Pierre(1654—1722)皮埃尔·弗里侬,262

Vector analysis 矢量分析,77
Verification of theory as a whole 作为一个整体的理论的证实,xi,xii,20f.,183ff.,209,216注
Vortex theory 涡旋理论,x,13,83;[参见笛卡尔,汤姆逊（威廉·汤姆逊爵士)

Waves 波,vi,vii,xii,vs corpuscles in optics 光学中与波相对的粒子37f.,189,218,256;[参见声学、光]
Weber,Wilhem Eduard(1804—1891)威廉·爱德华·韦伯,148,198,199
Weight,theory of 重量的理论,vii,12,46f.,209f.,220-252;[参见吸引,万有引力和磁学]
Wiener,Otto Heinrich(1862—1927)奥托·海因里希·维纳,184,185,186,258
Wiener,Philip Paul(1905—   ),菲利浦·保罗·维纳,译者序言,xv,xvi
Wilbois,E.,E.威尔博易 144注
William of Auvergne 艾弗尔涅的威廉,233
Wren,Sir Christopher(1632—1723)克里斯托夫·雷恩爵士,250,251,255

Young,Thomas,(1773—1829)托马斯·杨,24,37,96,160,189

Zeeman,Pieter(1865—   )比特·塞曼,98
Zenker,Wilhem(1829—1899)威廉·曾克,185

译 后 记

皮埃尔·迪昂的《物理理论的目的和结构》历来是研究科学哲学必读之书，在全世界流传很广，影响很大。商务印书馆早就将此书列入了"汉译世界学术名著"计划，并于1964年春与我约定翻译此书，随即开始了工作。由我从英文本每译出一章，就请王太庆先生根据法文原文校订。本打算以这种方式在1965年底前译校完毕。但是，当时全国正开展社会主义教育运动，1964年秋我被派往北京郊区参加农村"四清"两年，接着就是"十年动乱"，译校工作只进行了两章就被迫中断。"文革"之后，我们各自都投身到忙碌的教学和科研工作中，无暇继续这项任务。直到1984年才重新商谈此事，我们建议由商务印书馆请人直接从法文原书翻译最好，然而一直未能找到合适的法文译者。

由于我国科学哲学界同人都希望尽早读到本书的中译本，又考虑到本书的英译本实际早已获得公认而流传于世，于是，1987年与商务印书馆哲学编辑室商定，以1954年在美国出版的从原书1914年第2版翻译的英文本为依据译成中文，但我工作繁重并患眼疾难以单独承担，于是组织北京大学科学与社会研究中心的教师和研究生参加翻译，译者有孙小礼、李慎、茹俊强、刘戟锋、兰士斌、魏宏钟等，请北京大学哲学系李真教授和中国社会科学院哲学研究所金吾伦研究员校订译稿，茹俊强曾对全书初译稿作组织工作和名词统一等工作。经过两年努力,于 1989 年基本完成全书译校,只剩几十个法文原注和一些拉丁文注未译。这时刘戟锋介绍他的同学张来举翻译法文原注,不料全书译稿在他手中搁置了两年半,虽一再催促却只字未译。后来北京大学外国哲学研究所杜小真教授在十天之内就译出了这些法文原注,接着在王太庆教授的帮助下,由李真教授将全书的法文和拉丁文注统一写成中文释文。经李慎教授对全稿作文字整理之后,我们于 1992 年将本书译稿送交商务印书馆。

为保证翻译质量,商务印书馆哲学编辑室特请有丰富翻译经验的侯德彭教授对译稿作了核校和修改。2001 年又请王克迪教授协助本书责任编辑对照英文本对全书清样作了通读和校订。

本书的翻译,断断续续,曲曲折折,历时 37 年之久。尽管作了种种努力,我们仍然担心译文还有许多疏漏不妥之处,敬请读者不吝指正。

商务印书馆原哲学编辑室高崧、武维勤、吴儁深、郭继贤和译作室陈小文、张胜纪等同志先后对本书的出版给予许多具体支持和帮助,在此特表感谢。

孙 小 礼

写于 1992,改于 2001 年和 2003 年

图书在版编目(CIP)数据

物理理论的目的和结构/(法)迪昂著;孙小礼,李慎等译.—北京:商务印书馆,2005
ISBN 7-100-03307-1

I. 物… II. ①迪…②孙…③李… III. 物理学-研究 IV.04

中国版本图书馆 CIP 数据核字(2001)第 26594 号

所有权利保留。
未经许可,不得以任何方式使用。

WÙLǏ LǏLÙN DE MÙDÌ HÉ JIÉGÒU
物理理论的目的和结构
〔法〕皮埃尔·迪昂 著
孙小礼 李慎 等译
侯德彭 等校

商 务 印 书 馆 出 版
(北京王府井大街36号 邮政编码 100710)
商 务 印 书 馆 发 行
北京瑞古冠中印刷厂印刷
ISBN 7-100-03307-1/B·501

2005年4月第1版　　开本 850×1168　1/32
2005年4月北京第1次印刷　印张 14⅜
印数 5 000 册
定价:24.00元